国家出版基金项目
NATIONAL PUBLICATION FOUNDATION

05
XIANDAI
ZHUANGBEIZHIZAOYE
JINENGDASHI
JISHUJINENG
JINGCUI

现代装备制造业
技能大师技术技能精粹
XIANDAIZHUANGBEIZHIZAOYEJINENGDASHIJISHUJINENGJIN

数控加工

编著：曹根基　周保牛　周　岳

CTS　Ｋ　湖南科学技术出版社

丛书前言

装备制造业是国家的基础性和战略性产业，体现了一个国家的综合国力和国际竞争力。改革开放以来，特别是近十多年来，我国的装备制造业得到了迅猛发展，产业规模跃居世界首位，成为名符其实的装备制造业大国。然而，我国高端装备还大量依靠进口，自主创新能力明显薄弱；基础工艺、基础零部件发展严重滞后；现代制造服务业发展缓慢；装备制造产业发展方式还较为粗放。我国还不是装备制造业强国。造成装备制造业"大而不强"的因素很多，其中重要原因之一，就是缺乏大批掌握现代装备制造业典型技术技能的高技能人才。

目前，在我国装备制造业职工队伍中，技师和高级技师占全部技术工人的比例不到4%，高技能人才严重短缺，已经远不能满足装备制造业发展的需要。为了传承机械行业技能大师长年积累的高超技艺，提高高技能人才培养的针对性和实效性，更好地服务我国装备制造业实现"由大变强"，中国机械工业联合会、机械工业教育发展中心决定组织我国装备制造领域中的技能大师参与编写一套《现代装备制造业技能大师技术技能精粹》丛书。丛书汇集了机械行业中多位技能大师的实际工作经验、技能技巧以及技术创新成果；同时，邀请了多名具有丰富撰稿经验的高等职业学院教授进行整理总结，确保了该丛书的编写质量和水平。

《现代装备制造业技能大师技术技能精粹》丛书是由国家设立的专项出版基金支持，湖南科学技术出版社负责组织编写，丛书编写组荟萃了国内数十位企业技能大师、高等职业学院教授专家，共同编写的一套高技能人才实用培训读物。丛书将出版《车工》、《钳工》、《电工》、《焊工》、《数控工》、《汽车调整工》、《模具工》、《汽车钣金工》共8个分册。

《现代装备制造业技能大师技术技能精粹》丛书以行业实际案例为载体，介绍了本行业高技能人才在实际工作中碰到技术难点时的解决思路，生产过程中的经验、技巧、创新发明以及必须具备的实践操作技艺等内容，同时辅以"大师指导技术要领"的重要内容，汇集了技能大师们丰富实践经验和高超技艺的实用技术。整套丛书以典型案例为单元，形成了模块化、条目化的内容结构，内容层次清晰，逻辑性强，文字简洁精练，图文并茂，是一套具有极高的指导意义和可操作性的培训用书和自学读物。

《现代装备制造业技能大师技术技能精粹》丛书编写时间总共长达1年多，编写过程中，各方专家、学者为此套丛书付出了长时间的努力和心血。在此，向相关领导、各位技能大师、高职学院教授专家及编者表示最诚挚的感谢！

机械工业教育发展中心

2013 年 11 月

前　　言

随着数控技术的高速发展和普及应用，数控机床功能和工艺能力的不断扩展提高，数控加工与传统加工在加工工艺与加工过程等方面越来越显示出明显差异，以零部件数字化制造为典型代表的数控加工技术不断向高端领域整体推进，数控加工工艺、数控编程、数控机床操作加工一体化高端技术越来越成为现代制造业追求的系统制造工程。本书以中高级数控加工技术读者为主要对象，精心设计、选用企业典型产品图样为载体，以当今世界上流行的 UGNX8.0 软件、FANUC 0i 典型系统普通数控机床、HEIDENHAIN iTNC530 系统多轴数控铣床、上海宇龙数控仿真加工软件为工具，以典型案例形式详述了在给定条件下的优选数控加工整体方案，并总结、归纳、诠释、提炼了普遍的、系统的高级数控加工技术理论和高端技能技巧，具有鲜明特色：

1. 内容宽泛有深度

本书涉及数控加工工艺设计、手工和自动编程、数控机床操作加工等整体理论和实践技术方案，用 FANUC 系统数控车床、加工中心和 HEIDENHAIN 系统五轴数控镗铣床，坐标变换、宏指令等综合手工编程，UG 创建刀具路径和后处理 NC 程序，数控仿真加工复杂轴套类配合件、孔盘类零件及配合件、模具零件，CAM 复杂五轴曲面铣削，箱体类零件多侧面数控镗铣综合加工等。具体内容简介如下：

案例一（二轴套件配合数控车削加工）：主要介绍了复杂轴套类零件柱面、锥面、球面等复合表面配合数控车削加工工艺设计、微积分计算基点坐标、FANUC 系统用户宏程序 B 手工编制二次曲线程序、宇龙软件数控仿真加工制造整体解决方案。

案例二（三轴套件配合数控车削加工）：主要介绍了复杂轴套类零件柱面、锥面、球面、螺纹等复合表面配合数控车削加工工艺设计、装配尺寸链分解为零部件尺寸链解算、FANUC 系统坐标变换指令、宏 B 手工编制二次曲线程序、UGNX8.0 车削自动编程制造整体解决方案。

案例三（正弦板数控铣削加工）：主要介绍了复杂盘类零件数控铣削加工工艺设计、FANUC 系统坐标变换指令、宏 B 手工编制二次曲线程序、宇龙软件数控仿真加工制造整体解决方案。

案例四（二孔盘类零件配合数控镗铣加工）：主要介绍了复杂孔盘类零件柱面、锥面、球面、螺纹等复合表面配合数控镗铣加工工艺设计与基准转换、FANUC系统铣钻铰孔加工固定循环、UGNX8.0铣削自动编程制造整体解决方案。

案例五（茶壶模具数控铣削加工）：主要介绍了复杂箱体类零件多次装夹夹具方案、专用刀具、数控镗铣加工工艺设计、UGNX8.0平面、型腔曲面铣削、刻字等自动编程制造整体解决方案。

案例六（快速救生艇叶轮五轴数控加工）：主要介绍了复杂曲面五轴联动数控铣削加工工艺设计、UGNX8.0叶轮模块刀路创建、HEIDENHAIN iTNC530系统双转台五轴数控铣削后处理编程制造整体解决方案。

案例七（壳体数控镗铣加工）：主要介绍了复杂箱体类零件多次装夹夹具、专用刀具、数控镗铣加工工艺设计、工艺文件范化、FANUC系统铣钻扩铰镗攻丝等综合手工编程制造整体解决方案。

2. 体例独特有创新

每个案例从案例任务、工艺设计、程序编制、操作加工、相关知识六个方面，图文并茂详细的、逻辑的、系统的、严谨的、精准的陈述、展示了零部件数控加工整体解决方案。

3. 成果期待有兴趣

明确给定条件下的案例任务，寻找解决问题的有效办法和理论依据，盼望获得明显的工作成果，内心创建了不断寻找新知识边界的有机载体，阅读有期望、有满足、有兴趣。

本书由常州机电职业技术学院研究员曹根基、教授/高级工程师周保牛、副教授/高级工程师/数控机床操作高级技师周岳合力、精心编制而成，也参阅了大量相关文献资料，在此向有关作者表示衷心感谢。

本书编写时间仓促，疏漏和不妥之处恳请读者批评指正。

编　者

2013年9月于常州

目　　录

4

案例一　二轴套件配合数控车削加工

一、案例任务

（一）零件图样

数控车削二轴套件配合图样：10-1001 配合件，如图 1-1 所示。

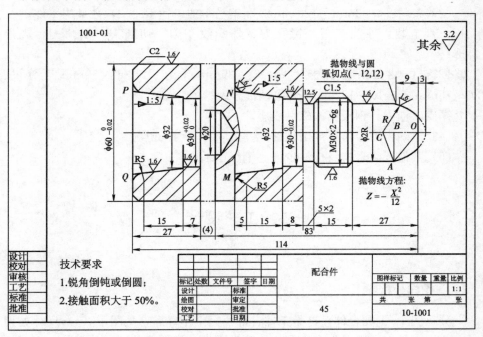

图 1-1　配合件

（二）任务要求

（1）加工图 1-1 工件 1 件；

（2）工艺设计；

（3）宏指令编程；

（4）相同刀具掉头车削编程；

（5）在线加工或模拟加工；

（6）配合检验。

（三）配备条件

（1）加工设备：用刀架后置式 FANUC-0iT 系统卧式数控车床 CK7525A 加工，回转式刀架容量 8 把，外圆刀具刀柄安装截面 25mm×25mm，内孔刀具刀柄安装截面 ϕ20mm，在刀架上只有 2 个内孔刀具刀柄安装位置。手动尾座上，套筒内孔莫氏 4 号。备用三爪卡盘扳手。

（2）备料：ϕ62mm×120mm45 圆钢已车加工达 Ra3.2，数量为 1 件。

（3）工装：外圆车刀、镗孔刀、外螺纹车刀、切断刀、倒角刀，规格自选；

125±0.02 mm 游标卡尺具、0～25mm 千分尺、25～50mm 千分尺、50～75mm 千分尺、18～35mm 内径百分表；

铜皮、锉刀、钢板尺、磁性表座。

（4）电脑：数控仿真加工软件、办公软件、台式电脑。

（5）其他：红丹粉及机油少许、笔、白纸。

二、工艺设计

1. 图样分析

分析图 1-1 配合件，这是工件各部位完全车好后，从图中（4）尺寸处切断成两轴套件以锥面等复合面配合检验的零件，切断后的两部分零件，再不可加修提高加工精度和配合精度。复合配合接触面包括 ϕ60 $_{-0.02}^{\ \ 0}$ 端面、R5 球面、1:5 锥面、32 端面、ϕ30 圆柱面，要求接触面积大于 50%，车削保证、无法加修、不提供研具研磨，有难度，在工艺上须作出一些取舍，才有可能达到接

2

触面积大于 50％ 的要求。ϕ30 是间隙配合圆柱面、不接触。抛物面和 ϕ2R 圆柱面间要求用 R 球面光滑连接，必须要计算出 R 的大小才能编程。ϕ20 是工艺孔，为方便加工 ϕ30 而置，尺寸大小影响镗刀直径，但对工件性能无影响。

从提供的配备条件来看，涂色工具、两件配合后分离工具欠缺，应予以注意。

综合分析，该零件加工有两个难点：一是用微积分、数学方程计算抛物线与圆柱圆弧过渡的相关计算；二是两件配合检验不合格时，基本上不可能再加修。在工艺上必须高度重视，采取切适对策。

2. 确定方案划分工序

(1) 第一道工序：车左端。夹持 ϕ62mm 毛坯外圆（图 1-2），外露 27＋4＋(83－5－15－8－5－15－27)＋21（安全量）＝60mm，加工左端内外圆，且外圆长度大于 27＋4＋(83－5－15－8－5－15－27)＝39，取 45 mm，即保证 ϕ60$_{-0.02}^{0}$ mm 尺寸足够长，以保证工件掉头加工时不再切削，也防止刀柄与三爪卡盘碰撞干涉。先加工左端的理由是为给加工右端留出装夹定位基面；若先加工右端，在掉头加工左端时，找不到合适的装夹基面。

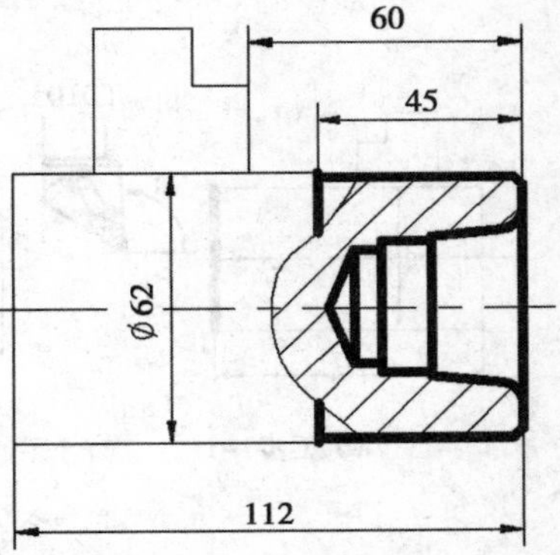

(2) 第二道工序：车右端。掉头垫铜皮夹持 ϕ60$_{-0.02}^{0}$ mm 外圆（图 1-3），外露 94mm 左右，必要时打表找正，防止掉头装夹不同轴，影响配合时的端面接触精度等。按装夹次数划分工序，这应该是第二道工序，加工右端，包括切断。

(3) 第三道工序：配合检验。去毛刺，涂红丹粉，两件装配检验（图 1-4），接触面积大于 50％。

3. 安排工步配备工装

(1) 第一道工序车左端工步安排：按照先内后外原则，先加工孔后加工外圆，尽可能少降低或不降低工件加工部位刚度，防加工变形。工步顺序安排如下（图 1-5）：

工步 1-1：平端面。手动车平工件左端面达 Ra3.2。用外圆车刀 T0101 加工。

工步 1-2：钻孔。尾座手动钻

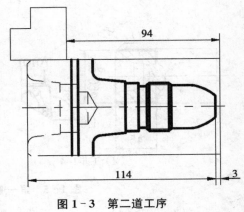

图 1-2 第一道工序

图 1-3 第二道工序

3

孔 $\phi 26$mm，深 $27+4+6$（余量）＝ 37mm。图 1-1 中 $\phi 20$mm 孔为 $\phi 26$mm，此孔纯属工艺孔，不影响工件任何性能，加大后有利于选用大直径镗刀，增大镗杆刚度，改善工艺性能。选用 $\phi 26$HSS 莫氏 3 号锥柄钻头、M4-3 莫氏变径套与机床尾座锥孔匹配，用 125 ± 0.02mm 游标卡尺测量。

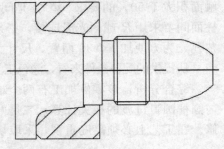

图 1-4　第三道工序

工步 1-3：车内轮廓。粗精车 R5、1∶5 锥孔、小头 $\phi 32$mm 至 $\phi 32.5$mm，

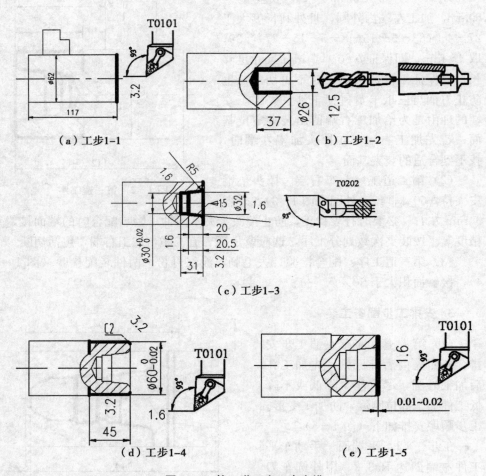

（a）工步1-1　　　　　　　　　（b）工步1-2

（c）工步1-3

（d）工步1-4　　　　　　　　（e）工步1-5

图 1-5　第一道工序工步安排

总深 20.5mm、$\phi 30^{+0.02}_{0}$ mm 孔深 31mm，精车余量留ϕ 0.8mm，表面粗糙度达 Ra1.6。放大、加深 1∶5 锥孔尺寸的目的是让小头端面配合时不接触，以降低配合难度、提高接触精度，这不影响接触精度指标。用内孔镗刀 T0202 加工，以$\phi 30^{+0.02}_{0}$为测量基准、用 18～35mm 内径百分表、25～50mm 千分尺测量。

工步 1-4：车外轮廓。粗精车 C2、$\phi 60^{0}_{-0.02}$外轮廓长 45mm，留精车余量ϕ 0.4mm，表面粗糙度达 Ra1.6。用外圆车刀 T0101 加工，以$\phi 60^{0}_{-0.02}$为测量基准、用 50～75mm 千分尺测量。

工步 1-5：车端面。车去$\phi 60^{0}_{-0.02}$和 1∶5 锥孔大端面 0.01～0.02mm，保证 1∶5 锥面和 R5 球面接触，满足"接触面积大于 50%"的内涵。用外圆车刀 T0101 加工。

（2）第二道工序车右端工步安排：图 1-1 中的 5×2 螺纹退刀槽和槽口单边倒角 C1.5，在车右端外轮廓时一并车出，这样少用一把切槽刀或少换一次切断刀，但要校对外圆车刀的副偏角，防止后刀面干涉已加工表面。工步顺序（图 1-6）安排如下：

工步 2-1：平端面。图 1-6（a），手动车平右端面达 Ra3.2，保证工件总长要求 114mm。用同一把外圆车刀 T01 加工，其直径补偿值相同，长度补偿值不同，需对刀实测，保存在 11 号存储器，即用 T0111 表示。

工步 2-2：车轮廓。图 1-6（b），粗精车右端所有外轮廓达 Ra1.6，螺纹圆柱车至ϕ 30mm，包括 2 处 C1.5，留精加工余量ϕ 0.8mm。用 T0111 加工，选用 93°主偏角、35°菱形刀片，副偏角=180°-93°-35°=52°，大于 45°，后刀面不碰撞已加工表面。以$\phi 30^{0}_{-0.02}$为测量基准，量具已选有。

工步 2-3：车螺纹圆柱。图 1-6（c），螺纹圆柱车至 M30-0.12P=30-0.12×2=ϕ 29.76mm，用 T0111 加工。

工步 2-4：车螺纹。图 1-6（d），粗精车螺纹 M30×2 达 Ra6.3，选用外螺纹车刀 T0303、刀具反装，用 M30×2 螺纹环规检验。

工步 2-5：切断。图 1-6（e），用宽度 3mm 的切断刀 T0404，从图 1-1 中（4）mm 宽正中切割，每边留 0.5mm 修光余量。防断后工件部分落地碰伤。

工步 2-6：平轴套端面。图 1-6（f），手动车削滞留在三爪卡盘内的切割端面达 Ra3.2，保证长度 27mm，锐角倒钝。用主偏角 45°的倒角刀 T05 手动加工。

工步 2-7：卸工件。拆卸滞留在三爪卡盘内的部分切断零件——轴套。

工步 2-8：平切割端面。图 1-6（g），垫铜皮夹持$\phi 30^{0}_{-0.02}$外圆、ϕ 32 轴阶靠死，对工件切断掉落部分手动车削切割端面达 Ra3.2，保证长度 83mm，

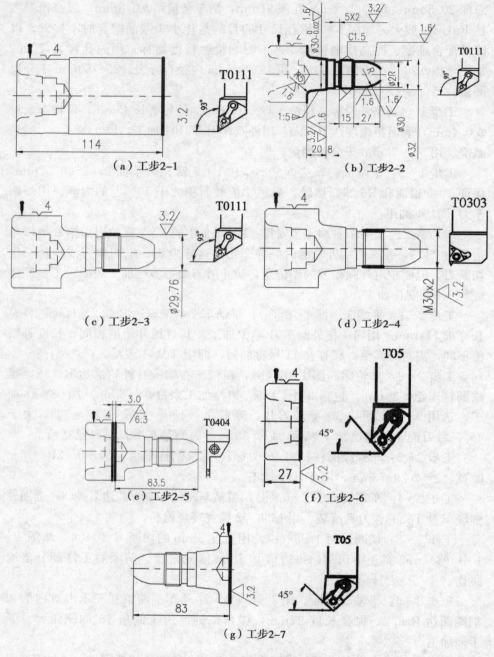

（a）工步2-1　　　　　　　　　　（b）工步2-2

（c）工步2-3　　　　　　　　　　（d）工步2-4

（e）工步2-5　　　　　　　　　　（f）工步2-6

（g）工步2-7

图1-6　第二道工序工步安排

锐角倒钝。用 T05 手动加工。

（3）第三道工序配合检验工步安排：

工步 3－1：去毛刺。仔细清除掉两件毛刺。

工步 3－2：涂红丹粉。将红丹粉用少许机油调成干稠糊状，均匀地在轴的接触检验面上薄薄地涂一层。

工步 3－3：配合。将切割下的左端轴套套在轴上，轻压接触，不得相对转动。

工步 3－4：检验。轴向分离两件，查看、估算轴上接触面积，应大于 50%。

三、程序编制

1. 建立工件坐标系

加工图 1－7 所示零件左端内外轮廓时，工件坐标系建立在其左端面中心上，编程用 G54。工件装夹后，工件坐标系处在右端面回转中心上。加工右端外轮廓时，工件掉头装夹，工件坐标系建立在右端抛物线回转中心上，编程用 G55。

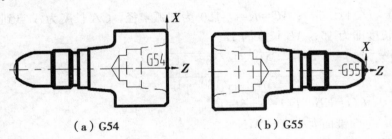

（a）G54   （b）G55

图 1－7　工件坐标系

2. 确定编程方案

左端内外轮廓走向成单调状态，属于典型的长轴、套类零件，用 G71、G70 轴向固定循环编程；右端外轮廓高低起伏、走向成非单调状态，用 G73、G70 轮廓固定循环编程；抛物线部分，用宏指令编程。先加工左端、后加工右端，先加工左端内孔、后加工左端外圆，各编一条程序，以便自动加工与程序后台编辑同时进行，缩短加工时间。

3. 计算相关尺寸

(1) 抛物线过渡圆弧半径 R。对抛物线方程 $Z=-\dfrac{X^2}{12}$ 求一阶导数，得

$$Z'=-\frac{X}{6}$$

设与抛物线相切且圆心在 Z 轴上的圆的方程为

$$(Z-a)^2+X^2=R^2$$

对圆方程 $(Z-a)^2+X^2=R^2$ 求一阶导数，得

$$2(Z-a)Z'+2X=0$$

即

$$Z'=-\frac{X}{a-Z}$$

已知抛物线与圆相切于 $(Z,X)=(-12,12)$，故在该点处两曲线的导数相等，有

$$-\frac{X}{6}=\frac{X}{a-Z}$$

解之得 $a=-18$，所以得圆方程为

$$(Z+18)^2+X^2=R^2$$

将 $Z=-12$，$X=12$ 代入圆方程得 $R=\sqrt{180}\approx13.416$

(2) CO 长度。图 1-1 中，O 为抛物线焦点，标准方程中 A 点坐标为 $(Z,X)=(-12,12)$；$AC=R=\sqrt{180}$ 为圆弧半径，OA 长度为 A 点到抛物线准线的长度即为 15；AB 长度为 12。

所以，$BO=\sqrt{AO^2-AB^2}=\sqrt{15^2-12^2}=9$

$$BC=\sqrt{AC^2-AB^2}=\sqrt{180-12^2}=6$$

$$CO=CB+BO=9+6=15$$

(3) 1∶5 锥面大头直径 MN

根据 1∶5 锥度，计算出 MN 的长度：

$$\frac{MN-32}{20}=\frac{1}{5}$$

得 $MN=36$

(4) 锥孔小头孔底坐标。小头孔 ϕ32mm 加工至 ϕ32.5mm，总深 20～21.5mm 时，与锥面的交点坐标

$$\frac{32.5-32}{Z_3}=\frac{1}{5}$$

即 $Z_3=2.5$

交点坐标 $(Z,X)=(-(20-2.5),32.5)=(-17.5,32.5)$

（5）锥孔大头直径 PQ

$$\frac{PQ-32}{20}=\frac{1}{5}$$

得 $PQ=36$

4. 编写程序清单

（1）左端孔加工程序，见表 1-1。

表 1-1　　　　　　　图 1-1 左端孔加工程序

段号	程序内容	备　注
	O1101；	左端加工程序
N10	T0202；	换 T02 镗刀
N20	G54 G99 G00 X24 Z5 S1000 M4；	初始化，两轴刀具长度补偿到循环起点，刀片正装
N30	M08；	加冷却液
N40	G71 U1 R0.5；	G71 轴向固定循环，粗镗孔，层厚 1mm，退刀量 0.5mm，轮廓起始程序段号 60，轮廓终止程序段号 140，X 向精加工余量 ϕ0.8mm 为负值，Z 向精加工余量 0.1mm，粗车 $F=0.15$mm/r
N50	G71 P60 Q140 U-0.8 W0.1 F0.15；	
N60	G00 G41 X65；	X 向刀具半径左补偿到工艺轮廓开始点，不能有 D 代码。轮廓开始程序段，只能有 X 坐标，不能有 Z 坐标
N70	Z0；	Z 向刀具半径左补偿到轮廓工艺开始点，靠近端面
N80	G01 X36 Z0，R5	G01 倒圆角功能车端面和孔口圆角 R5mm，（X36，Z0）是 R5mm 圆角两边直线的交点坐标
N90	X32.5 Z-17.5；	镗 1∶5 锥孔
N100	Z-20.1；	镗 ϕ32.5mm 工艺孔
N110	X30；	镗 ϕ32.5mm 工艺孔端面
N120	Z-30；	镗 ϕ30$^{+0.02}_{0}$ mm 孔
N130	X25；	镗 ϕ30$^{+0.02}_{0}$ mm 孔端面
N140	G00 G40 X24 Z-31；	两轴取消刀具半径补偿，轮廓结束工艺程序段

续表

段号	程序内容	备　注
	O1101;	左端加工程序
N150	G50 S2500;	主轴最高转速 2500r/min
N160	G96 S150;	恒线速 150m/min
N170	G54 G99 G00 X24 Z5 S1200 M4;	初始化，刀具长度补偿到循环起点，提高精车主轴转速
N180	G70 P60 Q140 F0.05;	G70 精镗孔，$F=0.05$mm/r
N190	G54 G99 G00 X24 Z−0.015;	定位在（X24 Z−0.015），车端面专门要求
N200	G01X62;	
N210	G97 S500;	取消恒线速，设置主轴转速，防止转速太高
N220	M09;	冷却液关
N230	G28 U0 W0;	回零
N240	M30;	程序结束

（2）左端外圆加工程序，见表1-2。

表 1-2　　　　　　　　　　图 1-1 左端外圆加工程序

段号	程序内容	备　注
	O102;	左端外圆加工程序
N10	T0101;	换 T01 外圆车刀
N20	G54 G99 G00 X65 Z4 S900 M04;	初始化，两轴刀具长度补偿定位在循环起点
N30	M08;	加冷却液
N40	G71 U1.2 R0.5;	G71 轴向固定循环，粗加工外圆，层厚 1.2mm，退刀量 0.5mm，轮廓起始程序段号 60，轮廓终止程序段号 110，X 向精加工余量ϕ0.8mm 为正值，Z 向精加工余量 0.1mm，粗车 $F=0.15$mm/r
N50	G71 P60 Q110 U0.8 W0.1 F0.15;	
N60	G00 G42 X52;	X 向刀具半径右补偿定位在 C2 倒角延长线 52，轮廓开始程序段，只能有 X 坐标，不能有 Z 坐标
N70	Z2;	Z 向刀具半径右补偿定位在 C2 倒角延长线 Z2
N80	G01 X60 Z−2;	倒角 C2

续表

段号	程序内容	备　注
	O102；	左端外圆加工程序
N90	Z—45；	车$\phi 60^{\ 0}_{-0.02}$外圆
N100	X64；	抬刀
N110	G00 G40 X65 Z—46；	两轴取消刀具半径补偿，轮廓结束程序段
N120	G54 G99 G00 X65 Z4 S1000 M04；	提高精车主轴转速
N130	G70 P60 Q110 F0.05；	精车外圆至$\phi 60^{\ 0}_{-0.02}$ mm，$F=0.05$mm/r
N140	M09；	冷却液关
N150	G28 U0 W0；	回换刀点
N160	M30；	程序结束

（3）右端加工程序　见表 1-3。

表 1-3　　　　　　图 1-1 右端加工程序

段号	程序内容	备　注
	O103；	右端加工程序
N10	T0101；	换 T01 外圆车刀，刀补号设为 11
N20	G55 G99 G00 X62 Z6 S1200 M4；	初始化，两轴刀具长度补偿定位在循环起点
N30	M08；	加冷却液
N40	G73 U28 W0.2 R14；	G73 轮廓车削固定循环，U28 表示 X 方向第一次粗车后剩余的粗车余量半径值 28mm，W0.2 表示 Z 方向第一次粗车后剩余的粗车余量 0.1mm，R14 表示分层粗车 14 次，P60 轮廓开始程序段段号，Q240 轮廓结束程序段段号，U0.8 表示 X 向精车余量$\phi 0.8$mm，W0.1 表示 Z 向精车余量 0.1mm，$F0.15$粗车进给量 0.15mm/r
N50	G73 P60 Q240 U0.8 W0.1 F0.15；	
N60	G00 G42 X0 Z0；	两轴刀具半径右补偿至轮廓开始点，须有两个坐标，不能有 D 代码，右端面对刀加工完毕，再不自动加工
N90	＃1＝0.5；	抛物线 X 坐标计数器，半径值，起点值是 0

续表1

段号	程序内容	备　注
	O103;	右端加工程序
N100	G01 X [2 * #1] Z [－#1 * #1/12];	直线插补以直代曲
N110	#1＝#1+0.5;	X 轴取第二点，步距 0.5mm
N120	IF [#1 LE 12] GOTO 100;	条件语句，若 X 坐标计数器#1 小于等于 X 坐标终点值 12 时，跳转到 N100 继续加工，否则执行下一程序段 N110
N130	G03 X26.833 Z－18 R13.416;	加工过渡圆弧 R
N140	G01 Z－30;	加工 2R 外圆
N150	G01 X30, C1.5;	C1.5 倒角等
N160	G01 X30 Z－43.5;	螺纹圆柱
N170	X26 Z－45;	C1.5 倒角
N180	Z－50;	螺纹空刀槽ϕ26mm
N190	X30;	车ϕ 30 $_{-0.02}^{0}$端面
N200	Z－58;	车ϕ 30 $_{-0.02}^{0}$
N210	X32;	车端面
N220	G01 X36 Z－78, R5;	车锥面 1∶5、圆弧 R5
N230	X61;	抬刀
N240	G40 X62 Z－79;	两轴取消刀具半径补偿，轮廓终止程序段
N250	G50 S2500;	主轴转速上限 2500r/min
N260	G96 S150;	恒线速 150m/min
N270	G55 G99 G0 X62 Z6 S1300 M4;	提高精车主轴转速
N280	G70 P60 Q240 F0.05;	G70 精车轮廓，F＝0.05mm/r
N290	G97 S1000;	取消恒线速度功能，固定主轴转速 1000r/min
N300	G99 G55 G0 X29.76 Z－30 S1000 M4;	定位螺纹圆柱 X29.76，Z－30
N310	G1 Z－45;	车螺纹圆柱ϕ29.76mm
N320	G28 U0 W0;	回换刀点
N330	T0303;	换 T03 螺纹刀

段号	程序内容	备　注
	O103；	右端加工程序
N340	G55 G99 G00 X32 Z－25 S450 M03；	刀具反装，主轴正转，空刀导入量取 5mm
N350	G76 P031060 Q50 R0.1；	G76 车螺纹循环，03 表示用 2 位数表示的精加工次数，10 表示用 2 位数表示的螺纹收尾 45°单位数，1 单位＝0.1×导程，单位数要小于螺纹空刀切出量，60 表示用两位数表示的牙型角，X27.4 Z－48 表示螺纹终点牙底坐标，牙底直径＝$M-2×0.65×$螺距
N360	G76　X27.4　Z－48　R0 P1300　Q450　F2；	
N370	G28 U0 W0；	回换刀点
N380	T0404；	换 T04 切断刀
N390	G55 G99 G00 X62 Z－89.5 S400 M04；	定位
N400	G75 R0.2	G75 切槽循环，切断工件。R0.2 表示 X 向退刀量，无符号；P 层厚半径值，Q 表示 Z 向步进量，R 表示 Z 向退刀量，均无正负号，单位 μm
N410	G75 X29 Z－89.5 P1000 Q0 R0；	
N420	M09；	冷却液关
N430	G28 U0 W0；	回换刀点
N440	M30；	程序结束

四、操作加工

　　用专门数控加工仿真软件进行模拟加工，在文字、图片表达上比现场实际操作要清楚得多，特别是想要看清楚的地方，可随心所欲地放大、缩小特显，甚至剖视特显，各种补偿、测量、加工精度极高，甚至没有误差，能充分检验程序格式、加工形状、刀具路径、刀具补偿、刀具等正确与否，但切削参数是否合理、工艺稳定性等无法体验。这里用仿真加工，从进入仿真环境、选好加工设备、参考点返回之后开始，这时的仿真画面见图1-8。

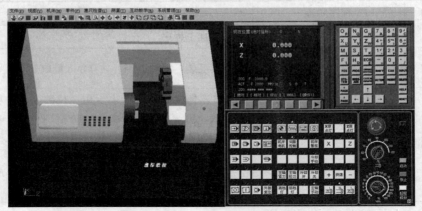

图1-8 数控仿真画面

1. 定义毛坯

图1-8中，【零件】→【定义毛坯】，出现"定义毛坯"对话框，如图1-9所示。选"U形"按图示设定参数。前面工艺设计中，中心孔ϕ26mm×37mm用机床尾座手动加工而成，会留有钻尖，这里是平底孔，不影响加工和零件性能。孔的深度给的足够大，便于切断。

2. 安装毛坯件

（1）安装。图1-8中，【零件】→【放置零件】，毛坯件自动装夹在三爪卡盘内，同时出现调整工件位置画面，如图1-10所示。其中"三个箭头"分别表示工件伸出、掉头和缩进，方便调整装夹位置，这里伸出到最外位置，方便更换毛坯时定位，所有这些，都是仿真模拟，现场均需人工完成。

图1-9 定义毛坯

图1-10 安装毛坯件

14

（2）剖切零件。图 1-8 中，【视图选项】→出现"视图选项"画面，如图 1-11 所示，可以点选【剖面（车床）】，防止工件装反，方便观察内部结构和加工情况，如图 1-12 所示，这是现场做不到的。

图 1-11　视图选项

图 1-12　工件剖面

3. 选刀装刀

选择刀片、刀柄后，直接自动安装在刀架上，没有安装定位误差。刀具数据库中信息有限，但对仿真影响不大。

图 1-8 中，【机床】→【选择刀具】→出现"选择刀具对话框"画面，将选择好的刀具安装在刀架上，也就对刀具编好了号码，T01 外圆车刀、T02 镗孔车刀、T03 外螺纹车刀、T04 切断车刀，如图 1-13 所示。

4. 试切对刀

试切对刀要做两件事：一是设定刀具补偿数据；二是设定零点偏置值。

（1）T02 镗孔车刀。

1）Z 向对刀：

①平端面。T02 镗孔车刀平端面 Z 向对刀见图 1-14，刀架后置式车床、刀片朝上、刀具正装，主轴反转，JOG 手动平端面，看到此时测量基点在机床坐标（机械坐标）系中的坐标值是 Z235.417。

②设定数据。将 Z235.417 作为 T02 镗孔车刀 Z 向长度存入 02 号刀具补偿存储器，即 T0202。CRT/MDI 面板操作，与现场机床完全相同。

【OFFSET SETTING】→【形状】→定光标"番号 02、Z"→输入行中键入"Z0"→【测量】，刀具补偿画面的光标位置变为 235.417，Z 向长度补偿值设定完毕，如图 1-15 所示。"Z0"就是把工件右端面回转中心作为工件坐标系 Z 向原点，这时刀具长度补偿值 235.417，就是平端面时测量基点在机床坐标系中的坐标值 Z235.417，235.417 随平端面位置不同而变，说明试切法对刀 Z 向刀具长度是相对值，不反映刀具实际长度。

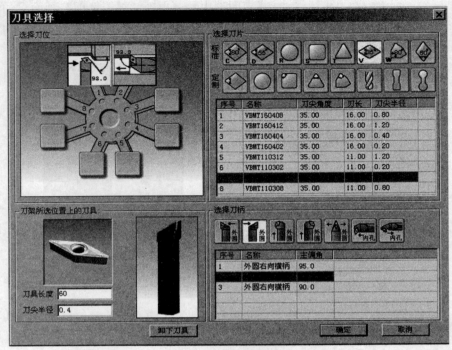

（a）T01外圆车刀

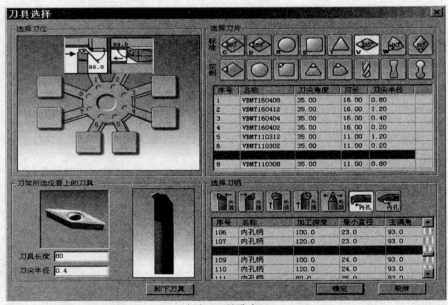

（b）T02镗孔车刀

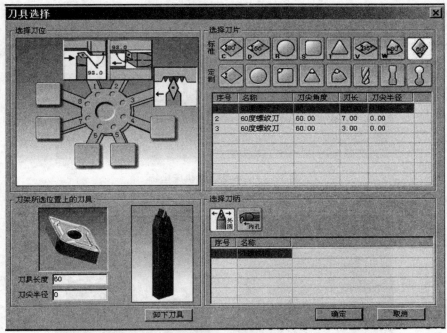

（c）T03外螺纹车刀

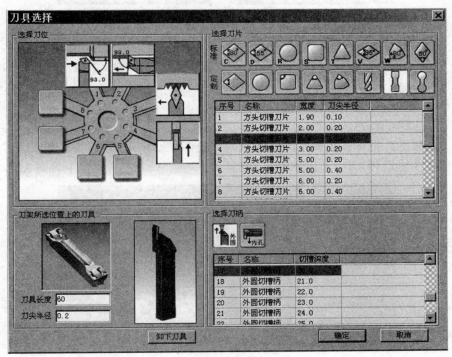

（d）T04切断车刀

图 1-13　选择安装刀具

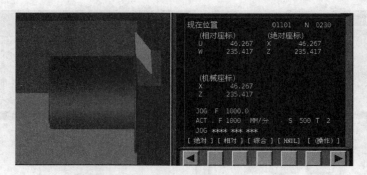

图 1-14　平端面看机床坐标

图 1-15　Z 向数据设定

【测量】实际上是计算、显示公式：【测量】＝机床坐标值－刀补画面输入的 Z0，Z0 中的"0"如果是任意数，可以平移工件坐标系等，有既定含义，灵活、方便。

2）X 向对刀：

①镗孔。T02 镗孔车刀镗孔 X 向对刀见图 1-16，刀架后置式车床、刀具正装，主轴反转，JOG 手动镗孔（留足加工余量），在位置画面上看到 X27.5。

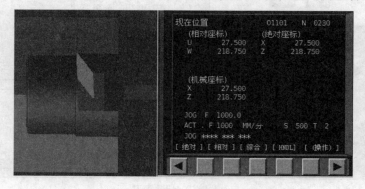

图 1-16　镗孔看机床坐标

②测量直径。图1-8中,【测量】→【剖面图测量】→【是】→点选镗孔母线,显示直径33.476,如图1-17所示。

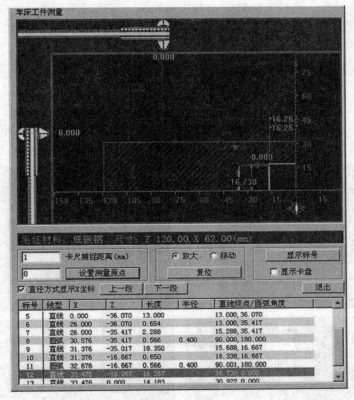

图1-17　测量孔径

③设定数据。【OFFSET SETTING】→【形状】→定光标"番号02、X"→输入行中键入"X33.476"→【测量】,刀具补偿画面的光标位置变为−5.976,X向长度补偿值设定完毕。如图1-18所示。

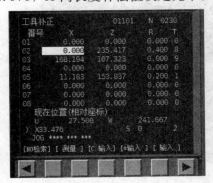

图1-18　X向数据设定

【测量】=机床坐标值－测量直径，如 27.5－33.476＝－5.976。机床坐标值也是直径值，直径方向数据全部用直径值，与直径编程呼应。这有两重意思：一是以工件回转中心轴线为工件坐标系 X 向原点；二是 X 向刀具补偿数据反映刀具实际直径，与直径编程相一致。

顺便设定刀尖圆弧半径 R、刀位码 T。刀具补偿画面中的 T 是刀位码、不是刀具号。

（2）T01 外圆车刀。外圆车刀 T0101 对刀如图 1－19 所示，注意 Z 向接触测量、不能再切，要领会每把刀具公用工件坐标系、X 方向补偿值、Z 方向补偿值的确切含义。

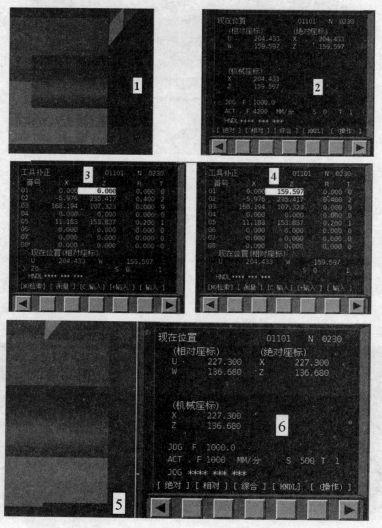

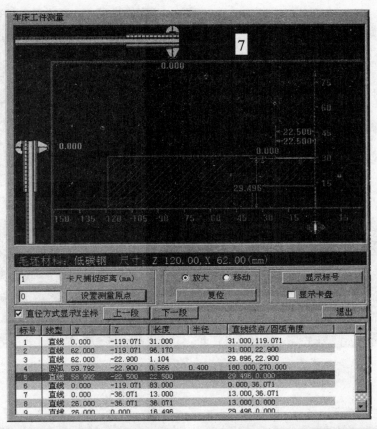

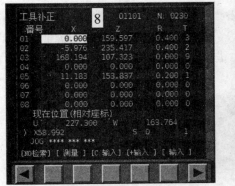

图 1-19 T0101 外圆车刀对刀

5. 设定零点偏置

【OFFSET SETTING】→【坐标系】，出现"零点偏置"画面，如图 1-

20 所示。上述试切对刀法，实际上不需要设定零点偏置值，即均为 0。这里要注意，00（EXT）号外部零点偏置对 G54～G59 各工件坐标系同时平移，自动加工时定要注意查看。

6. 输入编辑程序

输入、编辑程序的方法与现场机床完全相同，输入加工左端孔 O1101 程序，如图 1-21 所示。

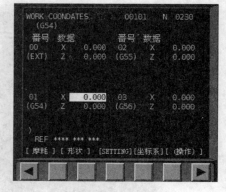

图 1-20 零点偏置画面

图 1-21 O101 程序画面

7. 镗左端孔

（1）程序中插入 M01。全部准备妥当后，自动运行 O1101，镗孔车端面，如图 1-22 所示。用标记处的直径$\phi 30^{+0.02}_{0}$ mm、孔深 31mm 作为测量基准，粗加工后实测、修改刀具补偿数据后，进行精车。这样的话，在图 1-21 所示程序段 N140 后应插入下列程序：

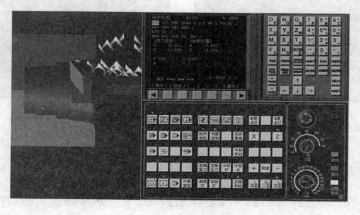

图 1-22 自动加工

N142 M09；

N144 G28 U0 W0；

N146 M05；

N148 M01；

N119 T0202；

按下操作面板上【选择停止】按钮（M01），便于在自动加工中测量、补偿。

（2）端面车削问题。端面、圆角、锥孔连续车削，表面能光滑过渡，但车端面时，主偏角只有3°了，易于发生干涉，要警惕。

8. 车左端外圆

（1）后台输入程序。在自动运行程序 O1101 期间，确保不会发生问题的情况下，在程序后台编辑画面，输入加工左端外圆程序 O102，如图 1-23 所示（仿真尚无后台编辑功能）。

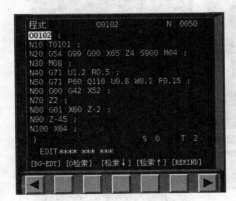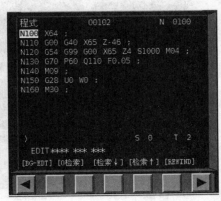

图 1-23 后台输入程序 O102 画面

（2）自动加工。对刀、程序输入等一切准备就绪后，自动运行程序 O102，加工左端外圆，标记处 $\phi\, 60\, _{-0.02}^{\ 0}$ mm 外圆为测量基准，如图 1-24 所示。为了测量、补偿方便，在 O102 程序的 N110 后同样插入：

N112 M09；

N114 G28 U0 W0；

N116 M05；

N118 M01；

N119 T0101；

按下操作面板上【选择停止】按钮（M01），粗加工后便有条件停止程序，测量、补偿。

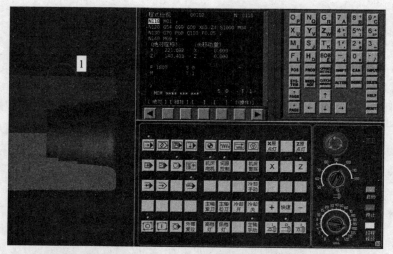

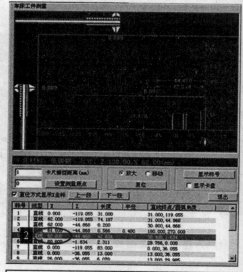

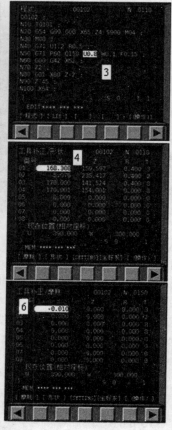

5. 实测直径60.8–精车加工余量0.8=60，没有误差，$\phi 60_{-0.02}^{0}$mm加工至编程尺寸ϕ60mm。若要加工至中差ϕ59.99mm时，刀具几何补偿值X168.308改为X168.307或者刀具磨损补偿值X0改为X–0.01，二者结果相同，重新加工。

图1–24 加工检验补偿

9. 掉头车

（1）输入编辑程序。在自动运行 O102 时，从后台输入加工右端程序 O103，如图 1－25 所示，提高工效。N340、N360 与程序文档不同是由于仿真不能刀具反装所致。N370 之后，应增加程序停止的几个程序段，要进行螺纹检验、加修。N410 的 X26.5 仿真时改为 X29，防止工件掉落、画面上看不见。

图 1－25　加工右端程序 O103

（2）掉头装夹工件。图 1－8 中，【零件】→【移动零件】→【（旋转箭头）】→【（向外箭头）】，掉头装夹工件，如图 1－26 所示。

（3）对刀。

1）外圆车刀 T0111。同一把外圆车刀 T01，X 向长度补偿数据相同、Z 向不同，数据存储到 11 号刀补存储器。工件坐标系建立在右面抛物线顶点处，具体过程如下：

图 1－26　掉头装夹

①手动平端面，控制半成品件总长 114＋3＝117mm，如图 1－27 所示。

②数据设定。将机械坐标系中的 Z157.51 直接作为补偿值存入 11 号存储器，如图 1－28 所示，顺便存入 X168.308、R0.4、T3。

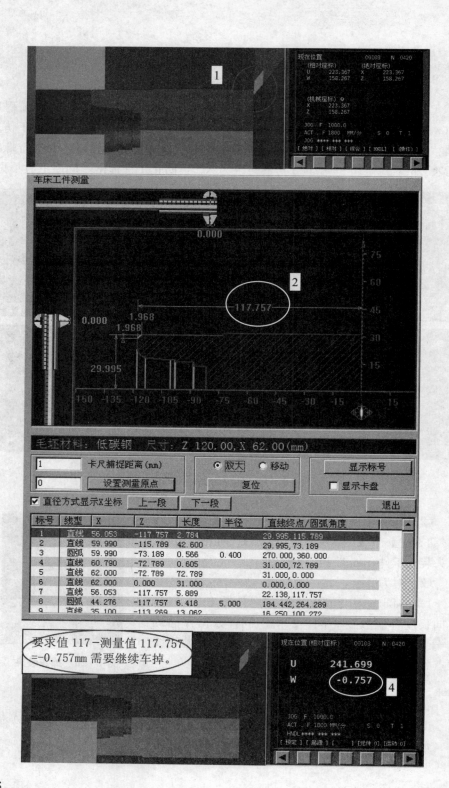

车床工件测量

毛坯材料：低碳钢 尺寸：Z 120.00，X 62.00（mm）

| 1 | 卡尺捕捉距离（mm） | ● 放大 | ○ 移动 | | 显示标号 |
| 0 | 设置测量原点 | | 复位 | | □ 显示卡盘 |

☑ 直径方式显示X坐标　上一段　下一段　　　退出

标号	线型	X	Z	长度	半径	直线终点/圆弧角度
1	直线	56.053	-117.757	2.784		29.995，115.789
2	直线	59.990	-115.789	42.600		29.995，73.189
3	圆弧	59.990	-73.189	0.566	0.400	270.000，360.000
4	直线	60.790	-72.789	0.605		31.000，72.789
5	直线	62.000	-72.789	72.789		31.000，0.000
6	直线	62.000	0.000	31.000		0.000，0.000
7	直线	56.053	-117.757	5.889		22.138，117.757
8	圆弧	44.276	-117.757	6.418	5.000	184.442，264.289
9	直线	35.100	-113.269	13.062		16.250，100.272

要求值117-测量值117.757 =-0.757mm 需要继续车掉。

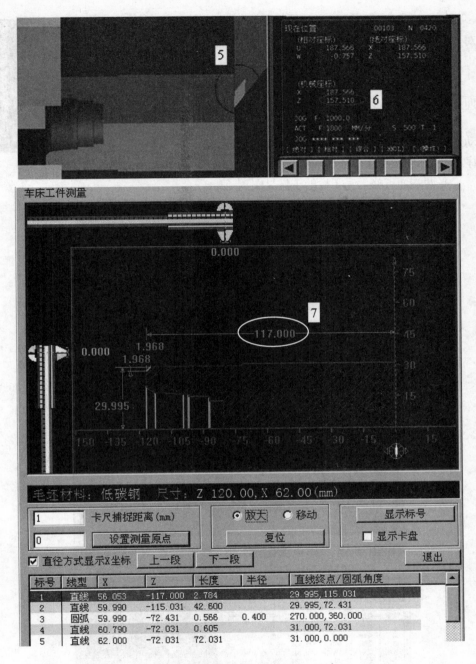

图 1 - 27　平端面控制 117mm 尺寸

2）T0303 外螺纹车刀。外螺纹车刀 T0303 对刀如图 1 - 29 所示，注意 Z 向不能再切。顺便设定 T8，R 不起作用。

3）T0404 外切断车刀。外切断车刀 T0404 对刀如图 1-30 所示，Z 向不能再切，顺便设定 T8，R 同样不起作用。

4）车端面控制总长 114。T0111 手动车端面，保证工件总长 114mm。

（4）自动加工。按下【选择停止】键，自动运行程序 O103，加工零件右端，中途会有程序停止，进行测量、补偿后，自动加修。

平两端面省略，完工后的工件见图1-31。

图 1-28　T0111 刀补数据

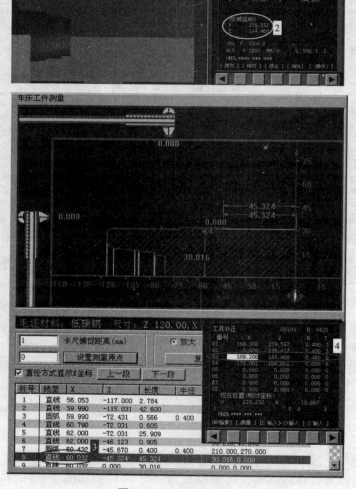

图 1-29　T0303 对刀

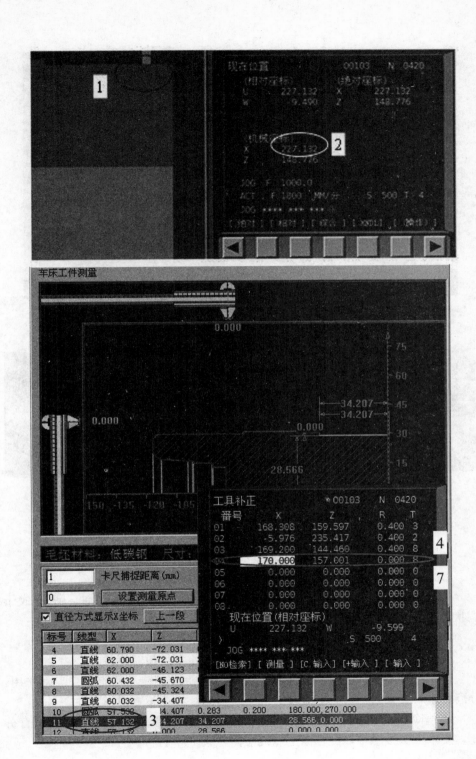

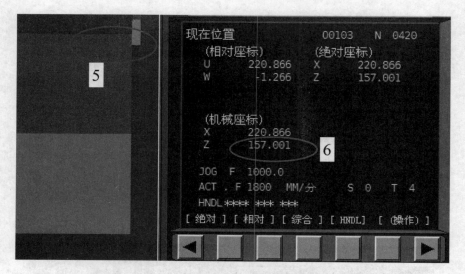

图 1‒30 T0404 外切断车刀对刀

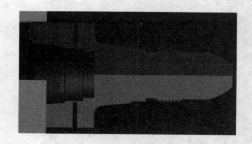 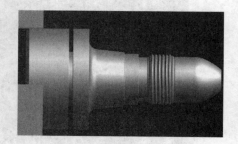

图 1‒31 工件成品

10. 配合检验

（1）清理。割断、车平端面后，去毛刺、清理干净。

（2）调制红丹粉。取适量红丹粉置入器皿，加入少许机油，调制成干稠状。

（3）涂层。用毛刷在轴的配合面上均匀薄薄地涂一层调制好的红丹粉。

（4）组装。将两件组装，轻压、组装到底，不得相对旋转。

（5）拆分。零件分离，分离时端平、不得相对旋转。可能会有吸附作用，分离困难，必要时借助一字螺丝刀等工具拆分，注意不要损伤工件。

（6）检验。观察接触斑点分布情况，清点斑点数量，计算接触面积百分比，要求大头接触多，配合面上总接触面积大于 50%。

五、相关知识

1. 复合面接触配合

诸如锥面、球面等复合面接触配合，用数控车削的办法满足接触要求，对设备精度等有很高要求，像目前技能鉴定、数控大赛等提供的加工设备能否满足要求，值得认真研究、实践、探索。如果一定要采用车削加工方式，建议按照"有所为、有所不为"的原则，合理做出一些取舍，确保重要表面可靠接触、降低或放弃次要表面接触要求，解除或部分解除过定位配合，集中控制关键部位质量。

生产实践中复合面接触配合的优选工艺方法是配研、配磨、配刮等，手工操作时，要求技术水平高，且加工效率低，特别是配研、配刮效率更低，自动化配合加工另当别论。

2. 小数点编程

CNC数控系统都具有小数点编程功能，小数点编程功能有袖珍计算器型和标准型小数点编程两种。袖珍计算器型小数点编程符合我们的数据书写习惯，即什么地方需要小数点就在什么地方写小数点，不写小数点时，默认紧跟在数据末尾后有小数点。标准型小数点编程与袖珍计算器型小数点编程的区别在于不写小数点时，默认数据是最小输入单位的倍数。数控编程小于最小输入单位的小数部分并不四舍五入，而是直接忽略不计。两种小数点编程对比见表1-4。

由此可见，在数据末尾都写小数点，两种小数点编程的意义一样，不会出错，但实际操作时还是经常会遗忘的，所以建议用户选购袖珍计算器型，也建议机床生产厂家把袖珍计算器型小数点编程功能设置成基本编程功能，不要作为任选功能。

表1-4　　　　　　　　　两种小数点编程对比

编程字书写格式	含　　　义		机床最小输入单位
	袖珍计算器型	标准型	
X100	X100mm	X0.1mm	
X100.	X100mm	X100mm	0.001mm
Y100.5	Y100.5mm	Y100.5mm	

续表

编程字书写格式	含　义		机床最小输入单位
	袖珍计算器型	标准型	
B65	B65°	B0.0065°	0.0001°
B65.	B65°	B65°	
备　注	末尾小数点 可以省略不写	末尾小数点 不能省略	
	都写小数点，不会出错		

3. 倒角/倒圆编程

G01 具有倒角/倒圆功能，用来在两条线间插入倒角或倒圆，省掉一条程序段简化编程，指令格式见表 1 - 5。

表 1 - 5　　　　　　　　　　G01 倒角/倒圆指令格式

指　　令	说　　明
G01 X＿＿＿ Z＿＿＿ ，R＿＿＿ ；	在两直线间、直线与圆弧间插入倒圆。X、Z 表示倒圆角前两边线的交点坐标，R 表示倒圆角半径，如图 1 - 32 所示，刀具从①→点 2
G01 X＿＿＿ Z＿＿＿ ，C＿＿＿ ；	在两直线间插入倒角。X、Z 表示倒角前两边线的交点坐标，C 表示倒边长度，如图 1 - 33 所示，刀具从①→点 2

注：①如果其中一条边线长度不够，则自动削减倒角或倒圆大小；
　　②仅在同一插补平面内倒角或倒圆，不能跨插补平面进行；
　　③如果连续三条以上程序段没有运动指令，一般不能倒角、倒圆；
　　④单段运行时，倒角/倒圆进行完后停止移动；
　　⑤ ，R＿＿＿ 、C＿＿＿ 是最小编辑单位，不可拆分。

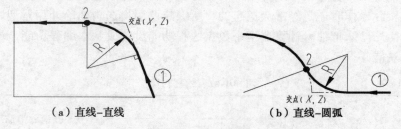

（a）直线-直线　　　　　　　　　　（b）直线-圆弧

图 1 - 32　G01 倒角

4. 刀具半径补偿

由于车刀刀尖圆弧半径较小，在车床上，刀具半径补偿常称刀尖半径补偿。

为了提高刀尖强度，通常将刀尖做成圆弧形状，如图 1-34 所示，C 点是理论刀尖点，若不用刀具半径补偿功能时，数控系统控制点 C 沿编程轨迹运动。试切对刀时，A 点切工件外圆柱面，测量该刀具的 X 向尺寸；B 点切工件端面，测量该刀具的 Z 向尺寸。A、B 两个切点分别是两个方向的刀位点。

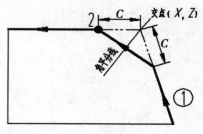

图 1-33 G01 倒角

在加工内、外圆柱面和端面时，切削点就是刀位点 A 或 B 点，而 A 点或 B 点与数控系统控制的理论刀尖点 C 在同一圆柱面上或同一端面上，刀尖圆弧 R 不影响加工尺寸、形状；但在加工锥面和圆弧时，由于切削点不再是 A 或 B 点而变成了 AB 圆弧段内的某一点，与理论刀尖点 C 的切削结果不同，就会造成上坡少切和下坡多切现象（图 1-34），程序不会发生报警，严重影响零件加工精度，用刀具半径补偿功能 G41、G42 能消除这种误差。

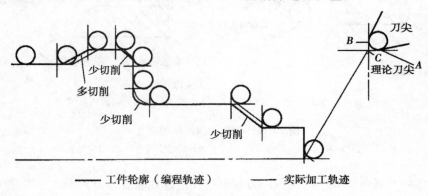

—— 工件轮廓（编程轨迹）   —— 实际加工轨迹

图 1-34 多切和少切现象

刀具半径补偿分为建立、执行和取消三个过程。

（1）刀具半径补偿的建立。

指令格式 $\begin{Bmatrix} G41 \\ G42 \end{Bmatrix} \begin{Bmatrix} G00 \\ G01 \end{Bmatrix}$ X____ Z____；

G41 为左偏刀具半径补偿，简称左刀补；G42 为右偏刀具半径补偿，简称右刀补。左、右刀补的偏置方向是这样规定的：逆着插补平面的法线方向看插补平面，沿着刀具前进方向，刀具在工件的左侧为左刀补 G41，刀具在工件的右侧为右刀补 G42，如图 1-35 所示，切记不要以加工外圆还是孔来判断。

刀具半径补偿的建立是一个逐渐由零偏置到刀具半径补偿值的偏移过程，必须与运动指令连用。机床执行完刀具半径补偿建立的程序段后，在紧接着的

33

下一程序段起点处的编程轨迹的法线方向上，刀尖圆弧中心偏离编程轨迹一个刀具半径补偿值的距离，如图 1-36 所示。刀具半径补偿值，就是刀具补偿画面中的 R 值。

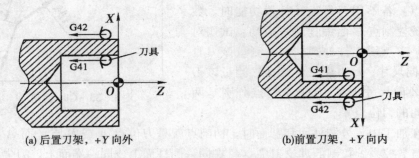

(a) 后置刀架，+Y 向外　　　　(b)前置刀架，+Y 向内

图 1-35　刀具半径补偿偏置方向

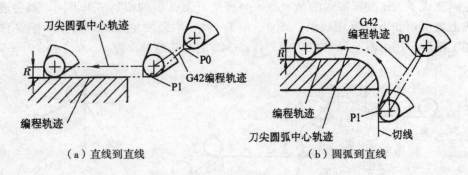

（a）直线到直线　　　　（b）圆弧到直线

图 1-36　刀具半径补偿的建立

P0. 刀尖半径补偿建立起点；P1. 刀尖半径补偿建立终点；R. 刀尖圆弧半径。

（2）刀具半径补偿的执行。刀具半径补偿建立之后，刀具中心始终在编程轨迹的法线方向上偏离一个刀具半径补偿值的距离，形成刀具中心轨迹，加工出工件轮廓。刀具中心轨迹可以简单理解为是编程轨迹的等距线，但实际上在两段轨迹的过渡处，有本质的区别。

（3）刀具半径补偿的取消。

指令格式　$G40 \begin{Bmatrix} G00 \\ G01 \end{Bmatrix} X\underline{\quad\quad} Z\underline{\quad\quad}$;

刀具半径补偿取消是建立的逆过程。刀具执行完取消刀具半径补偿程序段后，理论刀尖点与编程轨迹重合，如图 1-37 所示。

（4）注意事项：

①G41、G42、G40 指令必须和 G00 或 G01 指令一起使用，而不能与 G02 或 G03 指令一起使用。

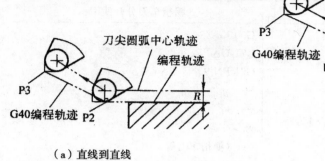
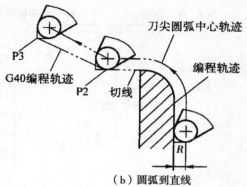

（a）直线到直线　　　　　　　（b）圆弧到直线

图 1-37　刀具半径补偿的取消

P2. 取消起点；P3. 取消终点；R. 刀尖圆弧半径。

②刀尖半径补偿应在轮廓加工之前建立，在轮廓结束后取消，防止出现误切或接刀痕迹而损坏工件。

③建立或取消刀尖半径补偿的移动距离应大于刀尖半径补偿值。

④实际刀尖半径和刀尖半径补偿值均要小于工件轮廓内圆弧半径。

⑤刀尖半径补偿建立之后，最好不要在连续两个或两个以上的程序段内都不写插补平面内的坐标字，否则可能会发生程序错误报警或误切。

⑥在刀补执行过程中，G41 和 G42 最好不要相互变换，若要变换，可先取消掉，再重新建立。

⑦在刀补建立/取消过程中，刀具侧的两编程轨迹间的夹角应大于等于 90°，可以避免刀具半径补偿过切方面的程序报警。

5. 车削固定循环

数控车床高速回转的零件，被两轴联动的刀具加工，零件形状相对单一，加工方法差别不大，所以各种数控车削系统都固化了几种十分类似的车削固定循环编程方法，几乎可以满足各种回转体类零件的数控加工。

（1）轴向车削固定循环。轴向车削固定循环 G71、G70/G71 适合于加工阶梯直径相差较小的轴套类零件，可有效缩短刀具长度，指令格式见表 1-6。

α、β——循环起点 A 坐标，α 值确定切削起始直径，粗车外径时，应比毛坯直径大，镗孔时，应比毛坯孔内径小；β 值应离开毛坯右端面一个安全距离，即两个方向都应给出合适的安全距离，以便刀具以 G00 方式接近循环起点 A 时，不会发生任何干涉。

Δd——X 向背吃刀量（层厚），半径值，无正负号；

e——X 向退刀量，半径值，无正负号；

| 表 1 - 6 | 轴向车削固定循环指令格式 |

粗精车刀合用	粗精车刀分开使用
G00 X$\underline{\alpha}$ Z$\underline{\beta}$ ； G71 UΔd Re； G71 P$\underline{N}_s$ Q$\underline{N}_f$ UΔu WΔw F$\underline{f}$ ； N_s … N_f G70 P$\underline{N}_s$ Q$\underline{N}_f$；	G00 X$\underline{\alpha}$ Z$\underline{\beta}$ ； G71 UΔd Re ； G71 P$\underline{N}_s$ Q$\underline{N}_f$ UΔu WΔw F$\underline{f}$ ； N_s … N_f …；（换精车刀等） G00 X$\underline{\alpha}$ Z$\underline{\beta}$ ； G70 P$\underline{N}_s$ Q$\underline{N}_f$；

①G71 轴向分层完成粗车，不执行 N_s…N_f 程序段中的刀尖半径补偿。
②G70 一层完成精车并执行 N_s…N_f 程序段中的刀尖半径补偿。

N_s——轮廓开始程序段的段号，该程序段只能有 X 坐标，不能有 Z 坐标。该段并非工件轮廓，仅仅是刀具进入工件轮廓的导入方式，用 G00 或 G01 编程，不发生干涉时，常用 G00 编程；

N_f——轮廓结束程序段的段号；

Δu——X 方向精车余量，带正负号的直径值，由此决定是外圆还是孔加工，车外圆时为正，车内孔时为负；

Δw——Z 方向精车余量，带正负号，为正时，表示沿着－Z 方向加工；为负时，表示沿着＋Z 方向加工；

f——粗加工时 G71 中编程的 F 或 G71 指令前就近的 F 有效，而精加工时处于 N_s 到 N_f 程序段之间的 F 有效，如果 N_s 到 N_f 程序段之间无 F 时，则沿用粗加工时的 F。

动作分解见图 1 - 38，粗车时，由起点 A 自动计算出 B' 点，刀具从 B' 点开始径向吃刀一个 Δd 后，进行平行于 Z 轴的工进车削和 45°退刀 e→Z 向快速返回→X 向快速吃刀 Δd＋e，由此下降第二个 Δd，如此多次循环分层车削，最后再按留有精加工余量 Δu 和 Δw 之后的形状（N_s～N_f 程序段 A'→B 加上精加工余量 Δu 和 Δw）进行轮廓光整加工，后快速退到 A 点，完成分层粗车循环。精车路径是 A →A'→B→ A（N_s～N_f 程序段），一层完成。

对于Ⅰ型车削固定循环，N_s～N_f（A'→B）间的程序轨迹必须为 Z 轴、X 轴共同单调增大或单调减小，而对于Ⅱ型车削固定循环则没有这个要求。

N_s～N_f 程序段内不得有固定循环、参考点返回、螺纹车削指令、调用子程序等指令，可以有宏指令。

（2）端面车削固定循环。端面车削固定循环 G72、G70/G72 适合于加工

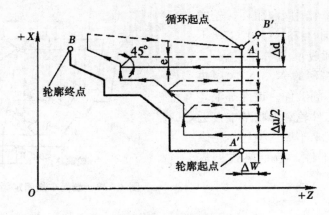

图 1-38 轴向车削固定循环

阶梯直径相差较大的孔盘类零件，可有效缩短刀具长度，提高刀具刚性。指令格式见表 1-7。

表 1-7 端面车削固定循环指令格式

粗精车刀合用	粗精车刀分开使用
G00 X$\underline{\alpha}$ Z$\underline{\beta}$;	G00 X$\underline{\alpha}$ Z$\underline{\beta}$;
G72 W$\underline{\Delta}$d R$\underline{e}$;	G72　W$\underline{\Delta}$d R$\underline{e}$;
G72 PN$\underline{s}$ QN$\underline{f}$ U$\underline{\Delta}$u W$\underline{\Delta}$w Ff;	G72 PN$\underline{s}$ QN$\underline{f}$ U$\underline{\Delta}$u W$\underline{\Delta}$w Ff;
N$_s$	N$_s$
…	…
N$_f$	N$_f$
G70 PN$\underline{s}$ QN$\underline{f}$;	…；（换精车刀等）
	G00 X$\underline{\alpha}$ Z$\underline{\beta}$;
	G70 PN$\underline{s}$ QN$\underline{f}$;

①G72 端面分层完成粗车，不执行 N$_s$…N$_f$ 程序段中的刀尖半径补偿。
②G70 一层完成精车并执行 N$_s$…N$_f$ 程序段中的刀尖半径补偿。

　　Δd——Z 向分层粗车的背吃刀量，无正负号；

　　e——Z 向退刀量，无正负号；

　　N$_s$——轮廓开始程序段的段号，该段程序只能有 Z 坐标，不能有 X 坐标，即轨迹 $A \rightarrow A'$ 平行于 Z 轴；

　　其他含义同 G71。

　　端面车削动作分解见图 1-39，进行平行于 X 轴的分层粗车、一层精车，轮廓路径 $A' \rightarrow B$（N$_s \sim$N$_f$ 程序段），动作过程在 X 向类似于 G71，其他注意事项同样类似于 G71。

（3）轮廓车削固定循环。轮廓车削固定循环 G73、G70/G73 不要求工件轮廓成单向增加或减小，轮廓方向由编程的 N_s、N_f 次序决定，适用于车削锻件、铸件等毛坯轮廓形状与工件轮廓形状基本接近的工件，也用来车棒料毛坯、轮廓凹凸不平的工件，指令格式见表 1-8。

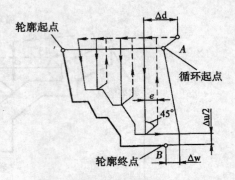

图 1-39　端面车削固定循环

表 1-8　　　　　　　轮廓车削固定循环 G73、G70/G73 指令格式

粗精车刀合用	粗精车刀分开使用
G00 Xα Zβ； G73 Ui Wk Rd； G73 PN$_s$ QN$_f$ U$\triangle$u W$\triangle$w Ff； N$_s$ … N$_f$ G70 PN$_s$ QN$_f$；	G00 Xα Zβ； G73 Ui Wk Rd； G73 PN$_s$ QN$_f$ U$\triangle$u W$\triangle$w Ff； N$_s$ … N$_f$ …；（换精车刀等） G00 Xα Zβ； G70 PN$_s$ QN$_f$；

①G73 轮廓分层完成粗车，不执行 N_s…N_f 程序段中的刀尖半径补偿。
②G70 一层完成精车并执行 N_s…N_f 程序段中的刀尖半径补偿。

i——X 方向第一次粗车后剩余的粗车余量，半径值，即等于第一次粗车后的半径－A′B 轮廓间的最小半径或第一次粗镗后的半径－A′B 轮廓间的最大半径。i 有正负之分，向+X 向退刀时为正，加工外圆；向－X 向退刀时为负，加工孔。图 1-40 中 i 为正。

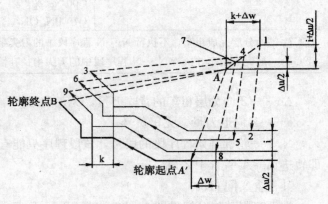

图 1-40　轮廓车削固定循环

k——Z 方向第一次粗车的粗车余量。k 有正、负之分，向+Z 向退刀时

为正，向－Z向退刀时为负，图 1-40 中 k 为正。

  d——分层粗车次数；

  $N_s \sim N_f$ 程序段中可有 X、Z 两个坐标，其余各地址的含义同前。

  轮廓车削动作分解见图 1-40，由程序给定的循环起点 A 自动计算到点 1，刀具从点 $1 \to 2 \to 3 \to 4 \to 5 \to 6 \to 7 \to 8 \to 9 \to A$ 分层粗车，留精加工余量 Δu、Δw，精车路径 $A \to A' \to B \to A$ 一层完成。

  (4) 车槽固定循环。车槽固定循环 G75 可以车内、外环形槽。从循环起点开始，X 向分层渐近车削到槽底，X 向抬刀到循环起点高度 Z 向平移进刀，X 向再次分层渐近车削到槽底，依次循环加工直至 Z 向平移与槽等宽，切到槽底后，刀具 X 向抬刀再回到循环起点。加工内槽时应在循环起点程序段的前一段给定刀具转折点，防止干涉。指令格式见表 1-9。

表 1-9   车槽固定循环指令格式

G0 X_{α_1} Z_{β_1};
G75 $R \Delta e$;
G75 X_{α_2} Z_{β_2} $P \Delta i$ $Q \Delta k$ $R \Delta w$ Ff;

  α_1、β_1——切槽循环起点槽口坐标。加工外圆槽时，α_1 应比槽口最大直径大（图 1-41）；加工内圆槽时，α_1 应比槽口最小直径小，以免在刀具快速移动时发生撞刀；β_1 与左、右刀位点及切槽起始位置从左侧或右侧开始有关。图 1-41 中，用左刀位点对刀，当切槽起始位置从左侧开始时，β_1 为 －30；当切槽起始位置从右侧开始时，β_1 为 －24；

  Δe——切槽过程中径向退刀量，半径值，无正负号；

  α_2——槽底直径 X 坐标值；

  β_2——槽终点 Z 坐标值，同样与切槽起始位置有关（图 1-41 中，当切槽起始位置从左侧开始时，β_2 为 －24；当切槽起始位置从右侧开始时，β_2 为 －30）。

  Δi——径向每次切入量，半径值，单位为 Um，无正负；

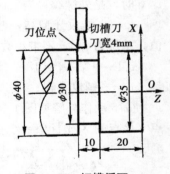

图 1-41 切槽循环

  Δk——Z 向平移进刀量，单位为 Um，无正负，应注意其值应小于刀宽。

  Δw——刀具切到槽底后，在槽底沿 Z 方向按 Δk 相反方向的退刀量，单位为 Um，无正负，最好长为 0，以免干涉断刀。

  F——进给速度，可以提前赋值。

  (5) 螺纹车削固定循环。

①编程指令。螺纹车削固定循环 G76 能自动分层车削恒导程圆柱螺纹、圆锥螺纹，指令格式见表 1-10。

表 1-10 螺纹车削循环指令格式

G0	X_{α_1}	Z_{β_1} ;				
G76	Pmra	QΔdmin	Rd ;			
G76	X_{α_2}	Z_{β_2}	Ri	Pk	QΔd	FL ;

α_1、β_1——螺纹切削循环起点 A 坐标，X、Z 应留足安全距离，且在 Z 向包含空刀切入量；

m——精加工重复次数 01～99 次，必须用两位数表示，用来加工精加工余量 d；

r——螺纹收尾 45°斜向退刀倒角量，00～99 个单位，必须用两位数表示，每个单位长度是 0.1×导程，具体要给多少个单位，以保证刀具切离工件为宜。螺纹收尾量应包括在螺纹空刀导出量之内；

a——螺纹牙型角，用两位数表示，按图纸选取；

Δd_{min}——粗加工最小背吃刀量，半径值，单位为 μm；

d——精加工余量，半径值，无正负号；

X_{α_2}、Z_{β_2}——螺纹终点牙底 D 直径坐标值，含螺纹收尾量 r 和螺纹空刀切出量；

i——螺纹两端的半径差，即螺纹起点 C 半径减去螺纹终点 D 半径，当 i=0 时，是圆柱螺纹，可以省略不写；就图 1-42 所示螺纹切削方式，当 i<0 时，是外螺纹；当 i>0 时，是内螺纹；

k——螺纹牙型高，普通螺纹按 k=0.65P（P 为螺距）进行计算，半径值，单位为 μm，不带小数点；

Δd——第一次切深，半径值，单位为 μm，不带小数点，无正负号；

L——螺纹导程。

G76 动作分解见图 1-42，刀具从循环起点 A 以 G00 方式沿 X 向到达 B 点（该点的 X 坐标值=小径+2 倍的牙型高），工进 Δd 到点 1 后，以螺纹切削

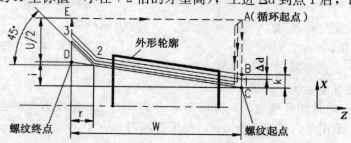

图 1-42 G76 固定循环的运动路径

40

方式 G32 平行于牙形圆柱面母线切削至点 2，再斜向退刀至点 3，以 G00 退刀至点 E，快速返回点 A，如此重复循环切削，最后精车路线是 ACDEA，完成螺纹加工。

G76 循环的背吃刀量是成等比级数递减的，粗车时采用斜进法进刀，精车时采用直进法加工。

②螺纹加工数据。加工外螺纹圆柱和内螺纹底孔与车削螺纹不在同一工步完成，对于外螺纹要先车好外螺纹圆柱、倒角，后车外螺纹；对于内螺纹要先钻或镗好内螺纹底孔、倒角，后车内螺纹，这样必须确定外螺纹圆柱、内螺纹底孔大小。实践中常按以下经验公式计算取值：

$$外螺纹圆柱 = M - 0.12P \tag{1-1}$$

$$内螺纹底孔 = M - P（当 P \leqslant 1 或加工钢件等扩张量较大时） \tag{1-2}$$

$$内螺纹底孔 \approx M - (1.04 \sim 1.08)P（当 P > 1 或加工铸件等扩张量较小时） \tag{1-3}$$

内外螺纹配合时，牙顶与牙底间要留有间隙，所以常按牙顶和牙底各削平 $H/8$ 来计算牙型高度。

$$牙型高度 h = 6H/8 \approx 0.65P \tag{1-4}$$

式中：P 是螺距（mm），不是导程。

由公式（1-4）可计算出：

$$外螺纹牙槽底径（实际小径） = M - 2 \times 0.65P \tag{1-5}$$

$$内螺纹牙槽顶径（实际大径） = 外螺纹理论大径 = M \tag{1-6}$$

中径是理论值，用于测量。

③进给次数与背吃刀量。如果螺纹牙型较高或螺距较大，可分几次进给，每次进给的背吃刀量按递减规律分配，且有直进法和斜进法之分，如图 1-43 所示。常用米制圆柱螺纹切削的进给次数与背吃刀量可参考表 1-11。

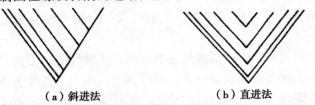

（a）斜进法 （b）直进法

图 1-43 进给次数与背吃刀量

表 1-11 常用米制圆柱螺纹切削进给次数与背吃刀量关系 mm

螺 距 P	1.0	1.5	2.0	2.5	3.0	3.5	4.0
牙型高度 h	0.649	0.974	1.299	1.624	1.949	2.273	2.598

螺 距 P		1.0	1.5	2.0	2.5	3.0	3.5	4.0
进给次数与背吃刀量	1次	0.349	0.394	0.449	0.499	0.599	0.748	0.748
	2次	0.2	0.3	0.3	0.35	0.35	0.35	0.4
	3次	0.1	0.2	0.3	0.3	0.3	0.3	0.3
	4次		0.08	0.2	0.2	0.2	0.3	0.3
	5次			0.05	0.2	0.2	0.2	0.2
	6次				0.075	0.2	0.2	0.2
	7次					0.1	0.1	0.2
	8次						0.075	0.15
	9次							0.1

④空刀导入量和空刀退出量。不论是主轴电动机还是进给电动机，加减速到要求转速都需要一定的时间，此期间内车螺纹导程不稳定，所以在车削螺纹之前、后，需留有适当的空刀导入量 L_1 和空刀切出量 L_2。这里需要说明的是，螺纹空刀槽的宽度应能保证空刀退出量 L_2 的大小，在工艺分析时应予以注意。

$$L_1 \geqslant 2P \tag{1-7}$$

$$L_2 \geqslant 0.5P \tag{1-8}$$

式中：L_1——空刀导入量（mm）；

L_2——空刀切出量（mm）；

P——螺纹导程（mm）。

⑤螺纹加工设备要求。数控车床加工螺纹的前提条件是主轴转速与进给同步，并能在同一圆周剖截面上自动均分多线螺纹螺旋线的起始点；要具有同步转速功能并能均分螺纹线数，主轴必须专门配备位置测量装置，如脉冲编码等。

⑥四向一置关系。四向指螺纹左右旋向、主轴转向、刀具安装方向及进给方向，一置指车床刀架前置或后置。车螺纹时，四向一置必须匹配，否则不可能加工出合格螺纹。螺纹左右旋向是生产图样给定的，不能更改。车床选定之后，其刀架前置还是后置已确定。安装刀具时，前刀面朝上为正装，前刀面朝下为反装。可见四向一置关系匹配主要是在给定螺纹旋向、选定数控车床的情况下，对主轴转向、刀具安装方向及进给方向的配置。下面介绍几种常用配置关系，如表1-12所示。

表 1-12　　　　　　　　　　　四向一置关系

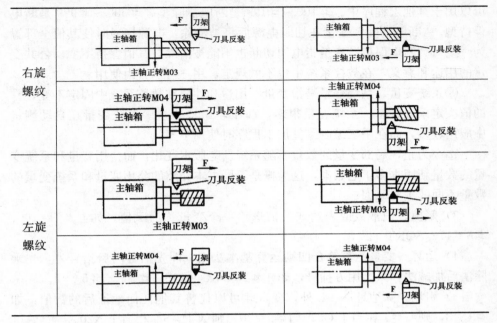

6. 宏程序

用变量、条件语句、循环语句等宏指令编制的程序称宏程序，由于变量具有存储、运算功能，条件语句或循环语句能改变程序自然执行顺序，宏程序可以编制诸如二次曲线等各种复杂零件加工程序，减少乃至免除手工编程时繁琐的数值计算，同时可以精简程序量。

（1）变量：

1）变量的表达。变量用符号"♯"和后面的变量号指定，变量号为正整数或表达式，表达式必须封闭在方括号中，如♯1、♯［♯1＋♯2－10］。

2）变量的分类。变量分三大类：

①局部变量。局部变量是指在各宏程序中独立使用的变量，有♯1～♯33共33个。当宏程序1调用宏程序2且两个程序中都含有变量♯1时，由于♯1服务于不同的局部，宏程序1中的♯1与宏程序2中的♯1不是同一个变量，可以赋予不同的值，且互不影响。局部变量在系统断电时进行初始化，其值自动清除，变成"空变量"。局部变量的用途和意义，在数控系统中不作规定，用户可以自由选用。

②公共变量。公共变量是指在各宏程序中公用的变量，有♯100～♯199、♯500～♯999两组。同样，当宏程序1调用宏程序2且两程序中都含有变量♯100时，由于♯100贯穿于整个程序过程，宏程序1中的♯100与宏程序2

43

中的♯100是同一个变量。因此，对于公共变量而言，一个宏程序的运算结果可以用于其他宏程序中。♯100～♯199是断电清除型、♯500～♯999是断电保持型。"断电清除"变量在切断电源后将被清除，电源接通时使其值全部置为"空"；"断电保持"变量指电源切断也不能被清除，其值保持不变。公共变量的用途和意义，在数控系统中也不做规定，用户可以自由使用。

③系统变量。系统变量是指变量的用途和性质在数控系统中固定不变，它的值决定系统状态。系统变量很多，都在♯1000以上。系统变量在自动测量中应用较多，而在手工编制零件加工程序时使用不多。

迄今为止，局部变量的数量不随系统新老版本变化，而公用变量和系统变量的数量新版本多于老版本，这大概是不同书本介绍的公用变量和系统变量的数量不同的主要原因。

3）赋值。把常数或表达式的值送给一个变量称为赋值。如：♯1＝100；♯6＝175/SQRT［2］。

4）运算。变量运算符合四则运算基本法则，即先括号内后括号外，先乘除法后加减法，只能用方括号，如［♯2＋♯3＊COS［♯4］－♯5］/2。

5）引用。除地址 N、L 外，变量♯可以代替其他任何地址后的数值，如♯1＝3，则 G♯1 相当于 G3；如♯5＝20，则 X［♯5］相当于 X20。

（2）语句。

1）条件语句 IF－GOTO：

①有条件语句指令格式。IF［条件表达式］GOTO n；

n——目标程序段段号。

如果符合［条件表达式］中的条件，转向执行程序段 n，否则顺序执行此句下一条程序段。

条件表达式中的各种比较符号见表 1-13。

表 1-13　　　　　　　　　　　　　比较符号

比较符号	含　义	比较符号	含　义
EQ	等于（＝）	GE	大于等于（≥）
NE	不等于（≠）	LT	小于（＜）
GT	大于（＞）	LE	小于等于（≤）

②无条件语句指令格式。GOTO n；

无条件转向执行程序段 n。

2）循环语句 WHILE－DO－END。循环语句指令格式：

WHILE［条件表达式］DO m；

…

END m；

m——相同的自然数，Do m 和 END m 要成对，相当于左右括号。

条件表达式中的各种比较符号同表 1-13。

3）位置。两种语句的编程位置不同，见表 1-14。

表 1-14　　　　　　　　　两种语句程序段的位置比较

程序号	条件语句	说　明		循环语句
N	…… $\sharp i=$	已知变量 计数器初值		…… $\sharp i=$
N	$\sharp j=$ ……	计算坐标		$\sharp j=$ ……
N		循环语句前半部分		WHILE［$\sharp i$……］Dm；
N	GO1X $\sharp j$…	直线插补		GO1X $\sharp j$…
N	$\sharp i= \sharp i+k$	计数器累加		$\sharp i= \sharp i+k$
N	IF［$\sharp i$……］GOTOn；	条件语句	循环语句	后半部分 ENDm；

（3）曲线编程原理。只要有曲线的数学表达式函数，就可以在曲线上有规律（一般以等间距取）地取节点，节点与节点之间常用 GO1 插补，以直代曲拟合曲线。只要节点取得足够多，折线线串就可以近似代替曲线。

把节点的某一坐标作为曲线函数的自变量，给一个自变量，根据函数表达式就可以计算出相应的函数值，即节点的另一个坐标。节点坐标就是编程坐标或可以转化为编程坐标。

（4）计数器。每执行 $\sharp i= \sharp i+k$ 一次程序段，$\sharp i$ 中存储的数据就会增加一个 k，k 是常数或表达式表示的常数。利用条件语句或循环语句重复执行 $\sharp i= \sharp i+k$ 程序段，就可以用于对函数自变量赋值，从而根据公式计算出函数值，即计算出所有节点坐标。

7. 恒线速功能

在加工端面、圆弧、圆锥、阶梯直径相差较大时，随着工件直径的变化，切削线速度在不断变化，而进给速度不变，导致工件表面粗糙度不一。为了控制工件表面加工质量，数控车床配备了恒线速控制功能。如图 1-44，G96 恒线速功能生效以后，刀具切削工件时刀尖的线速度 V 保持恒定，即当前加工工件直径×主轴转速＝常数。如图 1-45 所示，设 S_1、S_2、S_3 为主轴转速 r/min，D_1、D_2、D_3 为阶梯轴直径，使用 G96 功能以后，$D_1 S_1 = D_2 S_2 = D_3 S_3 ＝$ 常数。

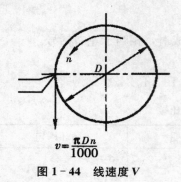

$$v = \frac{\pi D n}{1000}$$

图 1 - 44　线速度 V

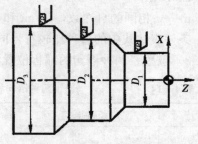

图 1 - 45　主轴恒线速功能

当工件直径 D 很小时，为了保持切削速度的恒定，主轴转速必定很高，特别是加工端面时，如果刀具走到工件中心即直径等于零时，要维持切削速度为常数，主轴转速要无穷大，所以必须对主轴最高转速做出限制：在机床主轴转速范围内选用，且不能超过三爪自定心卡盘等夹具允许的极限转速。具体指令格式见表 1 - 15。

表 1 - 15　　　　　　　　　　　　G96 恒线速功能指令

恒线速功能生效	取消恒线速功能
G50　S；其中 S 为限制主轴最高转速（r/min） G96　S；其中 S 为线速度（m/min）	G97；或 G97　S；其中 S 为主轴转速（r/min）
如：G50 2000；主轴最高转速 2000 r/min G96　S120；恒线速 120 m/min … G97　S500；取消恒线速功能，重新给定主轴转速 500 r/min	

恒线速功能常用于精加工，在刀具切入工件轮廓前编制即可，粗加工很少使用。主电机频繁调速会影响其使用寿命，要适度使用恒线速功能

8. 机上测量刀具长度补偿

所谓机上测量刀具长度补偿，指在机床上通过试切对刀的办法，测得和设定刀具在机床坐标轴方向上的长度值、零点偏置值设定为零、编程用刀具长度补偿的编程操作方法。多刀新准备刀具加工，基本上均采用这种办法对刀、编程。

（1）编程。常把数控车床的刀架回转中心作为测量基点，测量基点的刀具尺寸大小为零，而实际刀具是有具体尺寸的。刀具长度补偿指令格式见表 1 - 16。

表 1-16 刀具长度补偿指令格式

指　令	说　明
T□□ ××； G0/ G1 X___ Z___； … T□□00；	换刀、刀具补偿数据生效 两个方向刀具长度补偿 … 取消刀具补偿

其中：□□——刀具号，××——补偿号。

①刀具号就是刀架上的刀位编号。

②刀具号与补偿号不一定相同，但为了方便记忆，通常使它们一致，如 T0202。

③补偿数据与运动指令连用才补偿，二者缺一不补偿

（2）操作。刀具长度补偿值需实际测量后，加工前从操作面板输入。X 向的刀具长度补偿值为直径值。图 1-46 所示为刀具补偿画面，编程时不需要知道具体补偿数据，但需要用相应的补偿号调用。刀具长度补偿值＝几何补偿值＋磨损补偿值。几何和磨损补偿值处于相同地位，但磨损补偿值常小。

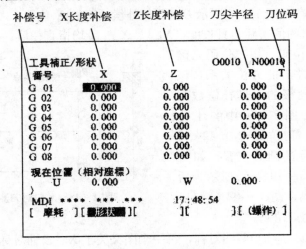

图 1-46 刀具补偿画面

1）Z 向刀具几何长度测量与设定。

①JOG 切工件右端 A 面，如图 1-47 所示。图中 M 表示机床坐标系原点；W 表示工件坐标系原点；测量基点是表示机床特征的点，数控机床控制该点运动轨迹加工工件，该点的刀具尺寸为零。

②将机床坐标系中的 Z 坐标值 $Z_{机床}$ 作为 Z 向刀具长度 $Z_{刀具长度}$ 存入图 1-46 所示刀具几何补偿画面的 Z 位置。Z 向刀具长度 $Z_{刀具长度}$ 与工件坐标系原点位置相对应，工件坐标系原点可以平移至任何位置，刀具长度 $Z_{刀具长度}$ 作相应

调整即可。工件坐标系原点平移后，相应的刀具长度为原刀具长度 $Z_{刀具长度} \pm$ 平移距离，平移方向与坐标轴同向时，取"＋"号，相反时取"－"号。灵活应用这一关系，只要对刀测量一次，就可以通过计算实现万能对刀。加工数量一件以上时，对刀端面留加工余量是常用的对刀方式，编程时需要加工对刀端面。X 向同理，只不过用直径值。

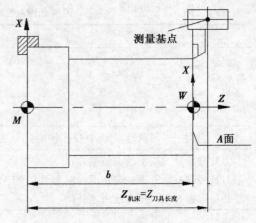

图 1-47 Z 向对刀测量

2）X 向刀具几何长度测量与设定。

①JOG 切工件外圆 B 面，如图 1-48 所示。

②将机床坐标系中的 X 坐标值 $X_{机床}$ 一实测工件直径 D 的差值作为 X 向刀具长度 $X_{刀具长度}$ 存入图 1-46 所示刀具几何补偿画面的 X 位置。$X_{刀具长度}$ 反映刀位点到测量基点间的实际刀具长度，$X_{机床}$、$X_{刀具长度}$ 均指直径值。

3）输入刀位码。用刀位码来确定刀尖与切削进给的方位关系，该刀位码从操作面板的刀具补偿数据窗口输入设定，图 1-46 中的 T 位置就是刀位码。刀位码有 0～9 个，其中 9 是圆刀片的圆心位置，如图 1-49 所示。图 1-49（a）所示为后置刀架的刀位码，图 1-49（b）所示为前置刀架的刀位码。

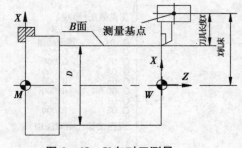

图 1-48 X 向对刀测量

图 1-49（a）、（b）两图对称，每一个图又关于 X、Z 轴对称。对于图 1-49（a），Z 轴上方为加工外圆的刀位码，Z 轴下方为加工孔的刀位码，X 轴左侧为逆车的刀位码，X 轴右侧为顺车的刀位码，图 1-49（b）正好相反。

4）零点偏置值设定。编程所需的工件坐标系的零点偏置值设为零，如图 1-50 所示。

9. 同一把刀具掉头加工

用刀架上同一把刀具掉头加工时，尽管刀具的直径补偿值相同，但机上试切对刀测量的长度值一般不同，编程时刀具号取相同值，补偿号取不同值，以便在不同的补偿号中设定刀具相同的 X 向长度、不同的 Z 向长度，简化编程、

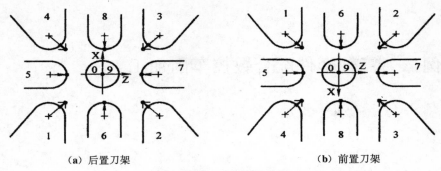

（a）后置刀架 （b）前置刀架

图 1－49 刀位码示意图

·代表刀具刀位点 A；＋代表刀尖圆弧圆心。

对刀等。如调头前用 T0202，掉头后用同一把刀加工时，用 T0212 等，便于记忆。

10．锥度配合

锥度配合常要求大头接触面积大、小头接触面积小，有些关键、通用锥度配合有专门的标准规定，需要遵照执行。经常采用涂色法检验锥度配合接触精度，接触面积大小、接触斑点数量常为估算，不是精确值。锥度配合时，常将锥度、锥孔、锥轴的大头直径（仅标

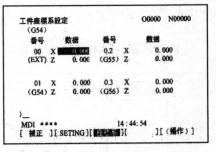

图 1－50 零点偏置画面

注基本尺寸，不标注误差）作为主要参数在图样上标注，锥孔、锥轴的大小常用端面塞垫或尺的办法加工控制、测量检验，如图 1－51 所示，其中 b 间用轴向长度间间表示锥孔大头直径误差，Δ 塞尺或塞垫厚度来测量 b，手柄滚花检棒为专用锥度检棒或工件。

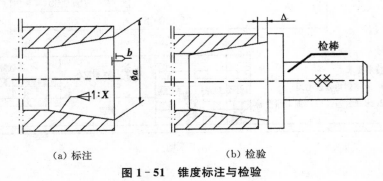

（a）标注 （b）检验

图 1－51 锥度标注与检验

案例二　三轴套件配合数控车削加工

一、案例任务

（一）零件图样

数控车削加工图样：20 - 2000 薄壁三轴套件配合，如图 2 - 1 所示。

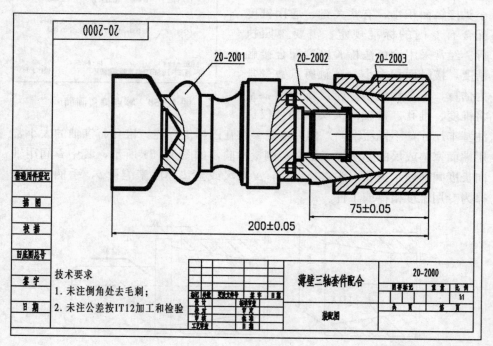

（a）装配图

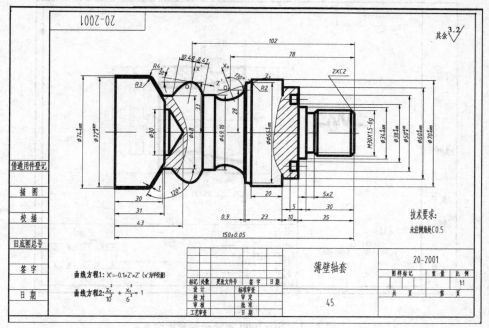

技术要求：
未注倒角处C0.5

标记	处数	更改文件号	签 字	日 期				薄壁轴套		20-2001		
设 计			标准审查							图样标记	重 量	比 例
校 对			审 定									1:1
审 核			批 准					45				
工艺审查			日 期							共 页	第 页	

曲线方程1：$X' = -0.1 \times Z' \times Z'$（$x'$为半径值）

曲线方程2：$\dfrac{Z_1^2}{10^2} + \dfrac{X_1^2}{6^2} = 1$

（b）薄壁轴套

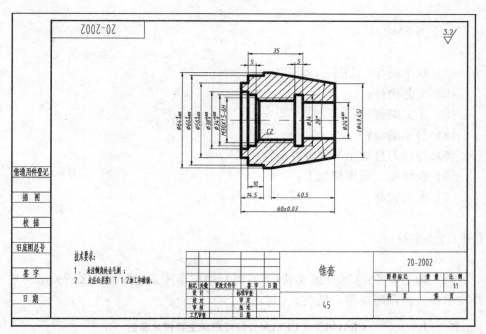

技术要求：
1．未注倒角处去毛刺；
2．未注公差按IT12加工和检验。

标记	处数	更改文件号	签 字	日 期				锥套		20-2002		
设 计			标准审查							图样标记	重 量	比 例
校 对			审 定									1:1
审 核			批 准					45				
工艺审查			日 期							共 页	第 页	

（c）锥轴

借通用件登记

描 图

校 描

旧底图总号

签 字

日 期

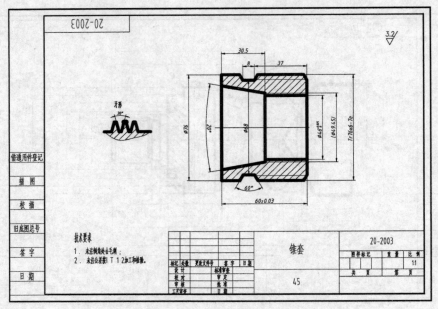

（d）轴套

图 2 - 1   20 - 2000 薄壁三轴套配合

（二）任务要求

（1）加工图 2 - 1 工件 1 套；

（2）工艺设计；

（3）手工编程；

（4）自动编程；

（5）相同刀具加工不同零件编程；

（6）在线加工或模拟加工；

（7）配合检验。

（三）配备条件

（1）加工设备：CK6140（或 CK6136）数控车床。这两种机床所关切的主要技术参数经调研获得，见表 2 - 1。

表 2 - 1   **CK6140（或 CK6136）数控车床主要技术参数**

项　　目	参　　数	项　　目	参　　数
主轴通孔直径（mm）	ϕ 82	尾架套筒锥孔	MT4

续表

项　目	参　数	项　目	参　数
主轴转速（变频，转/分）	25～1600	前置刀架工位数（把）	4
主轴电机功率（kW）	7.5	刀柄直径（mm×mm）	20×20
卡盘尺寸（mm）	ϕ200	主体结构	平床身
最小输入单位（mm）	0.001	编程功能	极坐标、坐标系旋转、宏指令
数据传输方式	卡	数控系统	FANUC-0iT

注：①配备三爪卡盘扳手；
　　②配备台式电脑和 CAD 、CAM 软件；
　　③配备砂轮机

（2）备料：45 圆钢 ϕ80mm×155mm、ϕ80mm×65mm、ϕ70mm×65mm 各 1 件，HT150 铸铁 ϕ300mm×60mm1 件，已加工至 IT10 级尺寸精度、粗糙度 Ra3.2。

从提供的机床来看，不能对 HT150 铸铁 ϕ300mm×60mm 做任何加工，由此判断可能用作检验平台。为减轻重量但刚度足够，改为 ϕ300mm×25mm 一级平板，提前准备就绪。

（3）工装量具：工装包括刀具、量具、操作工具等，见表 2-2。

表 2-2　　　　　　　　　　　工装清单

类别	序号	名　称	型号/规格	数量	备　注
切削刀具	1	90°外圆车刀	自选	自定	
	2	梯形螺纹车刀	$L=12mm$　$P=6mm$	自定	
	3	切槽刀	刀宽 3～4mm	自定	
	4	中心钻	$A3mm$	自定	
	5	麻花钻	ϕ18mm、ϕ30mm	各 1	
	6	内孔车刀	孔 ϕ32mm，长 40mm	自定	
	7	内孔车刀	孔 ϕ20mm，长 30mm	自定	
	8	R 外圆弧刀	$R4mm$	自定	

续表

类别	序号	名　称	型号/规格	数量	备　注
测量工具	1	百分表	0～10mm	1	
	2	杠杆表	0～0.8mm	1	
	3	外径千分尺	0～25mm	1	
	4	外径千分尺	25～50mm	1	
	5	外径千分尺	50～75mm	1	
	6	游标卡尺	0～150±0.02mm	1	
	7	内径百分表	18～35mm	1	
	8	内径百分表	35～50mm	1	
	9	高度游标卡尺	200mm	1	
	10	磁力表架		1	
操作工具	1	变径套	莫氏1～5号	1套	
	2	刀垫片		自定	
	3	钻夹头	莫氏5号	1把	与机床尾座配
	4	铜皮		自定	
	5	刷子	自选	1把	
	6	活扳手	自选	自定	
	7	螺丝刀	自选	自定	
	8	油石	自选	自定	
	9	楔铁		自定	
	10	铜棒		自定	
	11	铜垫		自定	
	12	改锥	一字、十字	自定	
	13	笔、绘图工具	圆规、三角板、橡皮	自定	
	14	函数计数器		1只	

（4）电脑：办公软件、UGNX8、ACAD、数控加工仿真软件、数据传输软件和传输线、台式电脑。

二、工艺设计

1. 分析工艺性能

（1）分析配合关系。分析图 2-1 所示薄壁三轴套件装配图样，20-2001 与 20-2002 两个零件，有内外螺纹 M30×1.5（6H/6g）mm、内外圆柱 $\phi 34$（$^{+0.025}_{0}$/$^{0}_{-0.025}$）mm、内外端面环形槽 $\phi 50$（$^{+0.05}_{0}$/$^{0}_{-0.025}$）mm+$\phi 38$（$^{+0.025}_{0}$/$^{0}_{-0.05}$）mm，内外圆柱 $\phi 34$（$^{+0.025}_{0}$/$^{0}_{-0.025}$）mm 配合的轴长和孔深均为 5mmIT12 级配合；两个零件配合后，结合处的两个 $\phi 60_{-0.025}^{0}$ mm 外圆有大小相同要求之疑。20-2002 与 20-2003 两个零件 20°锥面配合，要求控制配合长度 75±0.05mm。20-2001、20-2002 和 20-2003 三件配合后，要求控制配合总长度 200±0.05mm。零件 20-2001 与 20-2002 组合后加工零件 20-2002 的 20°锥面，随时可以加修零件 20-2003，检验、控制配合长度 75±0.05mm，所以图 2-1 所示薄壁三轴套件配合图样，属于组合加工件。在装配图样中未标注配合尺寸，做工艺很不方便。

（2）分摊配合精度。有些尺寸特别是配合尺寸，如 200±0.05mm 等，与多个零件有关，必须进行精度分配。根据自由尺寸按 IT12 级制造要求，给定 4.5±0.06mm、10±0.75mm，见图 2-2，解算尺寸链。

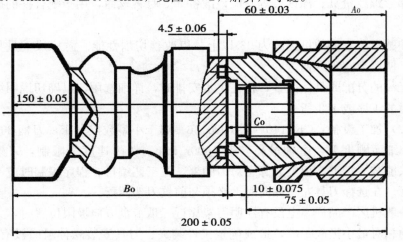

图 2-2　解算尺寸链

A＝75＋10＋4.5－60＝29.5（mm）

AES＝0.05＋0.075＋0.06－（－0.03）＝0.215（mm）

AEI＝－0.05－0.075－0.06－（＋0.03）＝－0.215（mm）

A_0＝29.5±0.215mm，测量 Ao 比直接测量 75±0.05mm 工艺性好。

B＝200－10－75＝115（mm）

BES＝0.05－（－0.075＋0.05）＝0.175（mm）

BEI＝－0.05－（0.075＋0.05）＝－0.175（mm）

B_0＝115±0.175mm，零件 20-2002、20-2003 已经拆卸，控制 B_0 尺寸，才能控制总长 200±0.05（mm）。

C＝150－115＝35（mm）

CES＝0.05－（－0.175）＝0.225（mm）

CEI＝－0.05－（0.175）＝－0.225（mm）

C_0＝35±0.225mm，由此来控制零件 20-2001 的总长 150±0.05（mm）

此外，图 2-1（c）中，要保证 $\phi 60_{-0.025}^{0}$ mm、ϕ49.45mm、锥度 20°、锥轴长度 40.5mm 尺寸有误，应为 41.258mm。

（3）分析零件结构形状。零件 20-2001 结构形状复杂，其表面上有坐标系旋转的椭圆凹面、坐标系旋转的抛物线凸面、锥面和柱面等，工艺性能极差，加工有难度，表现在：一是二次曲线旋转坐标计算繁琐；二是曲面凹凸、陡峭；三是凹槽狭小、形状不规则；四是薄壁易变形。

2. 分析工艺装备

（1）工装量具：从表 2-2 中可以看出，遗漏了内、外普通螺纹车刀及量具、梯形螺纹量具、深度尺等，应该准备 3.5 吋管丝钳，用于配合件的旋合和拆分。

外圆车刀主偏角可以改为 93°以上，以改善切削性能。游标尺类量具最好带表，使读数直观方便。

工装的分配或具体配置，将在工步安排时，详细选用，以确切说明第一次出现时的工序或工步所求。

（2）加工设备：CK6140（或 CK6136）属于小型数控车床，刀柄 20mm×20mm 细而刚度差，主轴最高转速 1600r/min，切削速度受限制，刀架容量小，只能装 4 把刀，刀具装卸、对刀频繁，在工艺编排、程序编制时应予以充分考虑。在选择刀具左右偏向时，必须与前置刀架匹配。

一般机床产品样本上没有注明刀架靠近三爪卡盘方向极限位置时，刀架与卡盘的相对最小极限距离，造成确定工件装夹、刀具安装悬伸量时没有把握，需现场调研或咨询，做到胸中有数，防止切削中途出现干涉现象。

3. 划分工序安排工步

为便于调度管理等，通常以零件或不可拆卸的组合件为单位划分工序，图2-1所示薄壁三轴套件配合图样属于组合加工件，尽管可拆卸，但牵扯零件配合加工关系、配合尺寸的控制以及定位夹紧方式等，得按组合加工件来确定零件加工次序，划分组合件加工工序。这里工序号的表达包括编号和零件号两部分，用"_"连接，纯属本书既定方法。

（1）工序 10 _ 20 - 2003 - 1：车外圆镗孔。这是零件 20 - 2003 的第一道工序——车外圆镗孔，如图 2-3 所示，夹持毛坯外圆 ϕ 80mm、外露 37.5mm，镗孔系、车外圆及槽，锐角倒钝 C 0.5mm。

为了与零件 20 - 2002 锥面充分配合，该零件锥孔小头车出 ϕ 49.45mm×0.2mm 圆柱孔，保证与零件 20 - 2002 锥面配合后，孔内端面有间隙，也不会影响各零件性能。

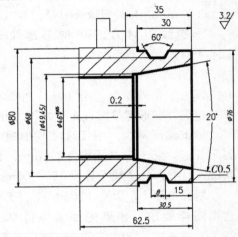

图 2-3　工序 10 _ 20 - 2003 - 1

1）手动准备及对刀：

①平端面对刀。用 T0101 外圆车刀手动车外圆、精平端面达 Ra3.2 对刀。千分尺 75~100mm。

②打中心孔。用 A3mm 中心钻打中心孔。

③钻孔。用 ϕ 30mmHSS 锥柄钻头钻穿孔。莫氏变径套 3~4，游标卡尺0~125±0.02mm。

④镗刀对刀。用 T0202 大镗刀对刀。内径百分表 35~50mm、千分尺25~50mm。

⑤外圆三角车刀对刀。T0303 外圆 60°三角车刀对刀，用于车 60°槽。

2）工序安排：①车外圆。用 T0101 外圆车刀粗精车 ϕ 76mm 达 Ra3.2、长 30mm、锐角倒钝 C 0.3mm。

②镗孔。用 T0202 大镗刀粗精镗孔系达 Ra1.6。以孔 ϕ 34$^{+0.025}_{0}$ mm 为测量基准控制锥孔直径，注意这时锥孔直径处正差偏大状态。

锥孔与 ϕ 34$^{+0.025}_{0}$ mm 孔无同轴度要求，如果掉头加工 ϕ 34$^{+0.025}_{0}$ mm 孔，可有效缩短镗杆长度，提高切削性能，保证同轴精度不成问题，但是锥孔大小没有测量基准，难以控制。

③切槽。用 T0303 外圆 60°三角车刀切 60°槽 ϕ 68×8 mm 达 Ra3.2。

（2）工序 20 _ 20 - 2003 - 2：车梯形螺纹。零件 20 - 2003 车梯形螺纹如图 2 - 4 所示，掉头夹外圆 ϕ 76mm，车梯形螺纹圆柱、倒角、梯形螺纹 Tr76×6 - 7e。

1）手动准备及对刀：

①平端面对刀。用 T01 同一把外圆车刀平端面达 Ra3.2，保证尺寸 60±0.03mm，并对刀成 T0111。

②螺纹刀对刀。30° 梯形螺纹车刀 T0414 对刀。

2）工步安排：

×±①车外轮廓。用 T0111 外圆车刀车外轮廓，梯形螺纹圆柱车至 ϕ 75.7mm。

②车梯形螺纹。用 T0414 梯形螺纹车刀车 Tr76×6 - 7e。量棒 ϕ 3.1mm、长度 40mm 以上，公法线千分尺 75～100mm。

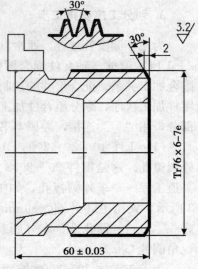

图 2 - 4　工序 20 _ 20 - 2003 - 2

划分工序 10 _ 20 - 2003 - 1、工序 20 _ 20 - 2003 - 2 加工零件 20 - 2003，达到图样要求。如果先加工零件 20 - 2002 或零件 20 - 2001，配合长度 75±0.05mm、200±0.05mm 难以控制；若先加工零件 20 - 2002，零件 20 - 2003 车锥孔装夹定位困难，这是划分两道工序优先加工零件 20 - 2003 的主要原因。

（3）工序 30 _ 20 - 2002 - 1：镗孔车左端。零件 20 - 2002 镗孔车左端如图 2 - 5 所示，夹毛坯外圆 ϕ 70mm、外露 28mm，镗孔系、切内槽、车内螺纹 M30×1.5 - 6H、车外圆。

ϕ 64 $_{-0.025}^{0}$ mm 安排在下一道工序掉头加工，以作为控制锥度直径大小的测量基准。锥度需考虑切槽刀刃长有限，槽深 ϕ 34mm 改为 ϕ 32mm 即可以缩短刀头悬伸量，也能方便选用通用刀具，不影

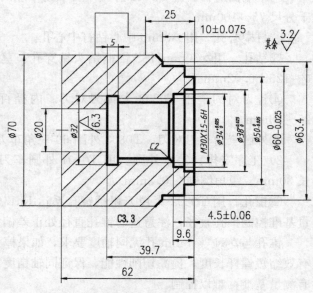

图 2 - 5　工序 30 _ 20 - 2002 - 1

响车螺纹。为了缩短镗刀杆长度，在无同轴度要求的情况下，$\phi 24_{\ 0}^{+0.02}$ mm 安排在下一道工序掉头加工。精加工螺纹底孔至 $\phi 28.5_{\ 0}^{+0.02}$ mm，作为本道工序孔系测量基准，因为其他高精度孔太浅，用所提供量具机上无法测量。

1）手动准备及对刀：

①平端面对刀。用 T0121 外圆车刀手动平端面达 Ra3.2 对刀，保证尺寸 62mm，紧随其后直径方向对刀。千分尺 50～75mm。

②打中心孔。用 A3mm 中心钻打中心孔。

③钻孔。用 ϕ 20mmHSS 锥柄钻头钻穿孔。莫氏变径套 2～4。

④镗刀对刀。T0222 小镗刀对刀（换下大镗刀 ϕ 20mm）。内径百分表 18～35mm、千分尺 0～25mm。

⑤内切槽刀对刀。T0323 内切槽刀对刀（换下 60°三角外圆车刀），刀宽 2.65mm，刃长 2.2mm，适合切槽深 1.75mm。

⑥内螺纹刀对刀。T0424 内螺纹刀对刀（换下外梯形螺纹车刀）。

2）工步安排：

①车外轮廓。用 T0121 外圆车刀车粗精车外轮廓达要求，锐角倒钝 C0.3mm，控制凸台高 4.5±0.06mm、$\phi 60_{-0.025}^{\ 0}$ mm 长 10±0.075mm，为配合后控制零件 20 - 2002 总长 60±0.03mm、配合尺寸 75±0.05mm 等尺寸作准备。带表深度尺 0～200±0.01mm。

②车内轮廓。用 T0222 小镗刀粗精车内轮廓达要求，锐角倒钝 C0.3mm，控制 $\phi 34_{\ 0}^{+0.025}$ mm 孔深 5mm 允差 IT12（$_{\ 0}^{+0.12}$）mm，取 5.1mm，基准换算后标注 9.6 mm，保证配合后，端面有间隙。精加工螺纹底孔至 $\phi 28.5_{\ 0}^{+0.02}$ mm，作为孔系测量基准。

③切槽。用 T0323 内切槽刀切内槽，控制槽的定位尺寸 35mm 至 IT12 级公差 $_{\ 0}^{+0.25}$ mm 内，取 35.2mm，基准换算后标注 39.7mm，保证螺纹配合后，端面有间隙。

④车螺纹。用 T0424 内螺纹车刀车内螺纹达要求。M30×1.5 螺纹塞规。

（4）工序 40 _ 20 - 2002 - 2：车锥度。零件 20 - 2002 车锥度如图 2 - 6 所示，垫铜皮掉头夹持零件 20 - 2002 外圆 $\phi 50_{-0.025}^{\ 0}$ mm、轴阶靠死定位，

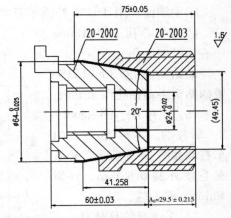

图 2 - 6　工序 40 _ 20 - 2002 - 2

粗精车外圆 $\phi 64_{-0.025}^{\ 0}$ mm、锥度 20°，保证长度尺寸 60±0.03mm、配合尺寸 75±0.05mm。

1）手动准备对刀：

①平端面对刀。用 T0131 外圆车刀手动平端面达 Ra3.2 对刀，保证尺寸 60±0.03mm。

②镗刀对刀。T0232 小镗刀对刀。

2）工步安排：

①车外轮廓。用 T0131 外圆车刀车 20°锥度、外圆 ϕ 64$_{-0.025}^{0}$ mm，由 75±0.05 mm 尺寸控制锥度大头直径起止位置、外圆 ϕ 64$_{-0.025}^{0}$ mm 作为锥度大头直径测量基准，注意配合件 20 - 2003 的锥孔偏大，防止 75±0.05mm 尺寸偏小超差。

②镗孔。用 T0232 小镗刀粗精车孔，锐角倒钝 C0.3mm，控制 ϕ 24$_{0}^{+0.02}$ mm 孔。

③配合检验。配合零件 20 - 2003，检验 75±0.05mm 合格，否则加修到直至合格为止。机上测量 75±0.05mm 尺寸有难度，为防零件 20 - 2003 掉落、找合适的量具测量空间，避免量具卡爪与三爪卡盘干涉，直接测量 A_0 = 29.5±0.215mm 方便多啦。

（5）工序 50 _ 20 - 2001 - 1：钻孔。零件 20 - 2001 钻孔如图 2 - 7 所示，夹持毛坯外圆 ϕ 80mm，外露 31mm，平端面钻孔 ϕ 30mm、Ra12.5。

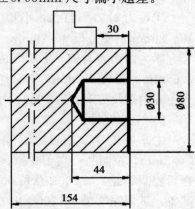

图 2 - 7　工序 50 _ 20 - 2001 - 1

手动准备与对刀：

①平端面。用 T0131 外圆车刀手动平端面，保证 154mm。

②打中心孔。用 A3mm 中心钻打中心孔。

③钻孔。用 ϕ 30mmHSS 锥柄钻头手动钻孔深 45mm。

（6）工序 60 _ 20 - 2001 - 2：车右端。零件 20 - 2001 车右端如图 2 - 8 所示，掉头夹毛坯外圆 ϕ 80mm、外露 40mm，车右端。

1）手动准备及对刀：

①平端面对刀。用 T0141 外圆车刀手动平端面、对刀，保证 152.5mm。

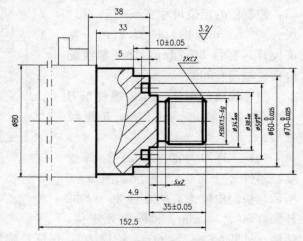

图 2 - 8　工序 60 _ 20 - 2001 - 2

60

②螺纹车刀对刀。外螺纹车刀 T0444 对刀。

③端面切槽刀对刀。端面切槽刀 T0343 下侧刃对刀，刀宽 3mm。

2）工步安排：

①车轮廓。用 T0141 外圆车刀车外轮廓达要求，螺纹圆柱车至 ϕ29.8mm，长度尺寸 35mm、10mm 控制在 ±0.05mm，分别标注 35±0.05mm、10±0.05mm，为控制零件总长尺寸 150±0.05mm 和配合总长尺寸 200±0.05mm 做准备；$\phi 34_{-0.025}^{0}$ mm 凸台高 5mm 控制在 IT12（$_{-0.12}^{0}$）mm 之内，取 4.9mm 标注，保证配合后端面有间隙。

②车螺纹。用螺纹车刀 T0444 车螺纹达要求，注意与零件 20 - 2002 螺纹等复合表面配合。螺纹环规 M30×1.5。

③车端面槽。用端面内切槽刀 T0343 车端面槽达要求，注意与零件 20 - 2002 的环形槽配合。带表高度尺 0～200mm、杠杆百分表、ϕ300mm 检验平板。

④槽口倒角。用端面切槽刀 T0343 槽口倒角 C 0.3mm。

⑤配合检验。与零件 20 - 2002 配合检验合格。

（7）工序 70 _ 20 - 2001 - 3：零件 20 - 2001 车薄壁。如图 2 - 9 所示，拆卸零件 20 - 2002 后，垫铜皮掉头装夹零件 20 - 2001 的外圆 $\phi 70_{-0.025}^{0}$ mm，外露 89.5mm，车薄壁、曲面外圆。

1）手动准备及对刀：

①平端面对刀。用 T0151 外圆车刀手动平端面、对刀，控制 115 ± 0.175mm。控制 115 ± 0.175mm 的原因是螺纹部分已伸入三爪卡盘内，难以直接测量 150 ±0.05mm。

②镗刀对刀。T0252 大镗刀对刀。

③球形外圆车刀对刀。T0353 球形外圆车刀对刀，R4mm。

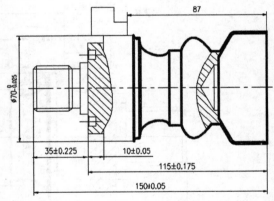

图 2 - 9　工序 70 _ 2001 - 3

④外圆车刀左偏刀对刀。T0454 外圆车刀左偏刀对刀。左右偏刀判断的方法是：刀头向下，刀刃在左侧为左偏刀，刀刃在右侧为右偏刀。

2）工步安排：

①车外轮廓。用 T0151 外圆车刀粗车外轮廓，如图 2 - 10 所示。人为绘制合适的刀具路径，防止后角干涉，用外圆车刀高效切除大余量。

②粗镗孔。用 T0252 大镗刀粗镗内轮廓，如图 2 - 10 所示。考虑工件薄壁刚度，先人为绘制合适的刀具路径，高效切除大余量，后用小背吃刀量多层切削。

③车外轮廓左半部分。如图2-11所示，用T0353球形外圆车刀粗精车外轮廓左半部分达到要求。球刀半径过大，其余部位不能切到要求位置，只好局部加工，且球刀易振动切削性能差，故少用为好。用球刀的理由是防左右偏刀后刀面干涉工件。

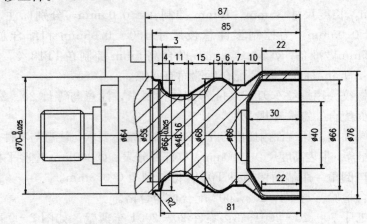

图2-10 工序70_20-2001-3_1-2

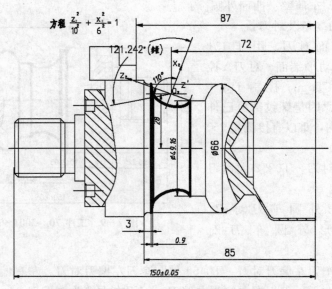

图2-11 工序70_20-2001-3_3

④车外轮廓右半部分。如图2-12所示，用T0454左偏外圆车刀粗精车外轮廓右半部分达到要求。防后角干涉的设计结果。

⑤镗孔。如图2-12所示，用T0252大镗刀镗孔达到要求。内径百分表50～100mm。薄壁易振动、易变形，背吃刀量要小。

（8）工序 80 _ 配合检验。如图 2 - 1（a）所示，零件 20 - 2001、20 -
2002、20 - 2003 配合检验。杠杆百分表、高度尺 0～200mm、检验平台。

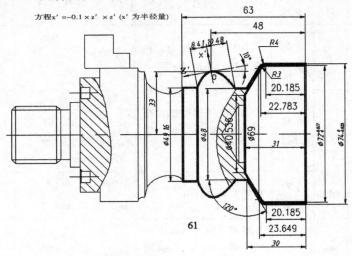

方程x′=-0.1×z′×z′（x′为半径量）

图 2 - 12　工序 70 _ 20 - 2001 - 3 _ 4

4. 分工步汇总刀量具

　　没有提供对刀仪，都需要经过机上试切对刀测量、存储刀具补偿数据。其
中 Z 向刀具长度补偿值与 Z 向工件坐标系原点位置相关，即使是同一把刀具，在
不同的工件坐标系下 Z 向刀具长度补偿值也不相同，这时如果机床刀架容量少于
补偿数据组数时，刀具号和补偿号不得相同，二者的对应关系应列表记录（表
2 - 3），防止混乱出错，同时将量具一并分配到工序、工步中去，一目了然。

表 2 - 3　　　　　　　　　　　　刀具量具分配表

工序号	工序名称	工步号	工步名称	刀具	量具	备注
工序 10、20、2003、1	零件 20 - 2003 镗孔车外圆	1	车外圆	T0101 外圆车刀，主偏角 93°，35°菱形刀片，刀尖角 R 0.4mm	带表游标卡尺 0～125±0.01（mm） 千分尺 75～100mm	3 号莫氏锥柄钻头 ϕ 30mm，变径套 3～4
		2	镗孔	T0202 镗刀，主偏角 93°，35°菱形刀片，刀尖角 R 0.4mm，圆刀杆 ϕ 20mm铣扁 18mm，孔深 65mm，刀垫厚 1mm	内径百分表 35～50（mm） 千分尺 25～50mm	
		3	切槽	T0303 外圆 60°三角车刀		

续表 1

工序号	工序名称	工步号	工步名称	刀具	量具	备注
工序 10, 20 - 2003 - 2	零件 20 - 2003 车梯形螺纹	1	车外轮廓	T0111 外圆车刀，相同刀具，补偿号不同		
		2	车梯形螺纹	T0414 外梯形螺纹车刀，牙形角 30°，螺距 6mm	量棒 ϕ 3.1mm、长度 40mm 以上，公法线千分尺 75～100mm	
工序 30, 20 - 2002 - 1	零件 20 - 2002 镗孔车左端	1	车外轮廓	外圆车刀 T0121	带表深度尺 0～200±0.01mm	锥柄钻头 ϕ 20HSS，变径套 2～4
		2	车内轮廓	镗刀 T0222（换下大镗刀 ϕ 20m），主偏角 93°，35°菱形刀片，刀尖角 R0.4mm，圆刀杆 ϕ 16mm 铣扁 15mm，孔深 40mm，刀垫厚 2.5mm	内径百分表 18～35mm、千分尺 0～25mm	
		3	切槽	内切槽刀 T0323（换下外圆三角车刀），刀宽 2.65mm，槽深 1.75mm，圆刀杆 ϕ 20mm 铣扁 18mm，孔深 40mm，刀垫厚 1mm		
		4	车螺纹	内螺纹刀车 T0424（换下外梯形螺纹车刀），圆刀杆 ϕ 20mm 铣扁 18mm，孔深 40mm，刀垫厚 1mm	螺纹塞规 M30×1.5	
工序 40, 2002 - 2	零件 20 - 2002 车锥度	1	车外轮廓	外圆车刀 T0131		
		2	镗孔	小镗刀 T0232		
		3	配合检验		零件 20 - 2003	手动

工序号	工序名称	工步号	工步名称	刀具	量具	备注
工序 50.20-2001-1	零件 20-2001 钻孔	1	平端面	外圆车刀 T0131		手动
		2	钻孔	锥柄钻头 ϕ 30SS		
工序 60.20-2001-2	零件 20-2001 车右端	1	车轮廓	外圆车刀 T0141		
		2	车螺纹	螺纹车刀 T0444（换下内螺纹刀车）	螺纹环规 M30×1.5	
		3	车端面槽	端面切槽刀 T0343，刀宽 3mm（换下内切槽刀）	带表高度尺 0～200mm、杠杆百分表、ϕ 300mm 检验平板	
		4	槽口倒角	端面切槽刀 T0343		
		5	配合检验		零件 20-2002	手动
工序 70.20-2001-3	零件 20-2001 车薄壁	1	粗车外轮廓	外圆车刀 T0151		
		2	粗镗孔	大镗刀 T0252		
		3	车外轮廓左半部分	球形外圆车刀 T0353，R3mm（换下端面切槽刀）		
		4	车外轮廓右半部分	左偏外圆车刀 T0454（换下内螺纹刀车）		
		5	镗孔	镗刀 T0252	内径百分表 50～100mm	
工序 80	配合检验				零件 20-2001、20-2002、20-2003 杠杆百分表、高度尺 0-200mm、检验平台	

三、程序编制

（一）手工编程

1. 编制零件 20－2003 加工程序

（1）车外圆镗孔。工序 10 ＿ 20－2003－1，第一次装夹加工零件 20－2003－1，车外圆镗孔。工件坐标系建立在图 2－3 所示零件右端面回转中心上。程序见表 2－4。外槽用子程序分层编程、60°三角成形刀车削加工。

表 2－4　　　　　　　　　　　图 2－3 加工程序

段号	程序内容	备　注
	O201；	工序 10 ＿ 20－2003－1 加工程序
N10	T0101；	换 T01 外圆车刀，读入 01 号中刀补数据
N20	G54　G99　G00　X83　Z1 S550 M03；	初始化，两轴刀具长度补偿到循环起点，刀片正装
N30	M08；	加冷却液
N40	G71 U1.5 R0.5；	层厚 1.5mm，退刀量 0.5mm，轮廓起始程序段号 60，轮廓终止程序段号 90，X 向、Z 向精加工余量 0，$F=0.1$mm/r
N50	G71 P60 Q90 U0 W0 F0.1；	
N60	G00 X73.4；	轮廓开始 A′在 C0.3 的 1mm 延长线上，只能有 X 坐标，不能有 Z 坐标
N70	G01 X76 Z－0.3；	倒角 C0.3
N80	Z－30；	车 ϕ 76mm
N90	X82；	抬刀
N100	G28 U0 W0；	回参考点
N110	T0202；	换 T02 大镗刀
N120	G54　G99　G00　X28　Z2 S900 M03；	初始化，两轴刀具长度补偿到循环起点

段号	程序内容	备　注
	O201；	工序 10 _ 20 - 2003 - 1 加工程序
N130	G71 U1 R0.5；	层厚 1mm，退刀量 0.5mm，轮廓起始程序段号 150，轮廓终止程序段号 220，X 向精加工余量 0.2mm，Z 向精加工余量 0.1mm，F = 0.1mm/r
N140	G71 P150 Q210 U - 0.2 W0.1 F0.1；	
N150	G00　G41 X60.559；	刀具半径补偿到孔口延长线 Z1mm 处
N160	Z1；	ϕ 60.559mm
N170	G01 X49.45 Z - 30.5；	镗锥孔
N180	Z - 30.7；	ϕ 49.45mm、深 0.2mm 工艺孔
N190	X46；	
N200	Z - 63；	镗 ϕ $46^{+0.025}_{0}$ mm 孔
N210	G00　G40 U - 2 W - 1；	取消刀补，轮廓结束
N220	M05；	
N230	M09；	
N240	G28 U0 W0；	回参考点
N250	M01	测量 ϕ $46^{+0.025}_{0}$ mm 孔，必要时作出补偿
N260	G54　G99　G00　X28　Z2 S900 M03；	
N265	M08；	
N270	G50 S1500；	主轴最高转速限制 1500r/min
N280	G96 S150；	恒线速 150m/min
N290	G70 P150 Q210 F0.05；	精车，$F = 0.05$mm/r
N295	M09；	
N300	G28 U0 Z0；	
N310	T0303；	换 60°三角外圆车刀 T03
N320	M08；	
N330	G54 G99 G00 X77 Z - 15 S500 M03 F0.1；	在槽口上方
N335	G01　X76；	
N340	M98 P40221；	调用 4 次子程序 O221 切槽

段号	程序内容	备　注
	O201；	工序 10 _ 20 - 2003 - 1 加工程序
N345	G04　P200；	
N350	G00 X100；	抬刀
N360	M09；	冷却液关
N370	G28 U0 W0；	
N380	M30；	程序结束
	O221；	槽加工子程序
N10	G01 U - 1；	层厚 1
N20	W - 8；	
N30	U - 1；	层厚 1
N40	W8；	
N50	M99；	子程序结束

（2）车梯形螺纹。工序 20 _ 20 - 2003 - 2，第二次装夹即掉头装夹零件 20 - 2003，车梯形螺纹等。工件坐标系建立在图 2 - 4 所示零件右端面回转中心上。程序见表 2 - 5。

表 2 - 5　　　　　　　　图 2 - 4 加工程序

段号	程序内容	备　注
	O202；	图 2 - 4，工序 20 _ 20 - 2003 - 2 加工程序
N10	T0111；	换 T01 外圆车刀，同一把刀掉头加工，长度不同
N20	G54　G99　G00　X80　Z2 S550 M03；	初始化，两轴刀具长度补偿到循环起点，刀具正装
N30	M08；	加冷却液
N40	G71 U1.5 R0.5；	层厚 1.5mm，退刀量 0.5mm，轮廓起始程序段号 60，轮廓终止程序段号 100，X 向精加工余量 0.2，$F = 0.1$mm/r
N50	G71　P60　Q100　U0.2 W0 F0.1；	
N60	G00 G42 X71.09；	30°倒角延长线
N70	X69.09 Z1；	
N80	G01　X75.7 Z - 1.992；	30°倒角

续表

段号	程序内容	备 注
	O202；	图 2-4，工序 20_20-2003-2 加工程序
N90	Z-37；	车梯形螺纹圆柱ϕ75.7mm
N100	G00 G40 X80 Z-38；	取消刀补，轮廓结束
N110	G54 G99 G00 X80 Z2 S600 M03；	考虑到螺纹测量，精车圆柱
N120	G70 P60 Q100；	
N130	G28 U0 W0；	回参考点
N140	T0414；	换 T04 梯形螺纹刀
N150	G54 G99 G00 X78 Z10 S400 M03；	初始化，两轴刀具长度补偿到循环起点，刀具正装
N160	G76 P030530 Q50 R0.05；	精加工 3 次，螺纹收尾量 5 个单位，牙形角 30°，最小背吃刀量 0.05mm 精加工余量半径值 0.05mm，圆柱螺纹牙高 3.5mm，第一次切深半径值 0.5mm；F=6mm/r
N170	G76 X69 Z-40 R0 P3500 Q500 F6；	
N180	M09；	冷却液关
N420	G28 U0 W0；	
N430	M30；	程序结束

2. 编制零件 20-2002 加工程序

（1）镗孔车左端。工序 30_20-2002-1，第一次加工零件 20-2002，镗孔车左端。工件坐标系建立在图 2-5 所示零件右端面回转中心上。程序见表 2-6。

表 2-6   图 2-5 加工程序

段号	程序内容	备 注
	O203；	图 2-5，工序 30_20-2002-1 加工程序
N10	T0121；	换 T01 相同外圆车刀，工件变了，刀补数据不同
N20	G54 G99 G00 X74 Z2 S550 M03；	初始化，两轴刀具长度补偿到循环起点，刀具正装

段号	程序内容	备 注
	O203；	图 2-5，工序 30_20-2002-1 加工程序
N30	M08；	加冷却液
N40	G71 U1.5 R0.5；	层厚 1.5mm，退刀量 0.5mm，轮廓起始程序段号 60，轮廓终止程序段号 130，X 向、Z 向精加工余量分别为 0.2mm、0.1mm，$F=0.1$mm/r
N50	G71 P60 Q130 U0.2 W0.1 F0.1；	
N60	G00 G42 X47.4；	刀补建立在 $\phi 50_{-0.025}^{0}$ mmC 0.3mm 的 1mm 延长线上，轮廓开始程序段，只能有 X 坐标，不能有 Z 坐标
N70	G00 Z1；	
N80	G01 X50 Z-0.3；	C 0.3mm
N90	Z-4.5	$\phi 50_{-0.025}^{0}$ mm
N100	G01 X60 Z-4.5；	车端面、倒角 C 0.3
N110	G01 Z-14.5；	$\phi 60_{-0.025}^{0}$ mm
N120	G01 X72 Z-14.5，C 4.3；	车端面、倒角 C 0.3，4.3=(72-63.4)/2
N130	G00 G40 X74 Z-19.8；	取消刀补，轮廓结束，19.8=14.5+4.3+1
N140	G28 U0 W0；	
N150	M05	
N160	M09	
N170	M01	测量 $\phi 60_{-0.025}^{0}$ mm
N180	G54 G99 G00 X74 Z2 S550 M03；	
N190	M08；	精车轮廓
N200	G50 S1500；	
N210	G96 S150；	
N220	G70 P60 Q130 F0.08；	
N230	G28 U0 W0；	回参考点
N240	T0222；	先用 T0222 小镗刀拆换刀架上 T0202 大镗刀，后自动换 T0222 小镗刀

续表 2

段号	程序内容	备　注
	O203；	图 2-5，工序 30 _ 20-2002-1 加工程序
N250	G54　G99　G00　X18　Z2 S1000 M03；	初始化，两轴刀具长度补偿到循环起点，刀片正装
N260	G71 U0.5 R0.5；	层厚 0.5mm，退刀量 0.5mm，轮廓起始程序段号 280，轮廓终止程序段号 370，X 向精加工余量 0.2mm、Z 向精加工余量 0.1mm，$F=$ 0.08mm/r
N270	G71 P280 Q370 U-0.2 W0.1 F0.08；	
N275	M08；	
N280	G00 G41 X40.6；	刀具半径补偿到 $\phi\,38\,^{+0.025}_{0}$ mm 孔口倒角 C 0.3延长线 Z1mm 处，$\phi\,40.6$mm
N290	Z1；	
N300	G01 X38 Z-0.3；	倒角 C0.3mm
N310	Z-4.5；	镗孔 $\phi\,38\,^{+0.025}_{0}$ mm
N320	G01 X34 Z-4.5，C0.3；	车端面、倒角
N330	Z-9.6；	镗孔 $\phi\,34\,^{+0.025}_{0}$ mm
N340	G01 X28.5 Z-9.6，C2；	车端面、倒角
N350	Z-39.7；	车螺纹底孔 $\phi\,28.5$mm
N360	G01 X19；	车端面
N370	G00 G40 U-1 W-1；	取消刀补，轮廓结束
N380	M05；	
N390	M09；	
N400	G28 U0 W0；	回参考点
N410	M01	测量 $28.5\,^{+0.025}_{0}$ mm 孔，必要时作出补偿
N420	G54　G99　G00　X18　Z2 S1200 M03；	
N430	G50 S1500；	主轴最高转速限制 1500r/min
N435	M08；	
N440	G96 S150；	恒线速 150m/min
N450	G70 P280 Q370 F0.05；	精车，$F=0.05$mm/r

段号	程序内容	备　注
	O203；	图2-5，工序30_20-2002-1加工程序
N455	M09；	
N460	G28 U0 Z0；	
N470	T0323；	宽2.65mm；先手动用T0323内切槽刀拆换刀架上T0303外60°切槽刀，后自动换T0323内切槽刀
N480	G54　G99　G00　X19　Z2 S400 M03；	转折点
N490	M08；	
N500	X19 Z-39.7；	在槽口上方
N510	G75 R0.2；	径向退刀量0.2mm半径值，槽底ϕ32mm，径向切入量半径值500μm，Z向平移进刀量2500μm，Z向退刀量0，F=0.08mm/r
N520	G75 X32　Z-37.35　P500 Q2500 R0 F0.08；	
N530	G54 G99 G00 X19 Z2；	转折点
N540	G28 U0 W0；	
N550	T0424；	先手动用T0424内螺纹车刀拆换刀架上T0414T形螺纹车刀，后自动换内螺纹车刀T0424
N560	G54　G99　G00　X19　Z2 S500 M03；	转折点
N565	X19　Z-5；	
N570	G76 P030560 Q100 R0.05；	精加工3次，螺纹收尾量5个单位，牙形角60°，最小背吃刀量0.1mm，圆柱螺纹牙高0.975mm，精加工余量半径值0.05mm，第一次切深半径值0.5mm；F=1.5mm/r
N580	G76 X30 Z-37 R0 P975 Q500 F1.5；	
N590	G00 X19 Z2；	转折点
N600	M09；	冷却液关
N610	G28 U0 W0；	
N620	M30；	程序结束

（2）车锥度。工序40_20-2002-2，第二次装夹掉头加工零件20-2002，车锥度。工件坐标系建立在图2-6所示零件右端面回转中心上。程序见表2-7。

段号	程序内容	备注
	O204；	图 2－6，工序 40＿20－2002－2 加工程序
N10	T0131；	换 T01 相同外圆车刀，工件掉头，刀补数据不同
N20	G54 G99 G00 X74 Z2 S550 M03；	初始化，两轴刀具长度补偿到循环起点，刀具正装
N30	M08；	加冷却液
N40	G71 U1.5 R0.5；	层厚 1.5mm，退刀量 0.5mm，轮廓起始程序段号 60，轮廓终止程序段号 100，X 向、Z 向精加工余量分别为 0.2mm、0.1mm，$F=$ 0.1mm/r
N50	G71 P60 Q100 U0.2 W0.1 F0.1；	
N60	G00 G42 X49.097；	刀补建立在 ϕ 49.45mm 的 1mm 延长线上
N70	G00 Z1；	
N80	G01 X64 Z－41.258；	车锥度
N90	Z－50	车 ϕ $64_{-0.025}^{0}$ mm
N100	G00 G40 X74 Z－51；	取消刀补，轮廓结束
N110	M05	
N120	M09	
N130	G28 U0 W0；	回参考点
N140	M01；	测量 ϕ $64_{-0.025}^{0}$ mm
N150	G54 G99 G00 X74 Z2 S600 M03；	
N160	M08；	
N170	G70 P60 Q100 F0.05；	精车外轮廓
N180	G28 U0 W0；	回参考点
N190	T0232；	换 T02 相同镗刀，工件掉头，刀补数据不同
N200	G54 G99 G00 X18 Z2 S1200 M03；	初始化，两轴刀具长度补偿到循环起点，刀具正装

段号	程序内容	备注
	O204；	图 2-6，工序 40_20-2002-2 加工程序
N210	G71 U0.5 R0.5；	层厚 0.5mm，退刀量 0.5mm，轮廓起始程序段号 230，轮廓终止程序段号 270，X 向精加工余量 0.2mm、Z 向精加工余量 0.1mm，$F=0.05$mm/r
N220	G71 P230 Q270 U-0.2 W0.1 F0.08；	
N230	G00 G41 X26.6；	刀具半径补偿到 $\phi 24^{+0.02}_{0}$ mm 孔口 C 0.3mm 的延长线 Z1mm 处，ϕ 26.6mm
N240	Z1；	
N250	G01 X24 Z-0.3；	倒角 C 0.3mm
N260	Z-12；	镗孔 $\phi 24^{+0.02}_{0}$ mm
N270	G00 G40 X18 Z-13；	取消刀补，轮廓结束
N280	M05；	
N290	M09；	
N300	G28 U0 W0；	回参考点
N310	M01	测量 28.5$^{+0.025}_{0}$ mm 孔，必要时作出补偿
N320	G54 G99 G00 X18 Z2 S1500 M03；	
N330	G50 S1500；	主轴最高转速限制 1500r/min
N340	G96 S150；	恒线速 150m/min
N350	G70 P230 Q270 F0.05；	精车，$F=0.05$mm/r
N360	G28 U0 Z0；	
N370	M09；	冷却液关
N380	G28 U0 W0；	
N390	M30；	程序结束

3. 编制零件 20-2001 加工程序

（1）车右端。工序 60_20-2001-2，第二次加工零件 20-2001，车右端。工件坐标系建立在图 2-8 所示零件右端面回转中心上。程序见表 2-8。

表 2 - 8　　　　　　　　　　　　　加工程序

段号	程序内容	备注
	O206;	图 2 - 8，工序 60 _ 20 - 2001 - 2 加工程序
N10	T0141;	换 T0141 相同外圆车刀 T01，工件变了，刀补数据变了
N20	G54　G99　G00　X84　Z2 S550 M03;	初始化，两轴刀具长度补偿到循环起点，刀片正装
N30	M08;	加冷却液
N40	G73 U24 K0.1 R20;	余量 24mm、0.1mm，分层次数 20，轮廓起始程序段号 60，轮廓终止程序段号 170，X 向、Z 向精加工余量 0.2mm、0.1mm，$F = 0.08mm/r$
N50	G73　P60　Q170　U0.2 W0.1　F0.08;	
N60	G00 G42 X23.82 Z1;	允许两个坐标
N70	G01　X29.8 Z - 2;	倒角
N80	Z - 23.1;	车螺纹圆柱 ϕ 29.8mm
N90	X25.8 Z - 25.1;	倒角
N100	Z - 30.1;	切槽
N110	X34 Z - 30.1，C0.3;	车端面、倒角
N120	Z - 35;	车外圆 ϕ 34 $_{-0.025}^{0}$ mm
N130	X60 Z - 35，C0.3;	车端面、倒角
N140	Z - 45;	车外圆 ϕ 60 $_{-0.025}^{0}$ mm
N150	X70 Z - 45，C0.3;	车端面、倒角
N160	Z - 68;	车外圆 ϕ 70 $_{-0.025}^{0}$ mm
N165	X81;	
N170	G00　G40　X82　Z - 69;	取消刀补，轮廓结束
N180	M05;	
N420	M09;	
N430	G28 U0 W0;	回参考点
N440	M01;	测量外圆 ϕ 70 $_{-0.025}^{0}$ mm

续表 1

段号	程序内容	备注
	O206；	图 2-8，工序 60 _ 20-2001-2 加工程序
N450	G54　G99　G00　X82　Z2　S600 M03；	精车
N460	M08；	
N470	G50 S1500；	主轴最高转速限制 1500r/min
N480	G96 S150；	恒线速 150m/min
N490	G70 P60 Q170 F0.05；	精车外轮廓
N500	G28 U0 W0；	回参考点
N510	T0444；	先手动用 T0444 外螺纹刀拆换刀架上 T0224 内螺纹车刀，后自动换 T0444 外螺纹刀
N520	G54　G99　G00　X32　Z5　S700 M03；	初始化，两轴刀具长度补偿到循环起点，刀具正装
N530	G76 P020560 Q100 R0.05；	精加工 2 次，螺纹收尾量 5 个单位，牙形角 60°，最小背吃刀量 0.1mm，圆柱螺纹牙高
N540	G76 X28.05 Z-28 R0 P975 Q500 F1.5；	0.975mm，精加工余量半径值 0.05mm，第一次切深半径值 0.5mm；F=1.5mm/r
N550	G28 U0 W0；	
N560	T0343；	换 T03 端面槽刀，刀宽 3mm；刀架上先用 T0343 端面槽刀拆换 T0223 内槽刀，下侧刃 对刀
N570	G54　G99　G00　X38　Z-34　S500　M03；	上方槽下侧
N580	G74 R0.5；	Z 向退刀量 0.5mm，槽上边底（X44，Z-
N590	G74 X44 Z-40 P2500 Q500 R0 F0.08；	40），X 向偏移量半径值 2.5mm，Z 向渐进量 0.5mm，X 向退刀 0，F=0.08r/min
N600	G00 X35.4 Z-34；	上方槽下侧倒角 C 0.3mm
N610	G01 X40 Z-36.3；	
N620	G00 X46.6 Z-34；	上方槽上侧倒角 C 0.3mm
N630	G01 X42 Z-36.3；	

76

续表2

段号	程序内容	备注
	O206；	图2-8，工序60_20-2001-2加工程序
N640	M09；	
N650	G28 U0 W0；	
N660	M30；	

（2）车左端。工序70_20-2001-3车左端，由以下两个主要部分组成：

1）工序70_20-2001-3_1-2。椭圆编程坐标计算见图2-13，1-2-3-4是工艺路径。

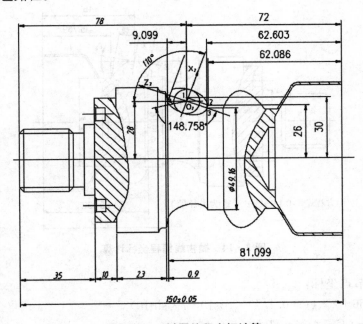

图2-13　椭圆编程坐标计算

任一节点坐标：

$X_i＝56＋2×(6\sin (t)×\cos20－10\cos (t)×\sin20)$

$Z_i＝－(72－(10\cos (t)×\cos20＋6\sin (t)×\sin20)$

$t＝360°～211.242°，211.242°＝360°－148.758°$

验证点3坐标：

$X＝56＋2×(6\sin (t)×\cos20－10\cos (t)×\sin20)$

$＝56＋2×(6\sin (360)×\cos20－10\cos (360)×\sin20)$

77

=49.16，正确。

$Z=-(72-(10\cos\ (t)\times\cos20+6\sin(t)\times\ \sin20))$

$=-(72-(10\cos\ (360)\times\cos20+6\sin(360)\times\ \sin20))$

$=-62.603$，正确。

验证点 4 坐标：

$X=56+2\times(6\sin\ (t)\times\cos20-10\cos(t)\times\sin20)$

$=56+2\times(6\sin\ (211.242)\times\cos20-10\cos(211.242)\times\sin20)$

$=56$，正确。

$Z=-(72-(10\cos\ (211.242)\times\cos20+6\sin(211.242)\times\sin20))$

$=-81.099$，正确。

2）抛物线编程坐标计算见图 2-14。

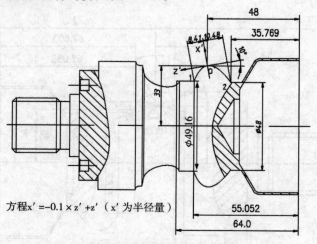

方程 $x'=-0.1\times z'^2+z'$（x' 为半径量）

图 2-14　抛物线编程坐标计算

任一节点坐标：

$X_i=66+2\times((-0.1t^2)\times\cos10-t\times\sin10)$

$Z_i=-(48-(t\times\cos10+(-0.1t^2)\times\sin10))$

$t=8.41\sim-10.48$

验证点 1 坐标：

$X=66+2\times((-0.1\times8.41^2)\times\cos10-8.41\times\sin10)=49.16$，正确。

$Z=-(48+(8.41\times\cos10+(-0.1\times8.41^2)\times\sin10))=-55.052$，正确。

验证点 2 坐标：

$X=66+2\times((-0.1\times(-10.48)^2)\times\cos10-(-10.48)\times\sin10)=48$，正确。

$$Z = -(48 + ((-10.48) \times \cos10 + (-0.1 \times (-10.48)^2) \times \sin10)) = -35.769,\ 正确。$$

程序清单见表 2-9。

表 2-9   **工序 70_20-2001-3 加工程序**

段号	程序内容	备　　注
	O207；	图 2-10
N10	T0151；	换 T01 外圆车刀，工件掉头，刀具相同，补偿数据不同
N20	G54　G99　G00　X84　Z2 S550 M03；	初始化，两轴刀具长度补偿到循环起点，刀具正装
N30	M08；	加冷却液
N40	G73 U15 W0 R15；	余量 24mm，分层次数 15，轮廓起始程序段号 60，轮廓终止程序段号 190，X 向精加工余量 0.2mm，$F=0.1$mm/r
N50	G73　P60　Q190　U0.2 W0　F0.1；	
N60	G00 G42 X76 Z1；	允许两个坐标
N70	G01　X76 Z-22；	
N80	X60 W-10；	
N90	W-7；	
N100	X68 W-6；	
N110	W-5；	
N120	X48.16 W-15；	
N130	W-11；	
N140	X55 W-4；	
N150	X66 Z-81；	
N160	Z-83；	
N170	G02 X70 Z-85 R2；	
N180	G01 X82；	车外圆ϕ $70^{0}_{-0.025}$ mm
N190	G00 G40　X84　Z-86；	取消刀补，轮廓结束
N200	M05；	

续表1

段号	程序内容	备　注
	O207；	图2-10
N210	M09；	
N220	G28 U0 W0；	回参考点
N230	M01；	测量、补偿
N240	G54　G99　G00　X84　Z2 S550 M03；	
N250	M08；	精车
N260	G50 S1500；	
N270	G96 S150；	
N280	G70 P60 Q190 F0.05；	
N290	G97 S500；	
N300	G28 U0 W0；	
N310	T0252；	先手动用T0252大镗刀拆换刀架上T0232小镗刀，后自动换T02大镗刀
N320	G54　G99　G00　X28　Z2 S700 M03；	初始化，两轴刀具长度补偿到循环起点，刀具正装
N330	G71 U1 R0.5；	层厚1mm，退刀量0.5mm，轮廓起始程序段号350，轮廓终止程序段号400，U-0的"-"号决定孔加工，不能省去，$F=0.1$mm/r，实际上没有进行精加工
N340	G71　P350　Q400　U-0 W0 F0.1；	
N350	G00 G41 X66；	
N360	Z1；	
N370	G01 X66 Z-22；	
N380	X40 Z-30；	
N390	X29；	
N400	G00 G40 X28 Z-31；	取消刀补，轮廓结束
N410	G28 U0 W0；	

80

续表2

段号	程序内容	备注
	O207;	图2-10
N420	T0353;	先手动用T0353球刀拆换刀架上T0343端面槽刀,后自动换球形外圆车刀T0353,R4mm
N430	G54 G99 G00 X75 Z-72 S550 M03;	图2-13,初始化,两轴刀具长度补偿到循环起点1。刀片正装
N440	G73 U4 W0 R4;	外圆毛坯厚4mm,分层次数4,轮廓起始程序段号460,轮廓终止程序段号580,X向精加工余量0.2mm,$F=0.1$mm/r
N450	G73 P460 Q580 U0.2 W0 F0.1;	
N460	G00 G42 X52 Z-62.086;	允许两个坐标,点2
N470	G01 X49.16 Z-62.603;	点3
N480	#1=360;	椭圆参数计数器#1初值设为360°,刀具已处此位置
N490	#8=211.242;	椭圆参数计数器终止值211.242°
N500	#2=56+2×[6×SIN[#1]×COS[20]-10×COS[#1]×SIN[20]];	节点坐标 $X_i=56+2×(6\sin(t)×\cos20-10\cos(t)×\sin20)$
N510	#3=-[72-[10×COS[#1]×COS[20]+6×SIN[#1]×SIN[20]]];	节点坐标 $Z_i=-(72-(10\cos(t)×\cos20+6\sin(t)×\sin20))$
N520	G01 X[#2] Z[#3];	
N530	#1=#1-1;	计数器累减,步距1°
N540	IF[#1GE#8]GOTO500;	当#1大于等于#18时,循环执行;顺时针转椭圆参数148.758°
N550	G01 X56 Z-81.098;	按步距大小,循环语句跳越了这点,补上
N560	G01 X66 Z-82;	图2-11
N570	X72;	
N580	G00 G40 X75 Z-86;	取消刀补,轮廓结束

续表3

段号	程序内容	备　注
	O207；	图 2-10
N590	M05；	测量、补偿
N600	M09；	
N610	G28 U0 W0；	
N620	M01；	
N630	G54　G99　G00　X75　Z-72 S600 M03；	精车
N640	M08；	
N650	G50 S1500；	
N660	G96 S150；	
N670	G70 P460 Q580 F0.05；	
N680	G97 S500；	
N690	G28 U0 W0；	
N700	T0454；	先手动用 T0454 左偏外圆车刀拆换刀架上 T0444 外螺纹车刀，后自动换左偏外圆车刀 T0454
N710	G54　G99　G00　X80　Z-65 S550 M03；	图 2-12，初始化，两轴刀具长度补偿到循环起点，工艺路径，刀具正装
N720	G73 U6 W0 R6；	外圆毛坯后 6mm，分层次数 6，轮廓起始程序段号 740，轮廓终止程序段号 890，X 向、Z 向精加工余量 0.2mm、0.1mm，$F=0.1$mm/r
N730	G73　P740　Q890　U0.2 W0.1　F0.1；	
N740	G00 G41 X49.16 Z-64；	图 2-14，允许两个坐标
N750	G01 X49.16 Z-55.052；	点 1
N760	#10=8.41-0.5；	计数器 Z 初值，0.5 步距
N770	#20=-10.48；	计数器 Z 终值
N780	#12=66+2×[[-0.1×#10 ×#10]×COS[10]-#10 ×SIN[10]]；	$X_i=66+2\times((-0.1t^2)\times\cos10-t\times\sin10)$

82

续表4

段号	程序内容	备 注
	O207;	图 2-10
N790	♯13=－［48＋［♯10×COS［10］＋［－0.1×♯10×♯10］×SIN［10］］］;	$Z_i = -(48 + (t \times \cos10 + (-0.1t^2) \times \sin10))$
N810	G01 X［♯12］Z［♯13］;	
N820	♯10=♯10－0.5;	
N830	IF［♯10GE♯20］GOTO780;	
N840	G01 X48 Z-35.769;	点 2
N850	G01 X48 Z-30;	
N870	G01 X74 Z-22.494，R4;	图 2-12
N880	Z1;	
N890	G00 G40 X80 Z2;	取消刀补，轮廓结束
N900	M05;	
N910	M09;	
N920	G28 U0 W0;	回参考点
N930	M01;	测量$\phi 74 \, ^{0}_{-0.025}$ mm
N940	G54 G99 G00 X80 Z-65 S600 M03;	
N950	M08;	
N960	G50 S1500;	精车
N970	G96 S150;	
N980	G70 P740 Q890 F0.05;	
N990	G97 S500;	
N1000	G28 U0 W0;	
N1010	T0252;	先手动用 T0252 大镗刀拆换刀架上 T0232 小镗刀，后自动换 T0252 大镗刀

续表5

段号	程序内容	备注
	O207；	图2-10
N1020	G54　G99　G00　X28　Z5 S700 M03；	图2-12，初始化，两轴刀具长度补偿到循环起点，刀具正装
N1030	G73 U-4 W0.1 R20；	毛坯厚4mm、0.1mm，分层次数20，轮廓起始程序段号1050，轮廓终止程序段号1100，X向、Z向精加工余量0.1mm、0.1mm，$F=$ 0.1mm/r
N1040	G73 P1050 Q1100 U-0.1 W0.1 F0.1；	
N1050	G00　G41 X72 Z2；	
N1060	G01 X72 Z-21.917，R3；	
N1080	G01　X40.536 Z-31；	作图求得
N1090	X29；	
N1100	G00 G40 X28 Z-32；	取消刀补，轮廓结束
N1110	M05；	
N1120	M09；	
N1130	G28 U0 W0；	回参考点 测量ϕ 72 $^{+0.025}_{0}$ mm
N1140	M01；	
N1150	G54　G99　G00　X28　Z5 S800 M03；	精车
N1160	M08；	
N1170	G50 S1500；	
N1180	G96 S150；	
N1190	G70 P1050 Q1100 F0.05；	
N1200	G97 S500；	
N1210	G28 U0 W0；	
N1220	M30；	

4. 用坐标系旋转和宏指令编程

对于斜置图形，用坐标系旋转编程，可有效降低手工编程难度和工作量。在宏程序中若能应用坐标系旋转编程，可以大大简化编程。表 2-10 是坐标旋转与宏指令结合编程一例，在事先加工好图 2-10 所示图样后，用坐标旋转和宏指令编程。

表 2-10　　　　　坐标旋转与宏程序

段号	程序内容	备　注
	O217；	图 2-13，工序 70_20-2001-3 加工程序
N10	T0353；	球形外圆车刀，R4mm
N20	G54　G99　G00　X75　Z-72　S550 M03；	初始化，两轴刀具长度补偿到循环起点 1，刀具正装
N30	G73 U4 W0 R8；	外圆毛坯厚 4mm，分层次数 8，轮廓起始程序段号 50，轮廓终止程序段号 180，X 向精加工余量 0.2mm，F=0.1mm/r
N40	G73　P50　Q180　U0.2　W0　F0.1；	
N50	G00 G42 X52 Z-62.086；	允许两个坐标，点 2
N60	G01 X49.16 Z-62.603；	点 3
N70	♯1=360；	椭圆参数计数器 ♯1 初值设为 360°，刀具已处此位置
N80	♯8=211.242；	椭圆参数计数器终止值 211.242°
N90	G68 X56　Z-72 R-20；	坐标系顺时针旋转 20°
N100	WHILE [♯1GE♯8] DO1；	当 ♯1 大于等于 ♯18 时，循环执行；顺时针转椭圆参数 148.758°
N110	♯2=56+2×6×SIN [♯1]；	节点坐标 X_i=56+2×6sin（t）
N120	♯3 = - [72 - [10 × COS [♯1]]]；	节点坐标 Z_i=-(72-(10cos（t）))
N130	G01 X [♯2] Z [♯3]；	
	♯1=♯1-1；	计数器累减，步距 1°
N140	END1；	
N150	G01 X56 Z-81.098；	按步距大小，循环语句跳越了这点，补上

续表1

段号	程序内容	备　注
	O217；	图2-13，工序70_20-2001-3加工程序
N160	G01 X66 Z-82；	图2-11
N170	X72；	
N180	G00 G40 X75 Z-86；	取消刀补，轮廓结束
N190	G69；	取消坐标系旋转
N200	M05；	测量、补偿
N210	M09；	
N220	G28 U0 W0；	．
N230	M01；	
N240	G54　G99　G00　X75　Z-72 S550 M03；	
N250	M08；	
N260	G50 S1500；	精车
N270	G96 S150；	
N280	G70 P50 Q180 F0.05；	
N290	G97 S500；	
N300	G28 U0 W0；	
N310	T0454；	右偏外圆车刀
N320	G54　G99　G00　X80　Z-65 S550　M03；	图2-12，初始化，两轴刀具长度补偿到循环起点，工艺路径，刀具正装
N330	G73 U6 W0 R6；	外圆毛坯后6mm，分层次数6，轮廓起始程序段号350，轮廓终止程序段号500，X向、Z向精加工余量0.2mm、0.1mm，$F=0.1$mm/r
N340	G73　P350　Q500　U0.2 W0.1　F0.1；	
N350	G00 G41 X49.16 Z-64；	图2-14，允许两个坐标
N360	G01 X49.16 Z-55.052；	点1
N370	G68 X66 Z-48 R10；	坐标系逆时针旋转10°

86

续表2

段号	程序内容	备　注
	O217；	图 2-13，工序 70＿20－2001－3 加工程序
N380	♯10＝8.41－0.5；	计数器 Z 初值，0.5 步距
N390	♯20＝－10.48；	计数器 Z 终值
N400	♯12＝66＋2×［－0.1×♯10×♯10］；	$X_i＝66＋2×（－0.1t^2）$
N410	♯13＝－［48＋［－0.1×♯10×♯10］］；	$Z_i＝－[48＋（－0.1t^2）]$
N420	G01 X［♯12］Z［♯13］；	
N430	♯10＝♯10－0.5；	
N440	IF［♯10GE♯20］GOTO400；	
N450	G01 X48 Z－35.769；	点 2
N460	G01 X48 Z－30；	
N470		
N480	G01 X74 Z－22.494，R4；	
N490	Z1；	
N500	G00 G40 X80 Z2；	取消刀补，轮廓结束
N510	G69；	取消坐标系旋转
N520	M05；	
N530	M09；	
N540	G28 U0 W0；	回参考点
N550	M01；	测量$\phi 74_{-0.025}^{0}$ mm
N560	G54　G99　G00　X80　Z－65　S550 M03；	
N570	M08；	精车
N580	G50 S1500；	
N590	G96 S150；	
N600	G70 P350 Q500 F0.05；	

段号	程序内容	备 注
	O217;	图 2-13，工序 70_20-2001-3 加工程序
N610	G97 S500;	
N620	G28 U0 W0;	
N630	G97 S500;	
N640	G28 U0 W0;	
N650	M30;	

（二）自动编程

图 2-10 所示工序 70_20-2001-3_1-2 的 $\phi 70_{-0.025}^{0}$ 、图 2-11 所示工序 70_20-2001-3_3 和图 2-12 所示工序 70_20-2001-3，由于轮廓形状复杂，自动编程更合适。主要用公式法等绘制全约束草图曲线旋转而成三维模型，如图 2-15 所示。建模过程由于比较简单而省略，直接进入 NXUG8.0 加工模块，自动编程。

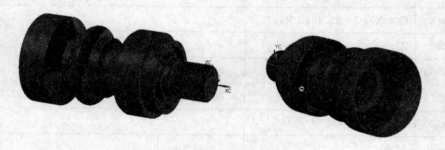

图 2-15 零件 2001 三维模型

1. 进入数控车削环境

【开始】→【加工】→【加工】→【cam_general】→【turning】→【确定】，进入数控车削环境。

2. 建立工件坐标系

（1）重新定位建模坐标系。建模坐标系 WCS（XC-YC-ZC）定位在零件薄壁端面回转中心上，其中 XC 为轴线方向、向外，如图 2-15 所示。

（2）创建工件坐标系。工件坐标系 MCS（XM−YM−ZM）原点与建模坐标系 WCS 重合，其中 ZC 为轴线方向、向外（主轴方向），建立过程如图2−16所示。

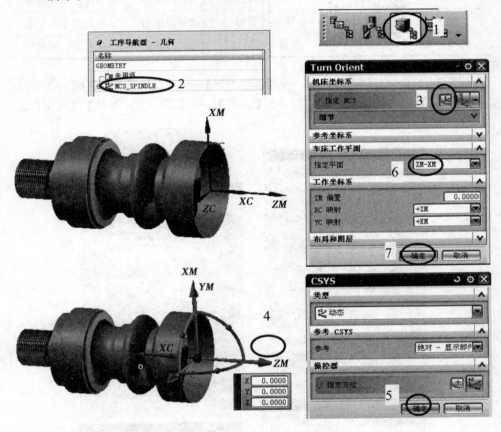

图 2−16　创建工件坐标系 MCS

3. 创建刀具

使用前置式刀架机床，因自动编程的工艺要作适当调整，刀具随之变化，见表2−11。考虑到 UG 车削模块，所有默认选项以后置式刀架机床为主，UG 创建的刀具刀头偏向正好与实际相反。创建刀具详细介绍 T0151，其余略。建立过程如图2−17所示。

表 2−11　　　　　　　　　　　　**自动编程刀具**

刀具编号	虚拟刀具名称	实际刀具结构	备　注
DRILLING _ TOOL _ T5 _ D30	ϕ 30mm 钻头	ϕ 30mm 钻头	钻孔

刀具编号	虚拟刀具名称	实际刀具结构	备 注
OD _ 55 _ L _ T0151	左偏外圆车刀	右偏外圆车刀	从右向左车外轮廓
OD _ 55 _ R _ T0454	右偏外圆车刀	左偏外圆车刀	从左向右车外轮廓
ID _ 55 _ L _ T0252	左偏大镗刀	右偏大镗刀	从右向左镗孔

图 2 - 17,→1【机床视图】→2【创建刀具】→3【刀具子类型】OD _ 55 _ L →4【名称】OD _ 55 _ L _ T0151→5【应用】→6【ISO 刀片形状】X（用户定

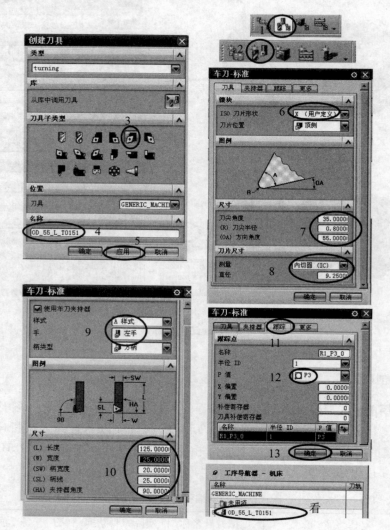

图 2 - 17　创建刀具

义）→7【刀尖角度、刀尖半径、方向角度】35、0.8、55→8【测量、直径】内切圆（IC）、9.525→9【夹持器】→☑使用夹持器→【样式】A样式→【手】左手→【柄类型】方柄→10【长度、宽度、柄宽度、柄线、夹持器角度】125、25、20、25、90→11【跟踪】→12【P值】P3→13【确定】，看到 OD_55_L_T0151，建好。

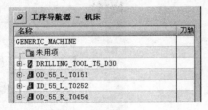

图2-18　刀具几何

其他创建好的刀具见图2-18，其中 DRILING_TOOL_T5_D30 是 ϕ 30mm 钻头，可以不出程序，手动钻孔，但软件上要用来钻孔去毛坯。

（OA）方向角度应翻译成副偏角，夹持器应翻译成刀柄，P值应翻译成 P 刀位码。

4. 创建车削加工横截面

如图2-19→1【工具】→2【车加工横截面】→3【剖切平面】→4【简单截面】→5点选零件模型→6【剖切平面】→7【确定】。

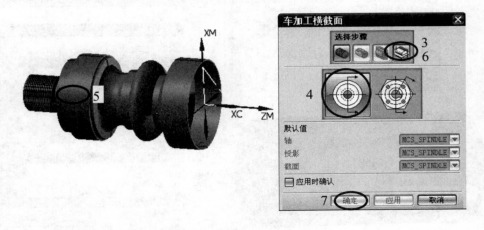

图2-19　创建车削加工横截面

5. 创建工件几何

如图2-20，1【几何视图】→2【WORKPIECE】→3【指定部件】→4点选模型图→5【确定】→6【指定毛坯】→7【部件导航器】→8显示圆柱→9【工序导航器】→10点选圆柱→11【确定】→12 Ctrl＋B 点选圆柱→13【确定】。

图 2 - 20　创建工件几何

6. 编辑车削工件

如图 2 - 21，1【几何视图】→2【TURNING_WORKPIECE】→3【指定部件边界】→4 顺序点选截面线→5【确定】→6【指定毛坯边界】→7【从曲线】→8 点选毛坯线→9【确定】→10【确定】。

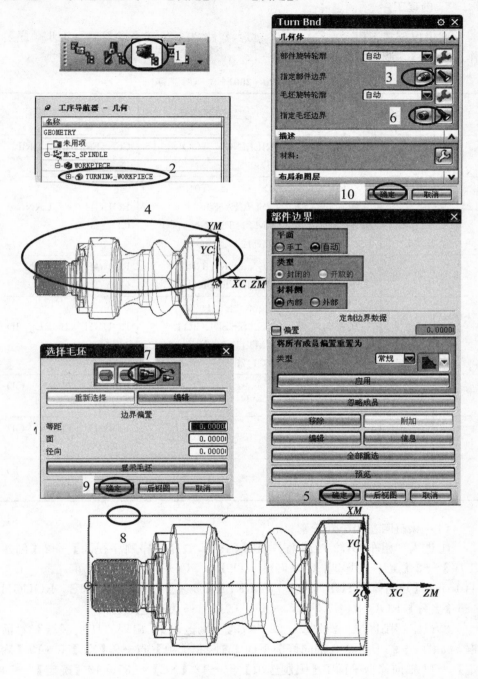

图 2-21　编辑车削工件

7. 创建工序

这里仅创建工序 70 _ 20 - 2001 - 3，零件 20 - 2001 车薄壁侧。工步顺序要作适当调整，调整后的工步见表 2 - 12。

表 2 - 12　　　　　　　　　　工序 70 _ 20 - 2001 - 3 _ UG 工序

工步号	工步名称	工步内容	实际刀具型号	GU 工序名称
1	钻	钻孔	DRILLING _ TOOL _ T5 _ D30	CENTERLINE _ DRILLING _ T5
2	粗车 I	从右向左粗车外轮廓	OD _ 55 _ L _ T0151 93°SDJCR2020K11 DCMT11T308EN—SM CTC1125	ROUGH _ TURN _ OD _ T0151
3	粗车 II	从左向右粗车外轮廓	OD _ 55 _ R _ T0454 93°SDJCL2020K11	ROUGH _ TURN _ OD _ T0454
4	粗镗	从右向左粗镗孔	ID _ 55 _ L _ T0252 93°S20S—SDUCR11 DCMT11T308EN—SM CTC1125	ROUGH _ BORE _ ID _ T0252
5	精车 I	从右向左精车外轮廓	OD _ 55 _ L _ T0151	FINISH _ TURN _ OD _ T0151
6	粗车 II	从左向右精车外轮廓	OD _ 55 _ R _ T0454	FINISH _ TURN _ OD _ T0454
7	精镗	从右向左精镗孔	ID _ 55 _ L _ T0252	FINISH _ BORE _ ID _ T0252

（1）从右向左粗车外轮廓：

①进入"粗车 OD"对话框。如图 2 - 22，1【程序顺序视图】→2【创建工序】→3【工序子类型】ROUGH _ TURN _ OD→4【刀具】OD _ 55 _ L _ T0151→【几何体】TURNING _ WORKPIECE→【方法】LATHE _ ROUGH →5【名称】ROUGH _ TURN _ OD _ T0151→6【确定】。

②设定切削区域。→图 2 - 22 中 7【切削区域】，出现"切削区域"对话框，如图 2 - 23 所示。8 轴向修剪平面 1【限制选项】点→9【XC】5→10【确定】→11 轴向修剪平面 2【限制选项】点→12【XC】 - 85→13【确定】→14【确定】。

③设定切削策略和刀具轨迹。→图 2 - 22 中 15【策略】单向轮廓切削→16

94

【方向】前方→17【切削深度】恒定→【深度】1.5。

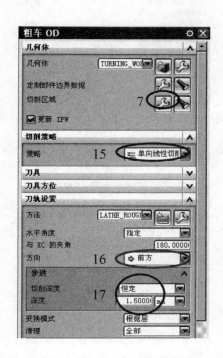

图 2-22 进入粗车 OD 对话框

④设定切削参数。如图 2-24 所示,→1【切削参数】→2【余量】→3 粗
加工余量【面、径向】0.2、1→4 轮廓加工余量【面、径向】0.1、0.4→5
【轮廓加工】→6【☑附加轮廓加工】→7【确定】。

⑤设定非切削参数。如图 2-25 所示,→1【非切削移动】→2【进刀】→
3【延伸距离】1→4【☑直接进刀到修剪点】→5【退刀】→6【延伸距离】1→
7【☑从修剪点直接进刀】→8【安全距离】→9 工件安全距离【径向安全距离、
轴向安全距离】1、1→10【逼近】→11 出发点【点选项、指定点】→12
【XC、YC】5、42→13【确定】→14【离开】→15 离开刀轨【刀轨选项】点→
16【指定点】→17【XC、YC】5、42→18【确定】→19【确定】。

⑥设定进给率和速度。如图 2-26 所示,→【进给率和速度】,出现"进
给率和速度"对话框,设定参数。

⑦生成刀路和 3D 动态模拟。生成的刀路和 3D 动态模拟加工零件半成品,
如图 2-27 所示。

95

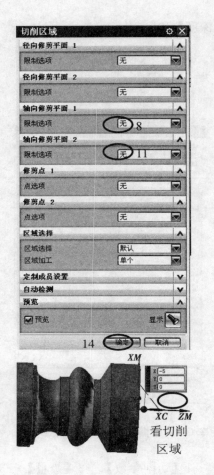

图 2-23 切削区域

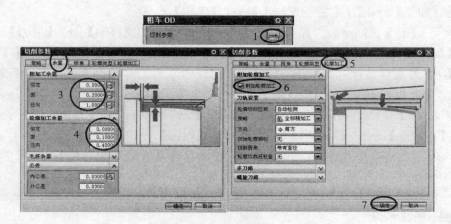

图 2-24 设定切削参数

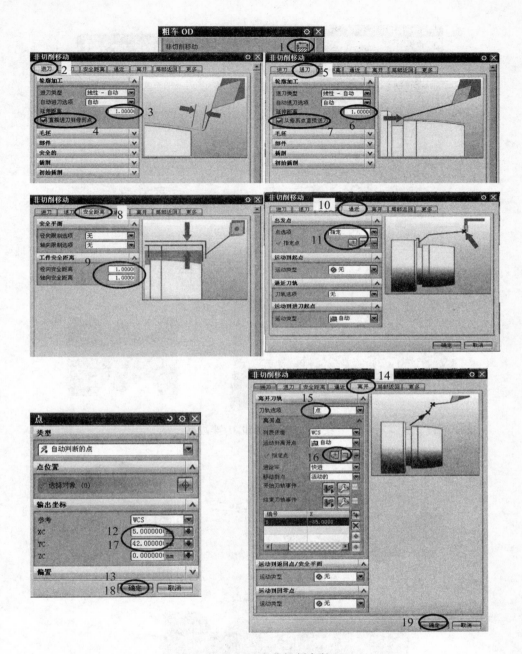

图 2-25　设定非切削参数

　　（2）其余工步。其他工步刀路如图 2-28 所示，程序顺序如图 2-29 所示。

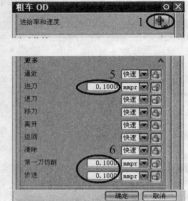

图 2-26　进给率和速度

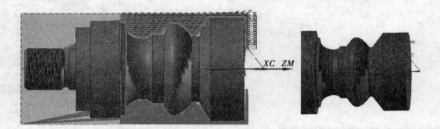

图 2-27　刀路和 3D 半成品

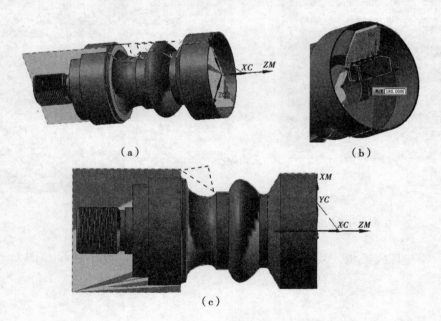

（a）　　　　　　　　　　　　（b）

（c）

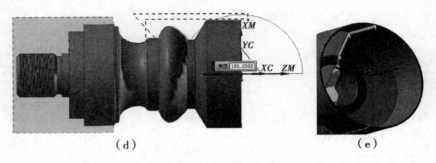

图 2 - 28　编辑车削工件

(a) ROUGH_TURN_OD_T0454　(b) ROUGH_BORE_ID_T0252

(c) FINISH_TURN_OD_T0151　(d) FINISH_TURN_OD_T0353

(e) FINISH_BORE_ID_T0252

名称	换刀	刀轨	刀具	刀具号	几何体	方法
NC_PROGRAM						
├─ PROGRAM						
├─ 未用项						
─ CENTERLINE_DRILLING_T5		✓	DRILLING_TOOL_T5	0	TURNING_WORKPIECE	LATHE_CENTERLINE
─ ROUGH_TURN_OD_T0151		✓	OD_55_L_T0151	0	TURNING_WORKPIECE	LATHE_ROUGH
─ ROUGH_TURN_OD_T0454		✓	OD_55_R_T0454	0	TURNING_WORKPIECE	LATHE_ROUGH
─ ROUGH_BORE_ID_T0252		✓	ID_55_L_T0252	0	TURNING_WORKPIECE	LATHE_ROUGH
─ FINISH_TURN_OD_T0151		✓	OD_55_L_T0151	0	TURNING_WORKPIECE	LATHE_FINISH
─ FINISH_TURN_OD_T0454		✓	OD_55_R_T0454	0	TURNING_WORKPIECE	LATHE_FINISH
─ FINISH_BORE_ID_T0252		✓	ID_55_L_T0252	0	TURNING_WORKPIECE	LATHE_FINISH

图 2 - 29　其余工步程序顺序

8. 后处理编辑程序

用自己特别创建的后处理文件 Lathe_Fanuc_zx. pui，输出 NC 代码，进行适当编辑，获得从右向左粗车外轮廓程序：

O201（编辑）

N0010 G28 U0 W0

N0020 T0151（编辑）

N0030 G54 G99 G21 G00 X86.112 Z6.245 S550 M03

N0040 M09

N0050 X90.32

N0060 Z−59.69

N0070 X80

N0080 G01 Z−60.49 F.1

N0090 Z−65.49

N0100 X79.772 Z−65.58

```
N0110 G03 X78.669 Z—68.255 I—14.906 K1.679
......
N2540 G00 Z5
N2550 X82
N2560 M09
N2570 M05
N2580 G28 U0 W0
N2590 M30
```

==

Total machining Time: 9.31 min

==

其他程序略。

四、操作加工

1. 刀具安装与试切

（1）选刀。选刀、对刀对切削加工性能有决定性的影响，也是决定零件加工质量的关键因素之一。应优先选用涂镀硬质合金刀片，以提高和稳定工作加工质量。

（2）装刀。准备充足的刀垫，将刀具调整到与机床一致的中心高度，刀杆应侧面靠死定位，防止歪斜不正，特别是螺纹刀具、切槽刀具等，安装质量对加工质量有直接影响。通常四方刀架刀具长度方向不能定位，刀具处于欠定位状态，即使同一把刀具，重新安装后，都需重新对刀，这种情况用绝对刀具补偿数据没有意义。在保证加工要求的情况下，尽量缩短刀具长度，以提高刀杆刚度，特别是小孔加工刀具效果显著。

（3）对刀。对于没有测量基准的精加工刀具，要求零件加工精度较高时，应利用毛坯的加工余量充分试切，确保对刀精度、无法补偿的零件加工精度等。

（4）号配对。本例仅自动换刀就用了 11 把刀具，而刀架容量只有 4 把，不仅要频繁拆装刀具，还应事先分配好刀具补偿存储器代码，做到原来数据有记录，现用数据有存储，清晰可阅。有条件的情况下，多刀优选大容量刀架，并且用刀具绝对补偿数据，每装夹一次工件，测量、设定工件坐标系即可，便于频繁更换工件加工，减少对刀次数，具有刀具号和补偿号有条件选取相同值等优点，否则，也应养成让刀具号和补偿号有一定规律的号配对习惯。

100

2. 测量

(1) 梯形螺纹测量。已知梯形螺纹 Tr76x6－7e 的公称直径（大径）$d=\phi 76$mm，螺距 $p=6$mm，牙型角 $\alpha=30°$，右旋，中径公差 7e。有：

螺纹圆柱 $\phi 76_{-0.375}^{\ 0}$ mm（按螺距 6mm、4级公差查表，$T_d=0.375$mm）；

牙顶间隙 $a_c=0.5$mm（按螺距 6mm 查表）；

牙高 $h_3=0.5p+a_c=3.5$mm；

小径 $d_3=d-2h_3=\phi 69$mm，7e 精度 $\phi 69_{-0.453}^{-0.118}$ mm，非标系列（$T_{d2}=0.335$mm）；

中径 $d_2=d-0.5p=\phi 73$mm，7e 精度 $\phi 73_{-0.537}^{\ 0}$ mm，非标系列（$T_{d3}=0.537$mm）；

在无环规的情况下，三针法测量精度较高，但在线夹持三根测量柱操作不方便，单针测量法适用于 M50 以上的大尺寸螺纹，测量距 $M_1=(d_2+4.8637d_0-1.866p-d)/2$，取量棒直径 $d_0=\phi 3.1$mm，$d_2=\phi 73$mm，d 测量实际值计算。

取量棒直径 $d_0=\phi 3.1$mm，要提前准备，用公法线千分尺 75～100mm 测量。

(2) 端面槽测量。环形端面槽精度较高且有配合要求，从提供的量具清单来看，难以机上直接测量槽的内、外径，但可以间接测量。方法是：

①用千分尺实测外圆柱 $\phi 34_{-0.025}^{\ 0}$ mm，设为 a。

②用杠杆表、高度尺、检验平台实测外圆柱 $\phi 34_{-0.025}^{\ 0}$ mm 与槽外径 $\phi 38_{-0.025}^{\ 0}$ mm 的高度差，设为 b。

③计算槽外径 $\phi 38_{-0.025}^{\ 0}$ mm 的实测值为 ϕ（$a+2b$）mm。

④用杠杆表、高度尺、检验平台实测外圆柱 $\phi 34_{-0.025}^{\ 0}$ mm 与槽内径 $\phi 50_{0}^{+0.025}$ mm 的高度差，设为 c。

⑤计算槽内径 $\phi 50_{0}^{+0.025}$ mm 的实测值为 ϕ（$2c-a$）mm。

(3) 配合检验尺寸计算。如图 2－30 所示，用带表游标卡尺或千分尺在机上直接测量配合尺寸 75±0.05mm 操作空间不够时，可用深度尺测量 A_0（前面已计算）尺寸间接测量。

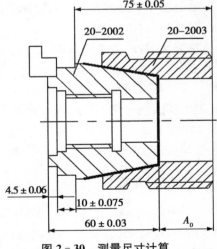

图 2－30　测量尺寸计算

101

五、相关知识

(一) 薄壁加工工艺

通常薄壁工件易变性需用软爪等特殊夹具装夹定位，本例装夹不成问题，防薄壁切削变形的措施主要用小背吃刀量、高转速、充分冷却、大前后角的尖形锋利刀具加工。

(二) 两种刀架的编程关系

对于卧式数控车床，两种刀架指前置刀架和后置刀架。两种刀架关于 Z 轴对称。在后置刀具机床上编制的程序，只要将刀头偏向和主轴旋转方向变反，即可在前置刀架机床上运行。主轴旋转方向变反的原由是前置刀架和后置刀架选用刀具的左右偏向正好相反。刀具安装方向、刀头左右偏向、主轴转向、进给方向、螺纹旋向不管什么机床，必须与后置刀架或前置刀架匹配。圆弧插补方向、刀尖半径补偿方向、坐标系旋转方向、极角正负等的判别，一定要面向插补平面观看，即从插补平面法向的正方向向负方向看，永远是顺时针圆弧插补为 G02、逆时针为 G03；沿着刀具前进方向看，刀具中心偏在编程轨迹左侧是 G41、右侧是 G42；坐标系旋转角度、极角，顺时针转为负，逆时针为正。

(三) 自动编程

自动编程也具有一定顺序流程，详细介绍如下。

1. 工件坐标系

车削工件坐标系 MCS（XM - YM - ZM），与机床位姿有关，工件坐标系的 ZM 轴，必须是车床主轴正方向，刀架横向移动远离主轴方向是 XM 轴，工件坐标系原点一般建立在工件右端面回转中心上，对刀、测量比较方便。UG 建模坐标系 WCS（XC - YC - ZC）是为了方便建立三维模型而设立，位置随心所欲，比较灵活，但 UG 车削模块将二者紧密联系。车削模块中大多数场合用工件坐标系 MCS，也有些场合用建模坐标系 WCS 来设置某些编程数据，

102

在建模坐标系中设置的数据当然应符合工件坐标系中的物理含义，这样相对固定的工件坐标系就牵制相对灵活的建模坐标系也要相对固定，二者动态建立的关系是两重合；原点重合；XC-YC 建模平面与 ZM-XM 车削平面重合。XC 轴应该调整为零件轴线方向，如图 2-31 所示。很多书上把 MCS 称为加工坐标系、把 WCS 称为绝对坐标系，本书认为把 MCS 称为工件坐标系、把 WCS 称为建模坐标系，更符合手工编程称谓。

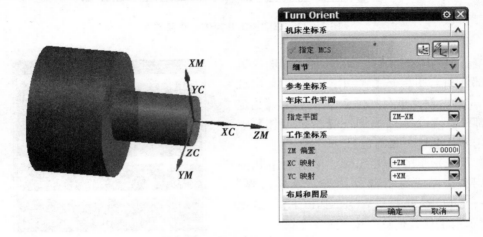

图 2-31　两种坐标系

2. 车削加工横截面

车加工横截面是通过定义截面，从实体模型创建 2D 横截面曲线。这些曲线可以用在所有车削中来创建边界。横截面曲线是关联曲线，这意味着如果实体模型的大小或形状发生变化，则该曲线也将发生变化。

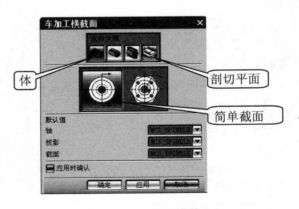

图 2-32　车削加工横截面

【工具】→【车加工横截面】，出现"车加工横截面"对话框，如图 2-32 所示。一般操作→【体】→点选零件模型→【简单截面】→【剖切平面】→【确定】。

3. 几何体

车削加工几何体分级菜单可由"工序导航器"工具条中的"几何"视图看到，如图 2-33 所示。

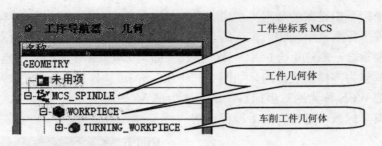

工件坐标系 MCS

工件几何体

车削工件几何体

图 2-33 车削加工几何体分级菜单

（1）工件几何。工件几何用来设置部件和毛坯，→【WORKPIECE】，出现"工件"对话框，如图 2-34 所示。【指定部件】点选零件模型→【指定毛坯】点选零件毛坯→【确定】。

（2）车削加工几何。车削加工几何用来选择或编辑部件边界、毛坯边界。→【TURNING _ WORKPIECE】，出现"车削工件几何体"对话框，如图 2-35 所示，有 4 个设置项目，这里主要介绍 2 个。

图 2-34 "工件"对话框

1）【指定部件边界】：→【指定部件边界】出现"部件边界"对话框（图 2-36），顺序点选截面曲线→【确定】

2）【指定毛坯边界】：→【指定毛坯边界】，出现"选择毛坯"对话框（图 2-37），有 4 种毛坯选项、2 种安装位置选项。

①毛坯选项：

【棒料】：实心毛坯。

【管材】：空心毛坯。

【从曲线】：如果毛坯作为模型部件存在，则选择此类型。

【从工作区】：从工作区中选择一个毛坯，这种方式可以选择上步加工后的工件作为毛坯。

图 2-35 车削工件几何体

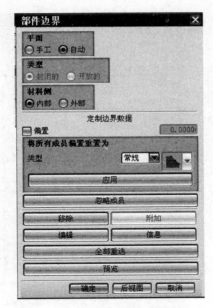

图 2-36 部件边界

图 2-37 选择毛坯

②安装位置选项：

【安装位置】：用于设置毛坯相对于工件的位置参考点。如果选取的参考点不在工件轴线上时，系统会自动找到该点在轴线上的投射点，然后将棒料毛坯一端的圆心与该投射点对齐。

【点位置】：用于确定毛坯相对于工件的放置方向。若选择【⊙在主轴箱处】，则毛坯将沿坐标轴在正方向放置；若选择【⊙远离主轴箱处】，则毛坯沿坐标轴的负方向放置。

4. 切削区域

切削区域是车削加工过程中，确定要切除材料的区域。由于任何空间范围、层、步长或切削角的设置优先权均高于手动指定的切削区域，因此决定了软件可能对手动指定的区域不能完全识别，这也是重新调整自动编程工艺的原因之一。

在 UG CAM 车削模块中，能够确定切削区域的参数有 8 个，如图 2-38 所示，但并非都有必要，应有所选择。

（1）修剪平面。修剪平面可以将切削区域限制在平面的一侧。有【径向修剪平面 1】、【径向修剪平面 2】、【轴向修剪平面 1】、【轴向修剪平面 2】4 个设置项目。修剪平面可以指定 1 个、2 个或 3 个，指定 2 个修剪平面后，刀具在两个修剪平面之间车削工件。各个修剪平面中，通过【限制选项】设置，每个限制选项有 4 个选项。

①【无】：不创建修剪平面。

②【点】：指定点定义修剪平面。

③【距离】：沿 *ZM* 轴向指定一个距离设置修剪平面。

④【半径】：沿 *YM* 轴向指定一个距离设置修剪平面。

（2）修剪点。可以限制切削区域的起点位置和终点位置，但最多能指定 2 个修剪点来限制切削区域。要使系统可以识别要切削的所有剩余材料，所设置的修剪点必须尽可能地接近该材料。修剪点有【修剪点 1】和【修剪点 2】2 个设定项目，通过【点选项】设置，每个点选项有 2 个选项。

①【无】：不创建修剪点。

②【指定】：在图形中指定修剪点，并打开【指定】选项的子选项，如图 2 - 39 所示。另外有：

【延伸距离】：沿上一路径的延长线指定一个距离来延伸切削区域。

【角度选项】：指定刀具从 *XC* 轴逆时针测量的、用于逼近或离开修剪点的角度。角度选项包括：【自动】：使用某个角度来清除部件几何体；【矢量】：指定矢量定义修剪角；【角度】：输入角度值定义修剪角。

【☑ 检查超出修剪范围的部件几何体】：检查超出修剪点范围的部件几何体，并调整通向或来自修剪点的刀路以避免过切。

（3）区域选择。有 2 个设置项目。

①【区域选择】：自定义切削区域，包括 2 种选项：

【默认】：系统将通过设定的部件边界、毛坯边界和修剪平面或者修剪点确定的整个区域作为切削区域。

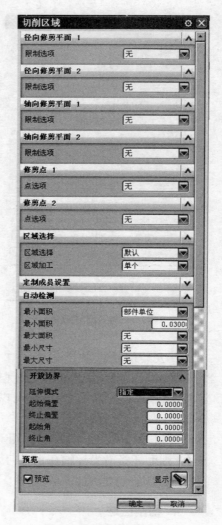

图 2 - 38　切削区域

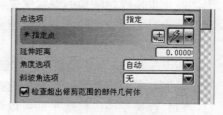

图 2 - 39　【指定】子选项

【指定】：通过指定点手动自定义切削区域。

②【区域加工】：有单个、多个切削区域之分。

（4）自动检测。系统根据设置的限制参数值确定切削区域，有 4 个设置项目。

①【最小面积】：系统自动检测到的切削区域面积小于该指定值时，将不在该切削区域内进行切削运动。有【无】、【部件单位】和【刀具】3 种选项设定最小面积。

②【最大面积】：系统自动检测到的切削区域面积大于该指定值时，将不在该切削区域内进行切削运动。有【无】、【部件单位】和【刀具】3 种选项设定最大面积。

③【最小尺寸】：系统自动检测到切削区域内的轴向、径向或者轴向和径向的尺寸均小于该指定值时，将不在该切削区域内进行切削运动。有【无】、【轴向】、【径向】和【轴向和径向】4 种选项设定最小尺寸值。

④【最大尺寸】：系统自动检测到切削区域内的轴向、径向或者轴向和径向的尺寸均大于该指定值时，将不在该切削区域内进行切削运动。有【无】、【轴向】、【径向】和【轴向和径向】4 种选项设定最大尺寸值。

（5）【开放边界】：选择开放边界时，切削区域将会向外延伸。【延伸模式】有 2 种选项：

①【指定】：通过指定【起始偏置】、【终止偏置】、【起始角】和【终止角】4 个设置项目来确定延伸的形状。

【起始/终止偏置】：若工件与毛坯边界不接触时，则系统会自动将车削特征与 IPW 相连接；若车削特征与 IPW 边界不相交时，则系统会自动在部件几何体和毛坯几何体之间添加边界段将切削区域补充完整。系统默认从起点到毛坯边界的直线与切削方向平行，终点到毛坯边界间的直线与切削方向垂直。当【起始/终止偏置】值为正值时，切削区域会增大；当【起始/终止偏置】值为负值时，切削区域会减小。

【起始/终止角】：利用【起始/终止角】可以避免切削区域和切削方向平行或垂直。当【起始/终止角】为正值时，切削区域会增大；当【起始/终止角】为负值时，切削区域会减小。

②【相切】：指系统将在边界的起点和终点位置沿切线方向延伸边界，使其与 IPW 的形状相连。可以不指定自动检测的参数值，这样，系统将对所有检测到的切削区域都进行切削运动。

5. 粗车粗镗切削策略

切削策略是指切削方式，粗车粗镗有 10 种切削方式供选择。

（1）【单向线性切削】：刀路方向单一的分层切削，工进切削、退刀不切削，且后一层总是与前一层平行，如图 2 - 40（a）所示，类似于手工编程的轴向车削固定循环。

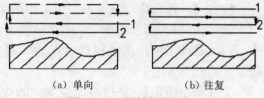

（a）单向　　　　　　　（b）往复

图 2 - 40　线性切削

（2）【线性往复切削】：与【单向线性切削】不同之处是，工进、退刀都切削，效率提高一倍，如图 2 - 40（b）所示。

（3）【倾斜单向切削】：可以使得一个切削方向上的每个切削或每个备选切削的、从刀路起点到终点的切削深度不同。当使用倾斜单向切削策略时，系统有【倾斜模式】和【多个倾斜图样】2 个选项。

①【倾斜模式】：有【每隔一条刀路向外】、【每隔一条刀路向内】、【先向外】和【先向内】4 种选项，如图 2 - 41 所示。

【每隔一条刀路向外】：第一刀切削最深，往后逐渐减小，形成向外倾斜的刀路。

【每隔一条刀路向内】：刀具由曲面开始切削，刀路由外向内倾斜运动，形成向内倾斜的刀轨。

【先向外】：是【每隔一条刀路向外】和【每隔一个刀路向内】两种方式的综合。即刀具的第一刀切削的深度最深，往后逐渐减小；下一刀又开始由曲面开始切削，刀路由外向内倾斜运动。

【先向内】：与【先向外】相反。

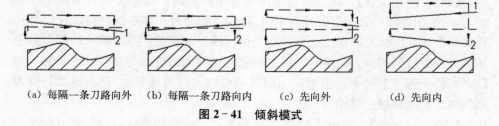

（a）每隔一条刀路向外　　（b）每隔一条刀路向内　　（c）先向外　　　　（d）先向内

图 2 - 41　倾斜模式

②【多个倾斜图样】：有【无】、【仅向内倾斜】和【向外/内倾斜】3 种选项。

【仅向内倾斜】：刀具第一刀切削的深度最深，往后逐渐减小，当切削的深度减小到最小限制值时，刀具返回到插削材料，直到切削的量大深度，重复此运动，直到完成整个切削区域的切削运动。最大斜面长度限制了每次的切削长度。

【向外/内倾斜】：是【向外倾斜】和【向内倾斜】的综合，刀具第一刀切削的深度最深，往后逐渐减小，当切削的深度减小到最小限制值时，刀具又由此开始，返回插削材料，从最小的深度切削，往后逐渐增大，当切削的深度增大到最大限制值，重复此运动，直到完成整个切削区域的切削运动。最大斜面长度限制了每次的切削长度。

【最大斜面长度】：限制刀具每次切削的长度。

（4）【倾斜往复切削】：与【倾斜单向切削】相似，不同之处是在备选方向上进行上斜/下斜切削，相邻的两个切削方向是相反的。

（5）【单向轮廓切削】：刀路方向单一且每一层切削刀路都会逼近部件的轮廓，如图 2－42（a）所示，类似于手工编程的轮廓车削固定循环。

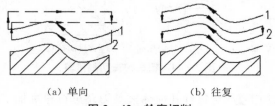

（a）单向　　　　　　　　　（b）往复

图 2－42　轮廓切削

（6）【轮廓往复切削】：与【单向轮廓切削】相似，不同之处是其刀路方向为后一层切削均与前一层切削方向相反，如图 2－42（b）所示。

（7）【单向插削】：刀路方向单一，前一刀切削方向与后一刀切削方向相同的插削切削，如图 2－43（a）所示，类似于手工编程的端面车削固定循环，切槽、切断就要用这种方式。

（8）【往复插削】：与【单向插削】相似，不同之处是刀路的方向不是单一方向，而是往复切削，前一刀切削与后一刀切削的刀路方向为相反方向。

（9）【交替插削】：从切削区域的中间开始，步距方向交替插削，后一刀插削是在前一刀插削的另一侧向进行的，如图 2－43（b）所示。

（10）【交替插削（余留塔台）】：与【交替插削】相似，但是在切除材料后剩余类似塔状的余量材料，留在下一刀插削与前一刀插削相反的一侧材料时切除，如图 2－43（c）所示。

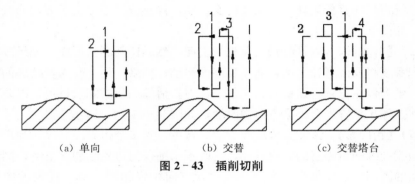

（a）单向　　　　　　　（b）交替　　　　　　　（c）交替塔台

图 2－43　插削切削

6. 精车精镗切削策略

精车精镗切削策略有 8 种，如图 2-44 所示，分别说明。

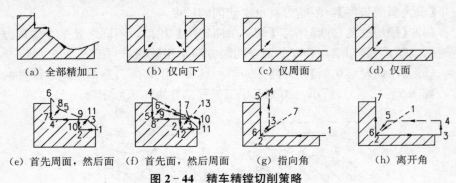

图 2-44　精车精镗切削策略

（1）【全部精加工】：对每种几何体按其刀路进行轮廓加工，不考虑轮廓类型，如图 12-44（a）所示。

（2）【仅向下】：刀具只能从顶部向底部进行切削，且停止位置不会由于方向的改交而改变，如图 12-44（b）所示。

（3）【仅周面】：仅切削被指定为直径的几何体。如果改变方向，系统将反向切削，停止位置不会由于方向的改变而改变。如果仅有一个直径要切削，则不会在备选螺旋刀路间退刀和进刀，仅在第一刀路前应用进刀运动，仅在最后螺旋刀路后应用退刀运动，如图 2-44（c）所示。

（4）【仅面】：运动始终是从顶部到底部切削面，而且停止位置不会改变。如果改变方向，程序不会反向切削。无论【替代】是否打开，程序都将在每个螺旋刀路间退刀/进刀。因为系统始终仅向下切削面，所以刀路的终点永远不会与下一刀路的起点具有相同的坐标，因此需要退刀和进刀，如图 2-44（d）所示。

（5）【首先周面，然后面】：首先切削圆柱周面，然后切削面。如果改变方向，系统将反向直径运动，而不反向面运动，停止位置不会由于方向的改变而改变，如图 2-44（e）所示。

（6）【首先面，然后周面】：首先切削面，然后切削圆柱周面。如果改变方向，则系统将反向直径运动，而不反向面运动；如果周面上有需要处理的剩余材料，则为停止位置选项输入一个值，让刀具清除周面的剩余材料，以防止刀具干涉。停止位置不会根据方向而改变，如图 2-44（f）所示。

（7）【指向角】：该方式的面或直径区域可包含多个边界段，仅切削那些位于已检测到的凹角邻近的面或直径，它既不切削任何边界断裂，也不切削超出这些面的圆凸角。如果改变方向，则运动方向始终相同（对于拐角的中间而言），但是程序将颠倒拐角和拐角刀柄顺序，总是在首先切削的拐角刀柄上设置停止位置（这取决于方向）。每个精加工都以自动退刀运动完成，此移动由软件控制以使刀具离开部件，如图2-44（g）所示。

（8）【离开角】：自动计算进刀角并使之角平分线对齐，仅切削那些位于已检测到的凹角邻近的面或直径。它既不切削任何边缘断裂，也不切削超出这些面的圆凸角。如果改变方向，则运动的方向始终是相同的（拐角的中间以外），但是程序将颠倒拐角和拐角刀柄序列，如程序将从底部到顶部切削角面，不能使用停止，如图2-44（h）所示。

实际上，精车精镗【切削策略】与粗车粗镗【切削参数】选项的【轮廓加工】标签切削策略相同，因此只有在粗加工中才提供轮廓加工功能。

7. 刀轨设置

刀轨设置的选项相同，主要设置层角度、方向、步进、变换模式、清理、附加轮廓加工等6项设置，介绍如下。

（1）【水平角度】：【水平角度】就是通常说的层角度，用来定义粗加工单独层的方位。水平角度的设置有2种选项：

①【指定】：设置角度值。按切削方向与＋XC同向是0°、逆时针方向为正、顺时针为负来测量层角度，如图2-45所示。尽管切削层的方位变化了，但刀具方位不变、主副偏角随之变化。＋XC是工件轴向，向右为正。

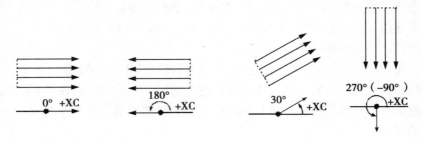

图2-45 【水平角度】（层角度）

②【矢量】：图选定义矢量。

（2）【方向】：车削加工时，车刀一定要沿着规定的方向前进，如果违反方向规定，软件可能拒绝生成刀路，加工时甚至损坏刀具。对于单向切削刀具，软件生成的刀路已调整好方向，一般不需要重新调整。对于往复切削刀具，可根据实际工艺调整方向。车削切削方向有2种选项，以【层角度】为参考来定义方向。

①【前方】：切削方向与【层角度】箭头方向相同。

②【反向】：切削方向与【层角度】箭头方向相反。

（3）步进。步进控制每次切削进给的深度值，但对于斜切和插削不能使用数字或多个。【切削深度】指定粗加工操作中各刀路的切削深度，有 5 种方式供选择：

①【恒定】：以数值或％刀具指定最大切削【深度】，即单层厚度。

②【多个】：以数值把切削区域划分成多个【刀路】（小区域）和对应每个刀路的【距离】（最大切削【深度】），最多可以设定 10 个不同的切削深度值。

③【层数】：以数值把切削区域划分成多层。

④【变量平均值】：通过指定【最大值】和【最小值】，系统将待切削材料的深度不在最大值和最小值之间的排除，再根据最大值和最小值计算出所需刀路数最少的切削深度。

⑤【变量最大值】：通过设定【最大值】和【最小值】，系统先使用最大切削深度来切削工件，最后剩余的待切削材料的深度处于【最大值】和【最小值】之间时，再使用最小深度值来切削工件。

（4）【变换模式】：变换模式用于确定使用哪种顺序将切削变换区域中的材料切除，有 5 种方式可供选择：

①【根据层】：以最大深度值切削材料，当待切削材料的深度处于最大值和最小值之间时，系统将会根据切削层角度的方向顺序继续切削材料。

②【向后】：以最大深度值切削材料，当待切削材料的深度处于最大值和最小值之间时，系统将会根据切削层角度的反方向顺序继续切削材料。

③【最接近】：优先切削距离刀具最近的切削区域的材料。

④【以后切削】：优先切削能以最大切削深度切削的切削区域，往后再对层深度较小的切削区域进行切削。

⑤【省略】：对第一个反向之后遇到的切削区域不进行切削。

（5）【清理】：对残余高度或者阶梯进行清理，并且决定粗加工完成后刀具遇到轮廓元素是如何继续行进。所有粗加工策略都可用，有 8 种选择：

①【无】：不进行清理操作。

②【全部】：对部件轮廓中全部的残余高度和阶梯进行清理操作。

③【仅陡峭的】：仅对陡峭的残余高度和阶梯进行清理操作。

④【除陡峭以外所有的】：对陡峭以外的残余高度和阶梯进行清理操作。

⑤【仅层】：仅对层的残余高度和阶梯进行清理操作。

⑥【除层以外所有的】：对层以外的残余高度和阶梯进行清理操作。

⑦【仅向下】：仅按向下的切削方向对所有的残余高度和阶梯进行清理操作。

⑧【每个变换区域】：对每个切削变换区域的残余高度和阶梯进行清理操作。

（6）【☑ 附加轮廓加工】：勾选其复选框，打开轮廓加工功能。多次粗车后，轮廓加工可清理部件表面，提高精加工余量的一致性或部件表面粗糙度。与【清理】不同的是，轮廓加工先在整个切削区域粗加工后，才是本意的轮廓加工。

精车刀轨设置比粗车多一项【切削圆角】，如图 2-46 所示。【切削圆角】用于指定如何处理刀路圆角的方法，有 4 个选项：

①【带有面】：如果倒圆形状接近面，系统自动将倒圆当作面处理。

②【带有直径】：如果倒圆形状接近直径面，系统自动将倒圆当作直径面处理。

③【拆分】：系统自动将圆角从中间部分分成两种表面进行处理。圆心角比较大，部分形状接近直径面、部分形状接近面或斜面时选用。

④【无】：忽略圆角半径。

（a）粗车　　　　　　　　　　　　（b）精车

图 2-46　粗、精车工序对话框比较

8. 切削参数

粗、精加工的【切削参数】对话框略有不同，见图 2-47。

（1）【策略】：策略就是对切削进给运动进一步限制的参数，有切削、切削约束、刀具安全角 3 个设置项目。

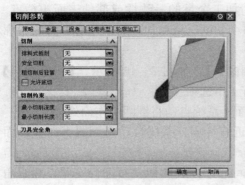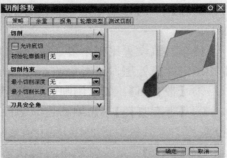

（a）粗车　　　　　　　　　　　　　　（b）精车

图 2-47　切削参数话框比较

1）切削。切削有 4 个设置项目。

①【排料式插削】：控制是否添加附加插削以避免因为刀具挠曲而多切，有 2 个子选项：

【无】：不使用排料式插削。

【离壁距离】：设置一个离壁距离值，插削时离壁一定距离进行附加插削，在线性粗加工中使用槽刀时应该选用此功能。附加插削从部件边界附近开始切削各层，切除边界旁边的材料，腾出空间防止侧面切削时刀尖超出边界而多切，如图 2-48 所示。

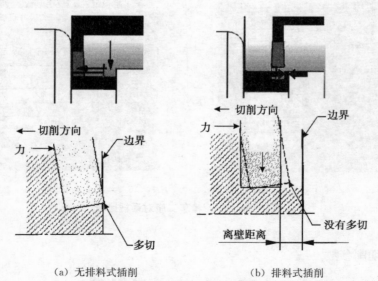

（a）无排料式插削　　　　　　　　　（b）排料式插削

图 2-48　排料式插削

②【安全切削】：有 4 种控制方式供选择。

【无】：进行安全切削。

【切削数】：通过【切削数】和【距离】进行安全切削的控制。

【切削深度】：通过【切削深度】和【距离】进行安全切削的控制。

【数量和深度】通过【切削数】、【深度】和【距离】共同进行安全切削的控制。

③【粗切削后驻留】：在插削运动的每个增量深度处输出一个进给暂停，有3种进给暂停方式供选择：

【无】：粗切削后刀具不停留。

【时间】：粗切削后刀具进给暂停，暂停时间单位是秒。

【转】：粗切削后刀具进给暂停，暂停时间单位是主轴转数。

④【☑ 允许底切】：控制是否启用或禁用底切，如图2-49所示。

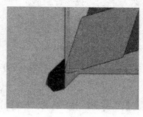

　　　　(a) 启用　　　　　　　　　(b) 禁用

图2-49 底切

精车中，有个【初始轮廓插削】设置项目，其中有4个子选项：

【无】：不执行初始轮廓插削。

【自动】：在设定的【延伸距离】上，自动执行初始轮廓插削。

【轴向/径向】：在设定的【轴向距离】、【径向距离】、【延伸距离】上，自动执行初始轮廓插削。

【指定】：在【指定点】的【延伸距离】上，自动执行初始轮廓插削。

2）切削约束。切削约束有2个子项目。

①【最小切削深度】：有2个选项：

【无】：不设置最小切削深度来进一步控制切削深度，系统默认最小切削深度为0。

【指定】：通过【距离】指定一个最小切削深度。在径向方向，当待切削的材料深度小于该值时，系统将停止切削该区域的材料。

②【最小切削长度】：有2个子选项：

【无】：不设置最小切削长度来进一步控制切削长度，系统默认最小切削长度为0。

【指定】：通过【距离】指定最小切削长度来进一步控制切削长度，在轴向方向上，当待切削的材料长度小于该值时，系统将停止切削该区域的材料。

3)【刀具安全角】：通过改变路径、不改变刀具方位来起保护作用，对粗加工、精加工、教学模式的所使用的刀具都可以选用。刀具安全角有2个子项目。

①【首先切削边】：指定一个首先切削的边在其延伸方向上与刀具之间的夹角值，以保护刀具、防止多切损伤工件，如图2-50（a）所示。

②【最后切削边】：指定一个最后切削的边在其延伸方向上与刀具之间的夹角值，如图2-50（b）所示。

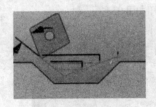 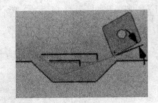

（a）首先切削边   （b）最后切削边

图2-50 刀具安全角

（2）【余量】。余量指完成一个操作后处理中的工件上留下的材料，如图2-51所示。粗、精加工的【余量】对话框略有不同，见图2-52。粗车有【粗加工余量】、【轮廓加工余量】、【毛坯余量】和【公差】4个设置项目。精车中有【精加工余量】和【毛坯加工余量】2个设置项目。

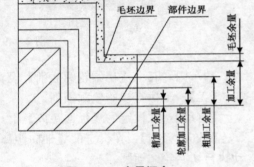

图2-51 余量概念

1）余量种类：

①【粗加工余量】：粗车后或【清理】刀路后，在工件表面上留下的材料。

②【轮廓加工余量】：粗车后的轮廓加工后，在工件表面上留下的材料。只有粗车有这一选项。

③【毛坯余量】：超出毛坯几何的材料，在粗、精车中的含义相同。

④【精加工余量】：精车后，在工件表面上留下的材料。

⑤【公差】：通过【内公差】、【外公差】2个子选项，设置偏离部件边界的可接受误差量。

2）余量设置选项。每种余量，均有3种子选项：

①【恒定】：同时设定端面、斜面、径向相同的余量值。

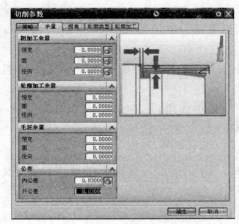
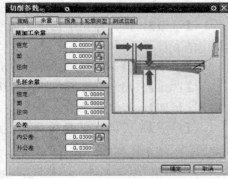

（a）粗车　　　　　　　　　　　　　　（b）精车

图 2 - 52　余量对话框比较

②【面】：同时设定端面、斜面的余量值。

③【径向】：设定径向余量值。

（3）【拐角】：拐角用于控
制轮廓切削时拐角处的刀路走
向。拐角可以是法向角或表面
角。粗、精加工的【拐角】对
话框相同，见图 2 - 53。【拐角】
有 4 种子项目：

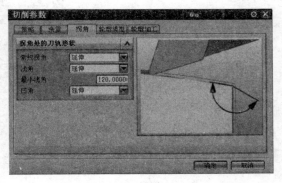

图 2 - 53　拐角对话框

1)【常规拐角】：控制拐角
行为，有 4 种选项：

①【绕对象滚动】：绕拐角
创建一条光滑刀路，保留尖叫，
如图 2 - 54（a）所示。

②【延伸】：刀路在常规拐角处延伸，如图 2 - 54（b）所示。

（a）绕对象滚动　　　　　（b）延伸　　　　　（c）圆形　　　　　（d）倒斜角

图 2 - 54　拐角对话框

③【圆形】：刀路在拐角处圆弧过渡，需要指定圆弧的【半径值】，如图

117

2-54（c）所示。

④【倒斜角】：刀路在拐角处倒斜角过渡，需要指定倒斜角的【距离】值，如图 2-54（d）所示。

2）【浅角】：指夹角大于指定的最小浅角、小于 180°的凸角，同【常规拐角】中的 4 种子选项。

3）【最小浅角】：根据工件形状自定义最小浅角。

4）【凹角】：控制工件凹角处的刀路形状，2 种子选项：

①【延伸】；刀轨在凹角处延伸。

②【圆形】：刀轨在凹角处圆弧过渡，需要指定过渡圆弧的【半径】值，半径的指定有 3 种方式：

【指定】：指定一个【半径】值为过渡圆弧的半径。

【刀具半径】：使用刀具的半径值为过渡圆弧的半径。

【添加到刀具半径】：设定一个【半径递增】值作为过渡圆弧的半径。

（4）【轮廓类型】：轮廓类型是通过定义各个类别的最大角和最小角来将轮廓单元分类的设置参数。粗、精加工的【轮廓类型】对话框不同，如图 2-55 所示。

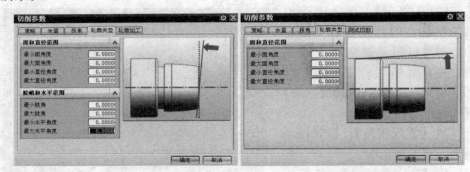

（a）粗车 　　　　　　　　　　　　　　（b）精车

图 2-55　拐角对话框

1）面范围。面范围包括【最大面角度】和【最小面角度】，如图 2-56 所示。在这种情况下，最小角度和最大角度都是从中心线测量的。面的最小角度值为 70°，最大角度值为 110°。允许各段的斜率有最多为 40 的变化量，直到它们不能包含在面定义的圆锥中为止。

2）直径范围。定义轮廓类型的最小角度和最大角度都是从中心线测量的，如图 2-57 所示。在此例中，直径的最小角度值为 160°，最大角度值为 200°，考虑到将相对较大的轮廓元素带宽识别为直径。

3）陡峭范围。如果为陡峭区域，分析部件倒斜角上的槽，则出现如图 2-58 所示的状况。陡峭角度由指定陡峭的直线开始测量。

118

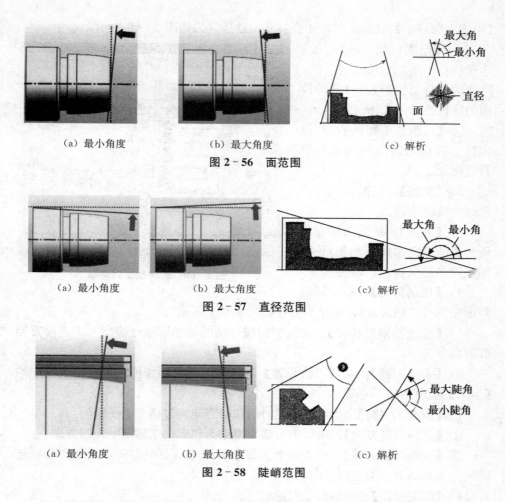

（a）最小角度 （b）最大角度 （c）解析

图 2－56　面范围

（a）最小角度 （b）最大角度 （c）解析

图 2－57　直径范围

（a）最小角度 （b）最大角度 （c）解析

图 2－58　陡峭范围

4）层范围。最小层角度和最大层角度是从"层角度"定义的直线开始自动测量的。如图 2－59 所示，显示了一个在部件倒斜角上的槽中识别的层区域情况。

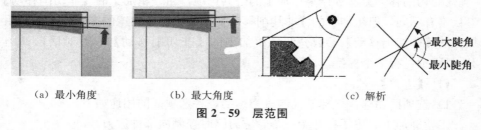

（a）最小角度 （b）最大角度 （c）解析

图 2－59　层范围

（5）【轮廓加工】：该标签用于设置轮廓粗加工的刀路，只有粗加工时才有此标签，仅当勾选【附加轮廓加工】复选框时和在【刀轨设置】选项区中勾选

【附加轮廓加工】复选框时，才会打开。各项含义如图 2 - 60 所示。

1)【轮廓切削区域】：有 2
个选项：

①【自动检测】：对自动检
测的区域进行轮廓加工。

②【与粗加工相同】：对以
粗加工刀路切削的相同区域进
行轮廓加工。

2)【策略】：切削方式与精
镗时的策略相同。

3)【方向】：根据边界方位
所给定的方向控制精加工/轮廓
加工刀路的（初始）切削方向。

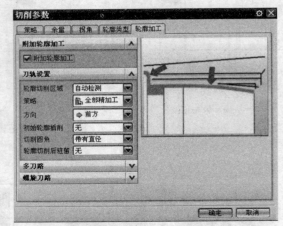

图 2 - 60　轮廓加工对话框

4)【切削圆角】：指定圆角
与面相邻（陡峭区域），还是与直径相邻（水平区域）。

5)【轮廓切削后驻留】：在轮廓切削运动的每个增量处输出一个进给暂停
驻留命令。

6)【多条刀路】：与【刀轨设置】选项区的【切削深度】下拉列表框中的
【多个】选项相同。

7)【精加工刀路】：指定精加工时的切削方向，包括 2 个子选项：

①【保持切削方向】：指每个刀路均遵循为轮廓加工指定的切削方向。

②【变换切削方向】：指刀具会在每个刀路之后更改方向，从而使每个连
续的刀路均与前一个刀路方向相反。

8)【螺旋刀路】：与精加工刀路相同。

9. 非切削参数

【非切削移动】参数作为车加工的公共选项，粗、精加工的【非切削移动】
参数略有不同，但粗加工的【非切削移动】参数要比精加工的多，因此仅对粗
加工的【非切削移动】参数介绍。粗加工的【非切削移动】参数对话框如图
2 - 61 所示，有 7 个标签。

(1)【进刀】。

1) 选项区用途。该标签控制进刀运动，各选项区的用途如下：

①轮廓加工。用于在开始一个轮廓刀路时控制向部件进刀。

②毛坯。控制在开始线性粗切削时向毛坯进刀。该选项区的选项设置与
【轮廓加工】选项区相同。

③部件。控制沿部件几何体进行进刀运动。通常在腔室中使用此方式。

120

④安全的。在仅为上一个切削层执行毛坯进刀后，防止刀具碰到切削区域的相邻部件底面。这是最后的粗加工切削。

⑤插削。控制插削进刀。

⑥初始插削。控制插削完全进入材料的进刀。

2）选项功能。各选项区中的选项功能基本相同，下面仅介绍"轮廓加工"选项区的选项功能。

①【进刀类型】：轮廓加工的进刀类型有6种，可供选择。

【圆弧-自动】：使刀具以圆弧过渡方式逼近/离开部件/毛坯，使得刀具可以连续、平滑地移动，如图2-62所示。圆弧【半径】和圆心角【角度】在下方的【自动进刀选项】中设定。

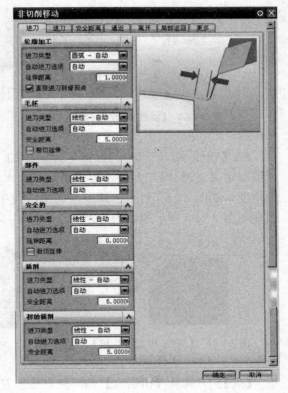

图2-61　粗加工非切削移动对话框

【线性-自动】：沿着第一刀切削的方向（延长线）逼近/离开部件，如图2-63所示。

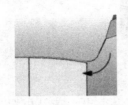

图2-62　【圆弧-自动】过渡

图2-63　【线性-自动】过渡

【线性-增量】：下方输入 XC 增量和 YC 增量来控制刀具逼近/离开部件的方向。XC 增量和 YC 增量值始终是相对于 WCS 的，如图2-64所示。

【线性】：在下方显示的【角度】和【长度】文本框中输入值以定义逼近/离开方向。角度和长度值始终与 WCS 有关，程序从进刀或退刀移动的起点处开始计算这一角度，如图2-65所示。

121

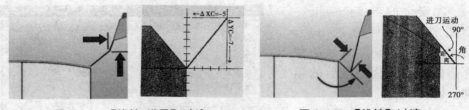

图 2 - 64 【线性-增量】过渡   图 2 - 65 【线性】过渡

δΔ【线性-相对于切削】：在下方显示的【角度】和【长度】文本框中输入值以定义逼近/离开方向。与【线性】方式相比，该角度为相对于邻近运动的角度，如图 2 - 66 所示。如果在切槽中使用【线性-相对于切削】方式，将出现如图 2 - 67 所示的情形。

图 2 - 66 【线性-相对于切削】过渡   图 2 - 67 切槽【线性-相对于切削】

【点】：刀具从【指定点】向部件直接进刀，或者从部件直接退刀至【指定点】，如图 2 - 68 所示。

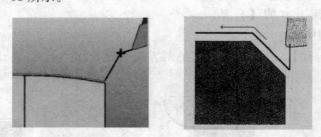

图 2 - 68 【点】过渡

②【延伸距离】：指定超出初始起点或终点的延长线长度，开始或结束切削，如图 2 - 69 所示。

③【☑ 直接进刀到修剪点】：确保进刀运动直接接触到部件表面。如果指定了余量，进刀运动可接触到部件表面加上余量。也就是说，刀具将直接到达修剪点，如图 12 - 70 所示。

（2）【退刀】：该标签与【进刀】标签中的选项设置相同，主要用于控制在完成一个轮廓加工刀路之后从部件退刀。

122

图 2-69　延伸距离

图 2-70　直接进刀倒修剪点

（3）【安全距离】：该标签主要用于控制刀具与工件间的安全距离，有 2 个选项区，如图 2-71 所示。

1）【安全平面】：指定安全平面，使刀具不会与工件发生碰撞，有 2 个选项。

①【径向限制选项】：设定径向限制的安全平面，有 3 种选项：

【无】：不限制径向安全平面。

【点】：通过一个【指定点】来创建一个平面，进行径向限制。

图 2-71　【安全距离】标签

【距离】：指定一个【半径】距离值来创建一个平面，进行径向限制。

②【轴向限制选项】：设定轴向限制的安全平面，同【径向限制选项】有 3 种选项。

2）【工件安全距离】用途：

①只要刀具必须移刀到新的切削区域或新的轮廓加工刀路，确保生成的移刀运动不与当前处理中的工件发生碰撞。对于这种移刀，可在工件安全距离参数中定义刀轨与处理中的工件间的最小距离。程序会在这些移刀运动中区分面和直径，并将碰撞避让应用于从一个粗切削进入下一个粗切削所需的那些移刀运动。

②从粗切削中退刀时，用【工件安全距离】选项区中输入的值，如图 2-72 所示。

③若切削的层角度与某一直径对应，

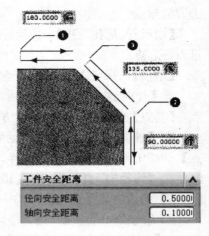
图 2-72　工件安全距离

123

如图 2-72 中①所示，按【径向安全距离】值从粗切削中退刀。

④若切削的层角度与某一面对应，如图 2-72 中②所示，按【轴向安全距离】值从粗切削中退刀。

⑤若切削的层角度与某一面或直径不对齐，如图 2-72 中③所示，按【径向安全距离】值从粗切削中退刀。

3）工件安全距离设置。有 2 个设置项目。

①【径向安全距离】：指定工件的径向安全距离值。

②【轴向安全距离】：指定工件的轴向安全距离值。

（4）【逼近】：该标签可确定刀具逼近的方式，该标签的选项同【避让】几何体，如图 2-73 所示，有 4 个选项区。

1）【出发点】：确定刀具的出发点，有两种选项。

①【无】：不指定刀具的出发点。

②【指定】：一个【指定点】为刀具的出发点。

2）【运动到起点】：刀具运动到起点的方式，有 6 种选项。

①【无】：不定义进刀的起点。

②【直接】：直接运动到起点，起点有 4 种指定方式：

图 2-73　【逼近】标签

【点】：直接【指定点】作为进刀的起点。

【增量-角度和距离】：指定一个角度和一个在该角度方向上的距离来确定进刀的起点。

【增量-矢量和距离】：指定一个矢量和一个在该矢量方向上的距离来确定进刀的起点。

【增量】：指定 XC 轴和 YC 轴方向上的距离来确定进刀的起点。

③【径向-轴向】：先径向运动到与起点同一水平线上，再轴向运动到起点，【起点】的指定与【直接】方式一样。

④【轴向-径向】：先轴向运动到起点的正上方，再径向运动到起点，【起点】的指定与【直接】方式一样。

⑤【纯径向-直接】：先直接运动到起点的正上方，再径向运动到起点，【起点】的指定与【直接】方式一样。

⑥【纯轴向-直接】：先直接运动到与起点在同一水平线上，再轴向运动到起点，【起点】的指定与【直接】方式一样。

3）【逼近刀轨】：刀具逼近刀轨的方式，有 3 种选项：

124

① 【无】：不指定刀具逼近刀轨的逼近点。

② 【点】：指定一个逼近点，刀具由该点逼近刀轨。

③ 【点（仅在换刀后）】：指定一个逼近点，换刀后刀具由该点逼近刀轨。

（5）【离开】：该标签确定刀具移动到"返回点"或"安全平面"时的运动类型，与【逼近】选项相同。

（6）【局部返回】：该标签确定粗加工的局部返回路移动，选项如图2-74所示。

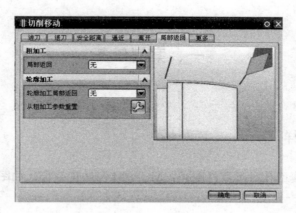

图2-74 【局部返回】标签

（7）【更多】：可控制自动避让运动并激活附加避让方法。

案例三 正弦板数控铣削加工

一、案例任务

(一) 零件图样

数控铣削典型孔盘类零件图样：MC‑GJ‑01正弦板，如图3‑1所示。

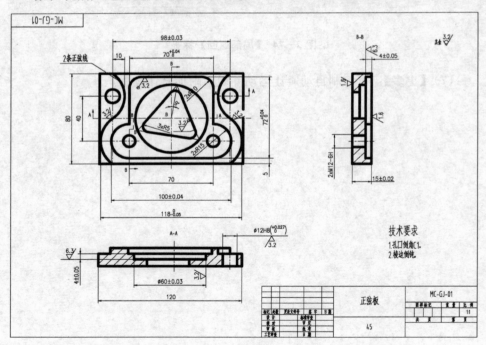

图 3‑1 MC‑GJ‑01 正弦板

126

（二）任务要求

(1) 加工图 3－1 工件 1 件；

(2) 工艺设计；

(3) 用坐标变换编程；

(4) 用镜像功能编程；

(5) 用宏指令编程；

(6) 用子程序编程；

(7) 用刀具半径补偿编程；

(8) 用孔加工固定循环编程；

(9) 在线加工或模拟加工。

（三）配备条件

(1) 加工设备：用一台 FANUC－0iM 系统立式加工中心加工，该机床工作台尺寸 1050mm×500mm，机床行程 850（X 轴）×500（Y 轴）×550（Z 轴）mm，刀库容量 24 把，无机械手，BT40 刀柄。

(2) 备料：120mm×80mm×18mm A45 钢已加工达 Ra3.2，数量为 1 件。

(3) 工装：

①虎钳：160mm 精密机用平口钳 1 台、钳口高度 54mm，等高垫铁 2 件 1 副 200mm×46mm×15mm。

②刀具：ϕ 100mm 直角面铣刀，高速钢直柄孔加工刀具有不带护锥 ϕ 2mm 中心钻、ϕ 10.3mm 麻花钻、ϕ 11.7mm 麻花钻、ϕ 10mm 立铣刀、ϕ 16mm 立铣刀、ϕ 12H8mm 铰刀、ϕ 16mm 麻花钻、M12－Ⅱ丝锥（方柄）。

③量具：带表 0～150±0.01mm 游标卡尺、带表 0～200±0.01mm 深度尺、0～25mm 千分尺、10～18mm 内径百分表、M12 螺纹塞规、$R5/R10$mm 圆弧规、百分表、杠杆百分表、磁性表座、塞尺、光电寻边器、0～50mm 高度对刀器。

④辅具：锉刀、铣刀柄（配弹簧夹套）、钻夹头、攻丝夹头等。

⑤电脑：办公软件、数控加工仿真软件、台式电脑。

二、工艺设计

1. 分析图样及配备条件

(1) 零件与毛坯的关系。由图 3-1 正弦板可知,零件外形 120mm×80mm×15mm,四周侧面不加工,厚度尺寸 15±0.02mm,Ra1.6 加工要求较高。配备毛坯 120mm×80mm×18mm 已加工达 Ra3.2,其上下面和四周均可作为定位基准,45 钢切削性能较好,数量 1 件。

(2) 编程方法与零件图样。配备条件中没有计算机,不可能采用自动编程,所有程序必须手工编制,手动输入机床。

零件图样中有两条正弦曲线,需要选手自己建立曲线方程,必须用宏指令编程,两条曲线对称分布,可以用镜像编程。中间三层型腔中,上层由直线、圆弧组成,四周和深度均有精度要求,需要测量和加工技能保证;中层型腔是整圆,整圆大小和深度均有精度要求,ϕ60±0.03mm 其大小仅有4±0.02mm 的深度,考验抉择镗铣加工方法和检测方法;最后一层是旋转了一定角度的通腔三角形,三角形的外接圆就是前面提到的ϕ60±0.03mm,需用极坐标、坐标旋转编程。另外还有 2×ϕ12H8 有 8 级精度要求小孔、2×M12-6H螺纹孔,孔口要求 C 1mm 倒角,用孔加工固定循环编程。综上所述,本图样几乎覆盖了所有手工编程方法及常用加工、检验方法。

(3) 自动换刀装置。查阅使用说明书,本机配有左侧上方斗笠盘式刀库、无机械手的自动换刀装置,换刀点与 Z 向参考点位置相同。BT40 刀柄配 P40T-I(MAS403)拉钉。

2. 划分工序安排工步

(1) 工艺原则:

①单件工序原则。单件制作,适用工序集中原则,有利于保证各加工要素间的位置精度,减少装夹辅助时间,提高工效。

②工序划分原则。工件加工内容集中在上下表面,按工件一次装夹作为一道工序来分,加工该工件分为两道工序完成。

③工艺流程。根据基准先行、先主后次、先粗后精、先面后孔的工艺原则,安排工步顺序和内容,设计工艺流程。

(2) 划分工序安排工步:

第一道工序:铣平面。光平 120mm×80mm 大平面达 Ra1.6。直角面铣刀ϕ100mm、带表游标卡尺 0～125±0.01mm、平口虎钳。

用平口虎钳通用夹具，大平面定位，两等高垫铁支撑，限制 3 个自由度；侧面用任意平直挡板靠死，限制 1 个自由度；前后夹紧宽度 80mm 两侧面，限制 2 个自由度，工件处于完全定位状态并被夹紧，高度露出钳口 46＋18－54＝10mm，夹持 54－46＝8mm，安全、可行。

第二道工序：铣钻铰攻。零件翻身已加工大平面朝下，定位夹紧方式同第一道工序，工步安排如下（图 3-2）：

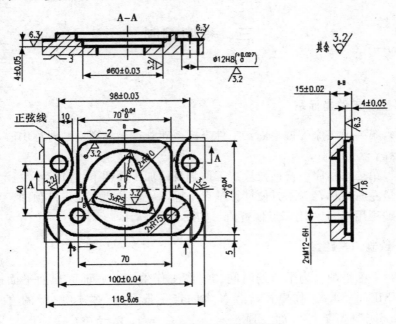

图 3-2 铣钻铰攻工序工艺附图

①粗精铣平面。粗精铣 120mm × 80mm 大平面达 Ra1.6，控制厚度 15±0.02mm。千分尺 0～25mm。

②粗精铣曲线型腔。钻穿中心工艺孔；粗铣曲线、型腔，侧面留精加工余量 0.3mm、底面留精加工余量 0.1mm；精铣曲线、型腔达图样要求。HSS 直柄麻花钻ϕ10.3mm，HSS ϕ10mm3 刃直柄立铣刀、HSS ϕ16mm3 刃直柄立铣刀。带表深度尺 0～200±0.01mm、R5/R10mm 圆弧规。

ϕ60±0.03mm 孔采用铣削加工的理由是底面太宽、镗刀刃宽有限且宽刃刃镗削易振动、影响表面加工质量；镗削需微调刀具直径，用刚性铣刀铣削工艺相对简单得多；尽管铣削圆柱度没有镗削那么高，但孔浅所提供量具难以测量之。

③孔加工。①铣钻倒铰 2×ϕ12H8（$^{+0.027}_{0}$）Ra3.2 达图样要求。②铣钻倒

攻 2×M12 - 6H 达图样要求。HSS 高速钢孔加工刀具，不带护锥中心钻 ϕ 2mm、麻花钻 ϕ 10.3mm、麻花钻 ϕ 11.7mm、麻花钻 ϕ 16mm、铰刀 ϕ 12H8mm、M12 - Ⅱ丝锥。内径百分表 10~18mm、螺纹塞规 M12 - 6H。其中铣钻倒攻表示钻中心孔、钻孔、孔口倒角。

孔距精度要求较高，需要中心孔定心，防止钻头歪斜，同时防止底孔晃大，当然防止底孔晃大的关键技术是钻头两刃对称等。

三、程序编制

1. 建立工件坐标系

（1）第一道工序 _ 铣平面：工件坐标系建立在毛坯顶面、对称中心上，用 G55 编程。

（2）第二道工序 _ 铣钻铰攻：工件翻身已加工面朝下，方位不变。工件结构大致呈左右对称，为了方便计算基点坐标，坐标系建立在工件顶面、对称中心上，编程用 G54 调用零点偏置值，如图 3 - 3 所示。

2. 绘制刀具路径

（1）平面铣削。为了节约时间、提高工作效率，底面、顶面平面铣削路径采用 MDI＋JOG 工作模式，沿 X 方向走一条直线，ϕ 100mm 的直角面铣刀，完全能覆盖工件底面、顶面，重点控制工件厚度尺寸和表面粗糙度，没有必要绘制简单的刀具路径。

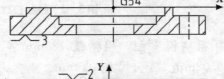

（2）孔加工。包括工艺孔 5 在内的所有孔在 XY 平面内的走刀路径为 1→2→3→4→5，如图 3 - 4 所示。

（3）型腔铣削。在 XY 平面内，用 ϕ 16mm 立铣刀铣削型腔路径为 1→2→3→4→5→6 →7→8→9→1，如图 3 - 5 所示。

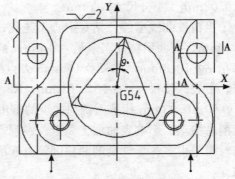

图 3 - 3　G54 工件坐标系

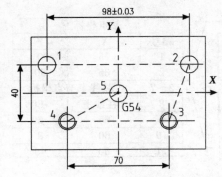

孔位坐标		
编号	X	Y
1	-49	20
2	49	20
3	35	-20
4	-35	-20
5	0	0

图 3-4 孔加工路径

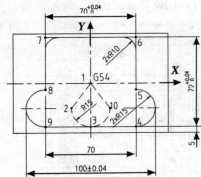

编号	X	Y	编号	X	Y
1	0	0	6	35	37
2	-15	-20	7	-35	37
3	0	-35	8	-35	-5
4	35	-35	9	-35	-35
5	35	-5	10	15	-20

图 3-5 型腔铣削路径

（4）整圆铣削。在 XY 平面内，用 $\phi 16mm$ 立铣刀铣削整圆路径为 1→2→3→逆时针整圆→3→4→1，如图 3-6 所示。

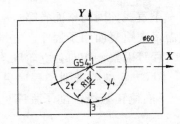

基点坐标		
编号	X	Y
1	0	0
2	-15	-15
3	0	-30
4	15	-15

图 3-6 整圆铣削路径

（5）正弦线铣削。在 XY 平面内，用 $\phi 16mm$ 立铣刀铣削右侧正弦线路径为 1→2→3→4567 正弦线→8→9→1→10→11→1，其中 1→10→11→1 不带刀具半径补偿，如图 3-7 所示。

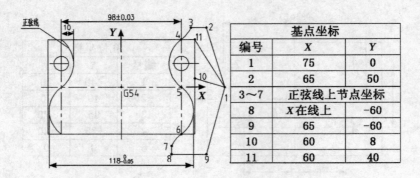

基点坐标		
编号	X	Y
1	75	0
2	65	50
3～7	正弦线上节点坐标	
8	X在线上	−60
9	65	−60
10	60	8
11	60	40

图 3-7　正弦线铣削路径

(6) 三角形型腔铣削。在 XY 平面内，用 $\phi 10\text{mm}$ 立铣刀铣削内接三角形型腔，先回正后旋转，回正路径为 1→2→3→4→5→6→3→7→1，如图 3-8 所示。

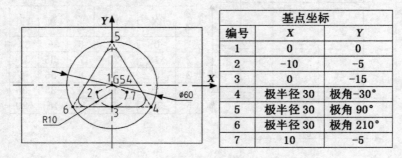

基点坐标		
编号	X	Y
1	0	0
2	−10	−5
3	0	−15
4	极半径 30	极角−30°
5	极半径 30	极角 90°
6	极半径 30	极角 210°
7	10	−5

图 3-8　三角形型腔铣削路径

3. 编写程序清单

(1) 平面铣削。平面铣削程序走一条直线，因简单而省略。

(2) 子程序。考虑到孔加工位置需多次重复而用子程序、立铣刀侧铣粗精加工、分层铣削、坐标系旋转、镜像编程等因素，相对独立轮廓均用子程序编程。图 3-4 孔加工子程序见表 3-1，图 3-5 型腔铣削子程序见表 3-2，图 3-6 整圆铣削子程序见表 3-3，图 3-7 右侧正弦线铣削子程序见表 3-4，图 3-8 三角形型腔分层铣削子程序见表 3-5。

表 3-1			图 3-4 孔加工子程序		
段号	程序内容	备注	段号	程序内容	备注
O3001；孔 1 在主程序			O3001；孔 1 在主程序		
N10	X49Y20；	孔 2	N40	X0Y0；	孔 5

段号	程序内容	备注	段号	程序内容	备注
N20	X35Y−20；	孔 3	N50	M99；	
N30	X−35Y−20；	孔 4			

表 3−2　　　　　　　　　图 3−5 型腔铣削子程序

段号	程序内容	备注	段号	程序内容	备注
O3002；刀已在点 1，φ16 立铣刀			O3002；刀已在点 1		
N10	G01G41D03X−15Y−20；	刀补到点 2	N70	G01X−35Y−5；	点 8
N20	G03X0Y−35R15；	点 3	N80	G03X−35Y−35R−15；	点 9
N30	G01X35Y−35；	点 4	N90	G01X0Y−35；	点 3
N40	G03X35Y−5R−15；	点 5	N100	G03X15Y−20R15；	点 10
N50	G01X35Y37，R10；	点 6 倒圆弧	N110	G01G40X0Y0；	取消刀补回点 1
N60	G01 X−35 Y37，R10；	点 7 倒圆弧	N120	M99；	

表 3−3　　　　　　　　　图 3−6 整圆铣削子程序

段号	程序内容	备注	段号	程序内容	备注
O3003；刀已在点 1，φ16 立铣刀			O3002；刀已在点 1		
N10	G01G4D03X−15Y−15；	刀补到点 2	N40	G03X15Y−15；	点 4
N20	G03X0Y−30R15；	点 3	N50	G40G01X0Y0；	取消刀补回点 1
N30	G03J30；	铣削整圆	N60	M99；	

表 3−4　　　　　　　　　图 3−7 右侧正弦线铣削子程序

段号	程序内容	备注	段号	程序内容	备注
O3004；刀已在点 1，φ16 立铣刀			O3002；刀已在点 1		
N10	G01G41D03X65Y50；	刀补到点 2	N90	G01Y−60；	点 8

续表

段号	程序内容	备注	段号	程序内容	备注
N20	♯1＝225；	初始角对应点3	N100	G00X65Y－60；	点9
N30	♯2＝0.5；	角度增量	N110	G40X75Y0；	取消刀补回点1
N40	♯5＝49－10＊SIN［♯1］；	节点 X 坐标	N120	G01X60Y8；	位10
N50	♯6＝♯1＊80/360；	节点 Y 坐标	N130	Y40；	点11
N60	G01X［♯5］Y［♯6］；	点3	N140	G00X75Y0；	回点1
N70	♯1＝♯1－♯2；	角度累计	N150	M99；	
N80	IF［♯1 GE－225］GOTO40；	点7			

表 3－5　　　　　　　图 3－8 三角形型腔分层铣削子程序

段号	程序内容	备注	段号	程序内容	备注
O3005；三角形回正，刀已在点1，φ10 立铣刀			O3005；三角形回正，刀已在点1，φ10 立铣刀		
N10	G91G01Z－2；	层厚 2mm	N60	Y210；	极坐标点6
N20	G90G41D04X－10Y－5；	刀补到点2	N70	G15X0Y－15；	取消极坐标点3
N30	G03X0Y－15R10；	点3	N80	G03X10Y－5R10；	点7
N40	G01G16X30Y－30；	极坐标点4	N90	G01G40X0Y0；	取消刀补回点1
N50	Y90；	极坐标点5	N100	M99；	

（3）主程序。批量加工时，只要刀库容量足够，一般一次装夹编制一条主程序，以全自动连续加工，提高生产效率。为立式切方便人机交互工作、体现加工中心自动换刀的优越性，工艺孔、底孔加工和铣削合编一条程序（表 3－6），孔加工编制另一条程序（表 3－7）。

表 3－6　　　　　　　　　底孔加工及立铣刀铣削主程序

段号	程序内容	备注
	O3011；	主程序
N10	G91G28Z0；	Z 轴回参考点

134

续表1

段号	程序内容	备注
	O3011；	主程序
N20	T01 M06；	中心钻ϕ2
N30	G00G90G54X-49Y20M03S1200F100；	点1定位，见图3-4
N40	G43H01Z5M08；	中心钻ϕ2刀长补偿
N50	G81R3Z-5；	打点1中心孔
N60	M98P3001；	打其余4个中心孔，表3-1
N70	G00G49Z-50M09；	取消钻孔循环、机上测量刀长补偿
N80	M05；	
N90	G91G28Z0；	Z轴回参考点
N100	T02 M06；	麻花钻ϕ10.2
N110	G00G90G54X-49Y20M03S700F70；	点1定位，见图3-4
N120	G43H02Z5M08；	ϕ10.3麻花钻刀长补偿
N130	G73 R3Z-20Q4；	点1钻ϕ10.3
N140	M98P3001；	钻其余4个孔，表3-1
N150	G00G49Z-50M09；	取消钻孔循环、刀长补偿
N160	M05；	
N170	G91G28Z0；	Z轴回参考点
N180	T03M06；	立铣刀ϕ16
N190	G00G90G54X0Y0M03S400F60；	点1定位，图3-5；准备粗铣型腔
N200	G43H03Z5M08；	
N210	G01Z-4；	切深，深度未留精加工余量，Z向对刀要精准
N220	M98P3002；	型腔粗加工，表3-2，D3=8.3，精铣D3=？
N230	G01Z-8；	铣圆切深，图3-6
N240	M98P3003；	圆腔加工，表3-3
N250	G00Z5；	
N260	X75Y0；	点1定位，图3-7，准备铣右侧正弦线

续表 2

段号	程序内容	备注
	O3011;	主程序
N270	G01Z－4;	切深
N280	M98P3004;	右侧正弦线加工, 表 3-4
N290	G00Z5;	抬刀到安全高度
N300	X－75Y0;	点 1 定位、准备铣左侧正弦线
N310	G01Z－4;	切深
N320	G51.1X0;	镜像功能, Y 轴对称
N330	M98P3004;	左侧正弦线加工, 见图 3-7、表 3-4
N340	G00G50.1G49Z－50M09;	取消刀长补偿、取消镜像功能
N350	M05;	
N360	G91G28Z0;	Z 轴回参考点
N370	T04M06;	立铣刀 ϕ 10
N380	G00G90G54X0Y0M03S500F40;	点 1 定位, 图 3-8
N390	G43H04Z－7.5M08;	ϕ 10 立铣刀刀长补偿
N400	G68X0Y0R－9;	坐标旋转功能
N410	M98P43005;	分 4 层加工三角形, 表 3-5, D04＝5
N420	G00G49G69Z－50M09;	取消刀长补偿、坐标旋转功能
N430	M05;	
N440	G91G28Z0;	
N450	T00 M06;	
N460	M30;	Z 轴回参考点

表 3-7　　　　　　　　　　　　孔加工程序

段号	程序内容	备注
	O3012;	主程序
N10	G91G28Z0;	Z 轴回参考点
N20	T05 M06;	扩孔麻花钻 ϕ 11.7

136

段号	程序内容 O3012；	备注 主程序
N30	G00G90G54X－49Y20M03S700F60；	点1定位，见图3-4
N40	G43H05Z5M08；	∮11.7扩孔钻刀长补偿
N50	G81R－3Z－20；	点1
N60	X49Y20；	点2
N70	G00G49Z－50M09；	取消刀长补偿
N80	M05；	Z轴回参考点
N90	G91G28Z0；	
N100	T06 M06；	锪钻∮16.5×90°
N110	G00G90G54X－49Y20M03S300F30；	点1定位，见图3-4
N120	G43H06Z5M08；	刀长补偿
N130	G81 R－3 Z－10；	点1倒角，必要时试切
N140	M98P3001；	其他倒角，表3-1，位置（0，0）已空，不会倒角
N150	G00G49Z－50M09；	取消刀长补偿
N160	M05；	Z轴回参考点
N170	G91G28Z0；	
N180	T7M06；	铰刀∮12H8
N190	G00G90G54X－49Y20M03S200F100；	点1定位，见图3-4
N200	G43H07Z5M08；	刀长补偿
N210	G85 R－3 Z－20；	点1
N220	X49Y20；	点2
N230	G00G49Z－50M09；	取消刀长补偿
N240	G91G28Z0；	Z轴回参考点
N250	M05；	
N260	T08M06；	丝锥 M12-6H
N270	G00G90G54X35Y－20M03S200F350；	点3定位，见图3-4

续表2

段号	程序内容 O3012;	备注 主程序
N280	G43H08Z5M08;	刀长补偿
N290	G84R5Z-20;	点3
N300	X-35Y-20;	点4
N310	M05;	
N320	G00G49Z-50M09;	取消刀长补偿
N330	G91G28Z0;	Z轴回参考点
N340	T00M06;	主轴上刀具换回刀库
N350	M30;	

四、操作加工

1. 选择机床

进入数控仿真系统,见图1-8。→【机床】→【选择机床】或【 ⚏ 】,

弹出"选择机床"对话框,如图3-9所示。→【⊙FANUC】FANUC 0i→【⊙立式加工中心】北京第一机床厂 XKA714/B→【确定】,显示机床外形、数控系统 MDI 面板和机床操作面板,如图3-10所示。尽管机床没有"条件"中的大,但不影响模拟加工。

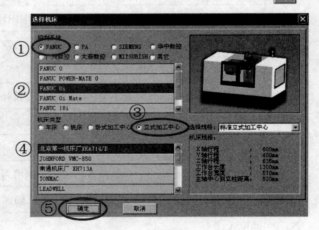

图3-9 选择机床

138

图 3 - 10　立式加工中心仿真画面

2. 设置仿真系统状态

设置选项应尽可能接近实际机床，也要方便观察加工过程等。

(1) 设置视图选项。图 3 - 10 中，→【视图】→【选项】或【🖰】，弹出"视图选项"对话框，如图 3 - 11 所示。→【☑声音开】→【☑铁屑开】→【□显示机床罩子】。去掉机床罩子可以更加清楚地观察机床的运动过程，【□声音开】可以安静环境。

(2) 设置系统。图 3 - 10 中，→【系统管理】→【系统设置】，弹出"系统设置"对话框，如图 3 - 12 所示。→【公共属性】→【☑保持回参考点标志灯】→【☑回参考点之前可以空运行】→【☑回参考点之前可以手动操作机床】→【☑回参考点之后取消由程序设置的工件坐标系】→【应用】→

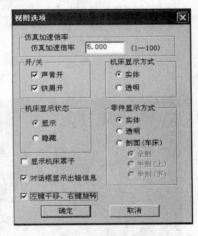

图 3 - 11　选项画面

【FANUC 属性】→【□没有小数点的数以千分之一毫米为单位】→【☑必须使用 G28 回到换刀点后才能换刀（加工中心）】→【应用】→【退出】。

3. 开机

图 3 - 13 中，→1【紧急停止】→2【启动】，CRT 显示"现在位置"画面，表示机床启动就绪。图中"－X＋"有误，应为"＋X′－"。

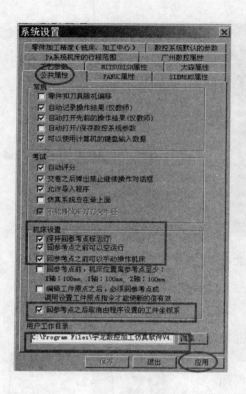
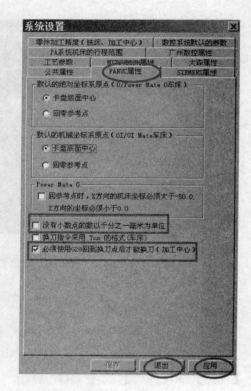

图 3-12 系统设置画面

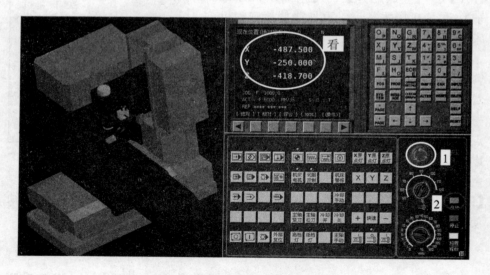

图 3-13 开机画面

4. 返回参考点

图 3-14 中，→1【回原点方式】→2【Z】→3【+】，Z 轴回参考点。回到参考点的同时，看"Z 原点灯"亮。同理 X、Y 轴回零。回参考点、回零、回原点意义相同。

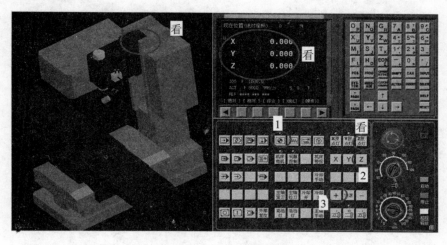

图 3-14 返回参考点画面

回零后，机床各坐标运动部件处于极限、悬空位置，应用 JOG 等方式移动到中间位置后，再做其他工作，防止机床变形，这是实际操作机床的良好习惯。

5. 装夹工件

（1）定义毛坯。图 3-10 中，→【零件】→【定义毛坯】或【◻】，弹出"定义毛坯"对话框，如图 3-15 所示。→【名字】正弦板→【材料】低碳钢→【形状】长方形→120、80、18→【确定】。

（2）工件装在夹具上。图 3-10 中，→【零件】→【安装夹具】或【▦】，弹出"选择夹具"对话框，如图 3-16 所示。→【选择零件】正弦板→1【选择夹具】平口钳→2【向上】到顶为止→3 看→4【旋转】→5 看→6【确定】。

（3）夹具装在机床上。图 3-10 中，→【零件】→【放置零件】或【▧】，弹出"选择零件"对话框，如图 3-17 所示。→1 点选"正弦板"→2【安装零件】→3【旋转】→4 看→5【退出】，装有工件的夹具装在机床上了，且工件坐标系与机床坐标系同向平行。

实际操作加工时，工作次序是先装夹具、后装工件。

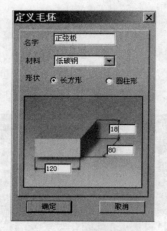

图 3-15　定义毛坯

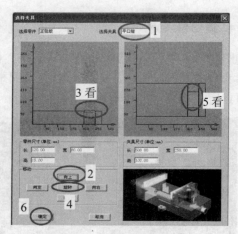

图 3-16　工件装在虎钳上

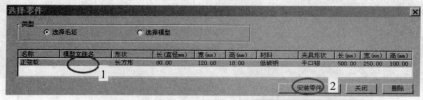

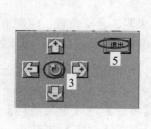

图 3-17　虎钳装在机床上

6. 装刀

刀具组可以装在机床主轴上，也可以直接装入刀库。已知刀具尺寸后就直接装在刀库中；机上测量、对刀时逐一装在主轴上。刀具编号见表 3-8，与程序匹配。

表 3-8　　　　　　　　　　　　　　刀具编号

刀具	编号	长度补偿	半径补偿	仿真缺刀备注
中心钻φ2	T01	H01		与实际刀不相同

刀具	编号	长度补偿	半径补偿	仿真缺刀备注
麻花钻ϕ10.3	T02	H02		ϕ10麻花钻代替
立铣刀ϕ16	T03	H03	粗D03＝8.3、精D03＝?	
立铣刀ϕ10	T04	H04	D04＝5	
扩孔钻ϕ11.7	T05	H05		ϕ11麻花钻代替
锪钻ϕ16.5×90°	T06	H06		ϕ16麻花钻代替
铰刀ϕ12H8	T07	H07		ϕ12立铣刀代替
丝锥M12-6H	T08	H08		ϕ12麻花钻代替

图3-10中，→【机床】→【选择刀具】或【■】，弹出"选择刀具"对话框，如图3-18所示。→1【所需刀具直径】2→2【选择所需刀具类型】钻头→3【确认】→4【已经选择的刀具】1→同理选择所有刀具→5【撤除主轴刀具】→6【确认】，所有刀具装在刀库中规定刀套内，"已经选择的刀具"序号就是机床刀库刀套的编号，也是编程的刀具号。

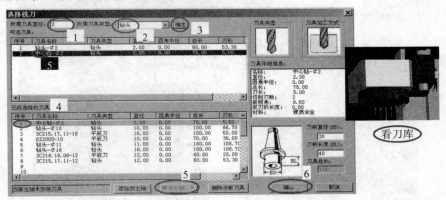

图3-18 选择刀装刀画面

7. 对刀设定零点偏置值

工件四周不许划伤，X、Y向用寻边器接触对刀。

(1) 装寻边器。图3-10中，→【机床】→【基准工具】或【✛】，弹出，弹出"基准工具"选项框，如图3-19所示→点选ϕ10→【确定】，偏心寻边器直接装到机床主轴上。

(2) 测量数据设定：①测量工件左侧X向对刀：如图3-20，→【手动】→转动主轴→1【手轮】移动寻边器到工件左侧附近→调整倍率、继续移动，使寻边器同轴后再分离的位置→2 看 →3 看→4【OFFSET SETTING】→【坐标系】→6【光标】G54X→7 键入 X-65(-65=-(10/2+120/2))→8【测量】，G54X 零点偏置值设定完毕，为-280.008。同理设定 Y 为 -234.982。

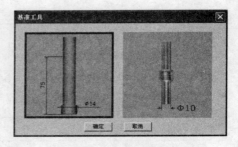

图 3-19 选择基准工具画面

(3) Z 方向对刀：直接在图 3-20 中 01 (G54) 存储器 Z 位置上输入 0。

主轴停→【机床】→【拆除工具】，从主轴上拆除寻边器。

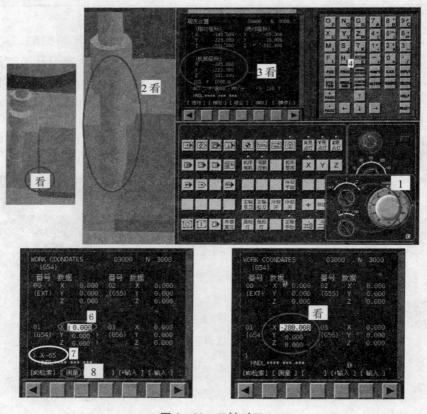

图 3-20 X 轴对刀

8. 对刀设定刀具补偿值

(1) 长度。如图 3-21，→1【MDI】→2【PROG】→3 键入 G91G28Z0；T01M06；→4【RESET】→5【循环启动】→6【手轮方式】→7【手轮】刀尖

接触工件顶面→8 看→9 看→10【OFFSET SETTING】→【补正】→12【光标】番号 001→13 键入 Z0→14【测量】，T01 长度补偿值设定完毕→15 看→16【MDI】→17【PROG】→18 键入 G91G28Z0；T00M06；→19【循环启动】，刀具送入刀库，同理设定其他刀具。刀具补偿画面如图 3-22 所示。

（2）直径。在图 3-22 刀具补偿画面的形状（D）项，直接输入粗加工 T03、T04 的半径补偿值 8.3、5。

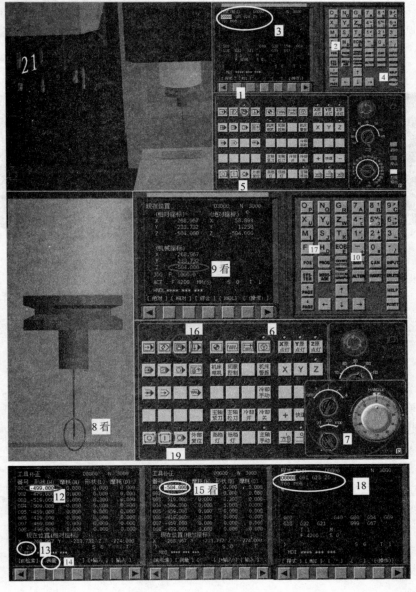

图 3-21　对刀设定刀具长度

9. 输入编辑程序

→【编辑】→【PROG】→键入程序号，如 O3011 →【INSERT】→【EOB】→【INSERT】→键入所有程序段，如图 3－23所示。

图 3－23 所示程序画面与前述文本略有不同。一是仿真加工时，孔加工固定循环的 F 要写入其本身程序段才起作用，如 N50、N130 写入了 F；提前赋值不起作用，

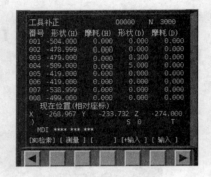

图 3－22　刀具补偿画面

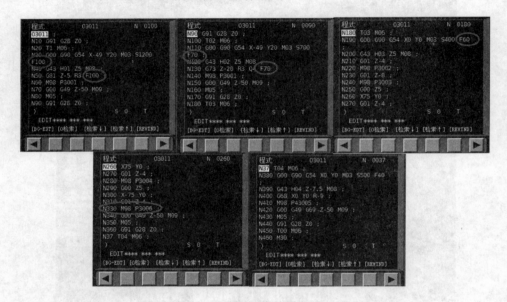

图 3－23　程序 O3011

如 N30、N110 中的 F 不起作用；其他插补时 F 提前赋值起作用，如 N190 中的 F 起作用但 G00 无用了，有些混淆不清。实际的机床还要混乱，要注意实地确认。总之 F 置于需要的程序段，不要提前赋值，总是对的。二是省略了 N320，N330 中的子程序 O3004 改成了 O3006 加工左侧曲线新程序，如图 3－24所示。N340 中取消了 G50.1。不用镜像有两个原因：一是本仿真无镜像功能；二是对于绝大多数机床，镜像加工零件表面粗糙度极低，严重影响加工质量。

同理，输入其他所有程序，程序列表见图 3－25。

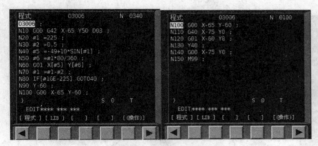

图 3-24　新增程序 O3006　　　　　　图 3-25　程序列表

10. 自动加工

（1）校验程序。如图 3-26 所示，→【编辑】→【PROG】→键入程序号，如 O3011→向右光标键→【自动】→【CUSTOM GRAPH】→【机械锁紧】→【循环启动】。

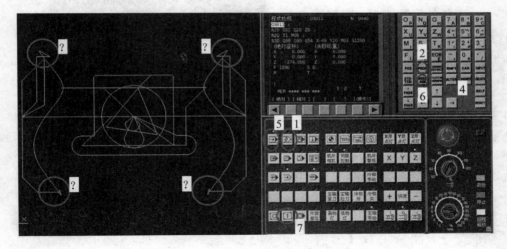

图 3-26　校验程序

程序格式正确，但四个拐角？刀路不理想，有的机床会发生过切等程序报警，最好采用圆弧相切过渡。不过这里的仿真可以正常运行，路径显示正确，程序格式无误。

（2）自动运行。先执行 O3011，后执行 O3012，并注意型腔粗加工后实测补偿，要控制铰孔、螺纹底孔直径，防止精加工无法挽救精度误差。仿真加工如图 3-27 所示。

图中"1?"是仿真软件所致残留孤岛，实际已悬空掉落不存在了。"2?"本来是 45°倒角却成了沉孔，是平底成形刀具所致，仿真软件刀具种类极其有限，尚不完善。

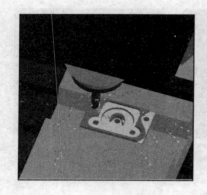
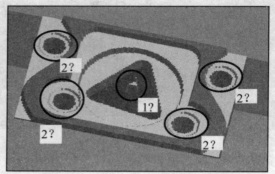

图 3 - 27　自动加工

11. 测量补偿精加工

工件的型腔铣削、圆腔铣削、左右正弦曲线铣削加工是在 ϕ 16 立铣刀采用刀具半径补偿值为 8.3（见图 3 - 22）时加工完成的，这些加工部位的侧壁都留有加工余量，需通过修正刀具半径补偿值的方式来调整轮廓加工精度、进行精加工。

→【测量】→【剖面图测量】，弹出如图 3 - 28 所示对话框。→1 测量工具【⊙内卡】→2 测量方式【⊙水平测量】→3 选择坐标系【G54】

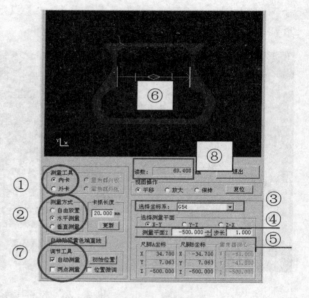

图 3 - 28　仿真测量画面

→4 选择测量平面【X—Y】→5 测量平面 Z【500】→6 点击调整卡爪位置→7 调节工具【☑ 自动测量】→8 读数【69.4】→【退出】。

本案例型腔内腔要求为 $70^{+0.04}_{0}$，取其中值为 70.02。工件粗加工后的实测尺寸为 69.4，则精加工余量为（70.02－69.4)/2＝0.31mm。所以精加工刀具半径补偿值应为 D03＝8.3－0.31＝7.99mm。

深度测量方法相同，获得型腔粗加工后的深度值。

轮廓尺寸修改 D03、深度尺寸修改 H 后，进行精加工。

五、相关知识

1. 建立曲线方程

标准正弦曲线方程 $y=\sin(x)$，是自变量为 x、周期为 $2\pi=360°$、振幅为1、y 值域为（−1，1）的周期函数，见图3-29。

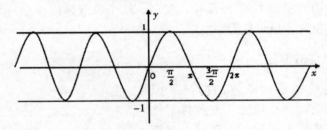

图3-29 正弦曲线

本案例对照标准正弦曲线方程，$x=10\sin(\sharp 1)$，要加工正弦曲线的自变量为 y、周期为80，对应标准方程的 $360°$，需要把 y 转化成关于 $\sharp 1$ 的角度。曲线上任意点的 y 坐标为 $80/360=y/\sharp 1$，$y=\sharp 1 \times 80/360$，考虑延长曲线，$-225°\leqslant \sharp 1 \leqslant 225°$。编程时，曲线方程的坐标值必须换算成工件坐标系中的坐标值，任一点坐标为 $X=49-10*SIN[\sharp 1]$、$Y=\sharp 1 \times 80/360$。

2. 极坐标编程

加工呈径向分布、以极坐标形式标注尺寸的零件形状，采用极坐标编程十分方便。正因为如此，现代数控系统一般都具有极坐标编程功能，是否是基本功能，需要在订货时确认。

极坐标在 G17、G18、G19 平面内有效，在选定平面的两坐标轴中，第一轴上确定极半径，第二轴上确定极角，如图3-30所示。极角单位是度，不用分秒形式，编程范围 $0\sim\pm 360°$。第一坐标轴正方向的极角是零度，逆时针旋转为正，顺时针旋转为负。极坐标编程指令格式如下：

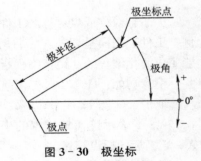

图3-30 极坐标

极坐标编程：$$G16\begin{cases}X\underline{\quad}Y\underline{\quad}\\Z\underline{\quad}X\underline{\quad}\\Y\underline{\quad}Z\underline{\quad}\end{cases};$$

极半径　极角

取消：G15；

G16 仅仅是点的坐标的表达形式之一，点到点的轨迹由运动指令 G 代码决定。用绝对值 G90 程编时，极点位置为工件零点，工件零点到极坐标点之距为极半径；用增量值 G91 编程时，极角、极半径遵循终点坐标减去起点坐标规则，现在位置为极点位置。

3. 坐标系旋转编程

坐标系旋转指令在给定的插补平面内，可按指定旋转中心及旋转方向将工件坐标系和工件坐标系中的加工形状一起旋转给定的角度，坐标系旋转参数如图 3-31 所示，编程指令格式如下。

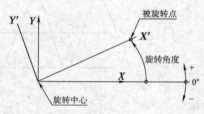

图 3-31　坐标系旋转

坐标系旋转：$$G68\begin{cases}G17\\G18\\G19\end{cases}\begin{cases}X\underline{\ }Y\underline{\ }\\Z\underline{\ }X\underline{\ }\\Y\underline{\ }Z\underline{\ }\end{cases}R\underline{\ };$$

取消：G69；

X、Y、Z 为旋转中心坐标，模态量，绝对坐标值。当 X、Y、Z 省略时，G68 指令认为当前刀具中心位置即为旋转中心。G68 所在程序段要指令两个坐标才能确定旋转中心。紧接着 G68 的下一段也用 G90 编程，G68 后的第三条开始用 G91 翻到方便。

4. 镜像编程

关于轴对称或点对称的工件轮廓，可以用镜像功能简化编程。例如：本案例中工件上表面呈现的左、右两条关于 Y 轴对称的正弦曲线，就是采用此功能完成简化编程的。镜像编程指令格式：

镜像功能：G51.1 X$\underline{\ }$ Y$\underline{\ }$；

取消：G50.1；

X、Y 表示镜像轴或点的坐标。X 坐标，Y 轴镜像；Y 坐标，X 轴镜像；X、Y 坐标，原点镜像。

使用镜像功能时，要求机床反向间隙很小，否则加工表面粗糙度很低，轮

150

廓不光滑，严重时会报废，不建议使用。另外，当工件呈对称结构但轮廓连续、走刀路径在工件对称点上人为折断的情形，不适用镜像功能。

5. 子程序分层编程

当铣削加工型腔较深或凸台较高、一次切深不能完成工件加工时，可将工件全高（深）度分几层进行加工，在编程上表述为子程序分层加工。具体办法是：

（1）编制轮廓子程序。将工件平面加工轮廓编成子程序，该子程序的路径一定要"首-尾"相接，形成封闭路径。如

O301；轮廓子程序

（2）编制层厚模型子程序。Z轴方向编程用增量，即 G91G01Z____，Z 表示分层厚度，编排在轮廓子程序前，即下刀一层深度后、调用轮廓子程序铣削一层。如

O302；层厚模型子程序

G91G01Z____；层厚

M98P301；轮廓子程序

（3）调用层厚模型子程序。分层厚度乘以层厚模型子程序调用次数就是总加工厚度。编程时，每层厚度必须相同，调用次数必须是整数。如果调用次数不能整除总加工厚度，可用下刀点高度来调节。如槽深 15，下刀点高度从高出槽口平面 1 计算，分 4 层加工完，即每层厚度 4，详见图 3-32。利用这一办法预留工件底面精加工余量非常方便。

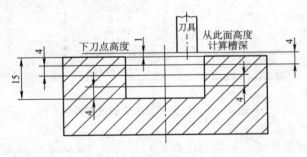

图 3-32　层厚计算

6. 顺序选刀换刀方式

顺序选刀换刀方式是加工中心的常用换刀方式之一，是将当前主轴上的刀具放回刀库原刀套位置后，刀库旋转选择新刀具到换刀位置后，由主轴箱直接换刀到主轴上。刀库在选择新刀具旋转的同时，主轴上没有刀具，也就是说选

刀与加工不能同时进行，选刀时间不能从加工时间中分离出来，影响加工效率，但刀库中的刀套号和刀具号始终——对应，保持不变，不会混乱。在机床结构上，一般没有机械手只有刀库，换刀时由主轴直接与刀库间交换刀具，换刀的编程是：

T__M06；T是刀具号。

7. 刀具长度补偿

刀具长度补偿有机上测量刀具长度不补偿、机上测量刀具长度补偿、机外测量刀具长度补偿三种方法。

（1）机上测量刀具长度不补偿。机上测量刀具长度不补偿，如图3-33所示，就是找正夹紧工件后，将刀具装在主轴（测量基点）上，刀位点接触到 Z 向工件零点平面，看机床坐标（MACHINE）。如图3-33所示，Z -327.227，输入到零点偏置存储器（G54～G59）内，这实际上是把刀具的长度叠加到了工件厚度上了，用 Z 向零点偏置值来综合体现刀具长度和工件坐标系原点位置，间接补偿了刀具长度，但实际刀具长度并不知晓，也没有必要知道。编程格式 Z__。Z 是 Z 向刀位点运动到工件坐标系中的坐标值，常作为下刀安全高度。刀具补偿存储器中有无数据不影响编程。

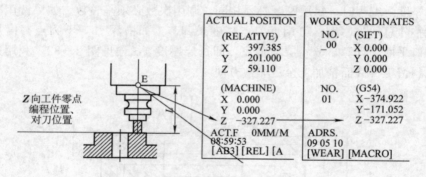

图3-33 机上测量刀具长度不补偿

机上测量刀具长度不补偿的优点是对刀简单，Z 向零点偏置测量和刀具长度测量一次同时完成。缺点是：

①用几把刀具，就需要占用几个零点偏置寄存器（G54～G59），所以刀具数量多时不方便；

②不知道刀具实际长度，更换工件品种轮番加工时，通用刀具也得重新对刀测量，相应得更改零点偏置值。可见机上测量刀具长度不补偿适用于少刀加工场合。

（2）机上测量刀具长度补偿。机上测量刀具长度就是找正夹紧工件，装好

152

要测量刀具（如 T01）后，将刀位点接触到 Z 向工件零点平面，看机床坐标（MACHINE）。如 Z－327.227，输入到刀具补偿存储器中，如图 3－34 所示（图示为 1 号刀具几何长度补偿值的测量与设定），编程时用规定的 H 代码调用即可。编程格式

刀具长度补偿 G43H _ Z _；H 就是"NO."号

取消 G49；

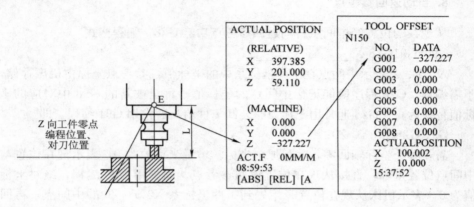

图 3－34　机上测量刀具长度补偿

可见刀具长度补偿值再不占用零点偏置存储器 G54～G59，刀具长度补偿存储器很多，足够用，这对于加工中心这类多刀自动换刀机床，应用极为方便。但如此测量的刀具长度补偿值是相对值，更换工件品种后，需重新测量对刀；此外机上测量刀具多了，占用加工时间。

Z 向零点偏置值是这样设定的：将机床返回参考点时的 Z 坐标值输入到编程所用工件坐标系 Z 向零点偏置存储器，若机床返回参考点后，测量基点在机床坐标系中的坐标值 Z0，假定工件坐标系用 G54，就将 Z_{G54} 设置成 0。

（3）机外测量刀具长度补偿。所谓机外测量刀具，就是用专门的对刀仪测量刀具实际尺寸，预先通过操作面板输入刀补存储器中，编程时用相应的 H 代码调用即可。编程格式同机上测量刀具长度补偿，但零点偏置值必须实测设定，如图 3-35 所示。

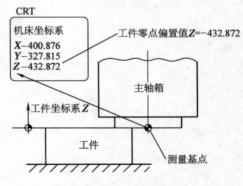

图 3－35　零点偏置值测量

刀具长度补偿 G43H _ Z _；

取消 G49；

机外测量刀具不占用机床，测得的刀具长度、直径都是绝对值，更换被加

工零件之后，通用刀具不需要重新对刀，只要重新测量工件零点即可，一个缺点是需要购置对刀仪。

与刀具半径补偿一样，刀具长度补偿也分为几何补偿和磨损补偿，几何值与磨损值代数和后综合补偿。使用经验是几何补偿一般为测量值，磨损补偿值一般为切削加工的修正值，便于观察刀具寿命。

8. 自动返回参考点

从现在的位置经中间点自动返回参考点功能 G28，编程格式

G90/G91G28 X＿＿＿ Y＿＿＿Z＿＿＿；

X、Y、Z 表示中间点在工件坐标系中的坐标值，参考点坐标由机床存储，不需编程。G28 程序段能记忆中间点的坐标值，直至被新的 G28 中对应的坐标值替换为止。G28 通常用于换刀、装卸工件前，通常用 G91 编程，即

G91 G28 X0 Y0 Z0；

需要哪个坐标轴回零，就写那个坐标。增量坐标值为 0，表示现在位置与中间点位置重合，直接从现在位置返回参考点。如果用 G90 编程，绝对坐标值为 0，表示机床从现在位置开始先到工件坐标系 X0 Y0 Z0 的中间点，再回到参考点，如果工件坐标系 X0 Y0 Z0 的位置不合适，必将发生严重干涉，甚至造成事故，需特别谨慎。

案例四 二孔盘类零件配合数控镗铣加工

一、案例任务

（一）零件图样

二孔盘类零件配合数控镗铣加工图样，如图4-1、图4-2、图4-3所示。

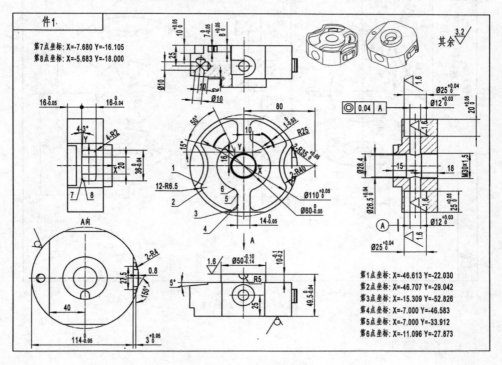

图4-1 件1图样

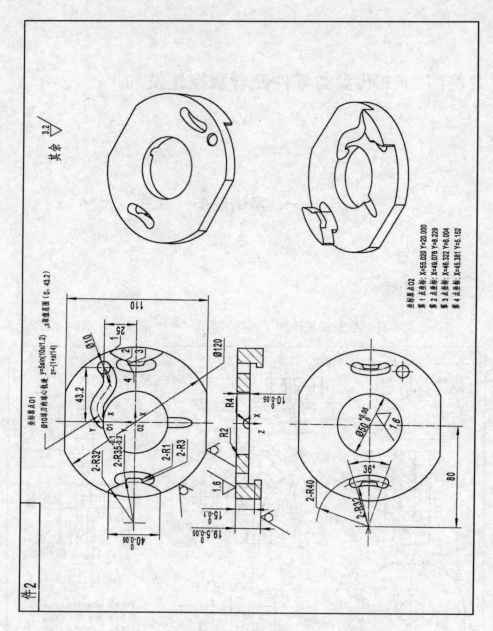

图 4-2　件 2 图样

（二）任务要求

（1）加工图 4-1～图 4-3 工件 1 套。

156

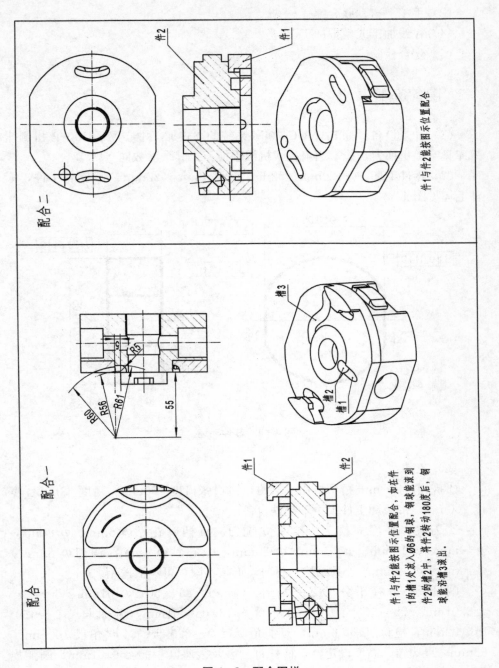

图 4-3　配合图样

（2）工艺设计。

157

（3）手工、自动联合编程。

（4）在线加工或模拟加工。

（5）配合检验。

（三）配备条件

（1）加工设备：配 FANUC - 0iM 系统的立式加工中心 VM850，该机侧挂刀库具有随机换刀功能，用扁担式机械手换刀，其余参数同 XH715。

（2）零件毛坯：ϕ120mm×52mm、ϕ120mm×22mm、45 钢各 1 件，零件毛坯见图 4 - 4。

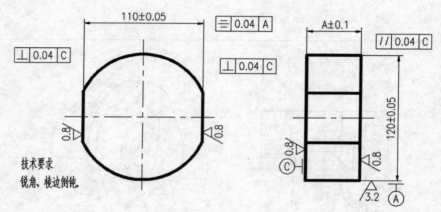

图 4 - 4　零件毛坯

（3）工装：

①虎钳：200mm 精密机用平口钳，钳口张口度 160mm、高度 63mm、宽度 200mm，带装卸工件扳手，垫铁自备。

②刀具：平底立铣刀、球头立铣刀、直柄麻花钻ϕ6mm、ϕ8mm、ϕ10mm、ϕ12mm、ϕ16mm、ϕ20mm，中心钻ϕ4mm，铰刀ϕ8mm、ϕ10mm、ϕ12mm。刀具结构、材料、形状不限，可灵活选用。

③量具：外径千分尺 0～25±0.01mm、25～50±0.01mm、50～75±0.01mm、75～100±0.01mm、100～125±0.01mm，游标卡尺 0～150±0.02mm，检验钢球ϕ6mm，万能角度尺 0～320°±2′、90°角尺 100mm×63mm，寻边器、高度设定器，杠杆百分表及表座 0～0.8±0.01mm，圆弧规 R1～7mm、R7～25mm，粗糙度样板 Ra1.6、Ra3.2。

④辅具：配套刀柄、拉钉，垫铁，钢板尺 150±0.5mm，钳口铜垫，铜锤，锉刀 200mm（4 号丝），活扳手 300mm×36mm，搽洗工件、手等用具。

（4）电脑：台式电脑、Acad 软件、UGNX8、数控仿真加工软件、白纸、计算器、笔。

二、工艺设计

（一）分析装配工艺、确定零件加工次序

根据任务图样要求，件 1 和件 2 加工完成后需做配合检验。

配合一：件 1 的 $\phi 50_{-0.14}^{-0.10}$ mm 凸台外径和件 2 的 $\phi 50_{0}^{+0.05}$ mm 孔径为基孔制间隙配合，同时用 $\phi 6$mm 钢球检验件 1、件 2 的球形槽精度和两件配合对接精度，保证钢球滚动畅通。

配合二：在确保件 1、件 2 圆弧中心距 160mm 对称的基础上，件 1 的 R $35_{0}^{+0.05}$ 凹圆弧与件 2 的 $R 35_{-0.2}^{-0.1}$ 凸圆弧间隙配合。

先加工件 1 后加工件 2。以上两次配合中，都是件 1 上的尺寸精度高、件 2 上的相对低，件 1 的加工量明显比件 2 大得多、分数相应高得多，所以先按件 1 图样要求加工合格、后加工配合件 2。配合过程中，如需在加工精度范围内调整配合尺寸，则由于件 2 上的尺寸公差要求较松，调整余地大，适宜加修。

（二）零件加工工艺设计

1. 设计件 1 加工工艺

（1）工装分析。

①刀具。从提供的刀具清单看，没有镗刀，精度高的孔也用铣刀加工。各种立铣刀包括球刀工作量最大，要求耐磨、刚性好，有的工序要以铣代镗，刀具精度要高，选用 3 刃刀具、平稳切削，其中 $\phi 12$mm、$\phi 10$mm、$\phi 8$mm、$\phi 6$mm 用硬质合金整体立铣刀，防止断刀，提高加工效率，其他立铣刀、中心钻、麻花钻、铰刀用高速钢材料；补选 $\phi 80$mm 可转位硬质合金刀片直角端铣刀铣大平面、$\phi 25$mm 锥柄麻花钻头钻孔，应该补选可转位硬质合金刀片螺纹铣刀铣削大螺纹孔，但其直径有限，选用内螺纹车刀代用。

②量具。从提供的量具清单看，$0\sim150\pm0.02$m 的游标卡尺，对某些检验部位的测量，卡脚可能长度不够，需多备一把 $0\sim200\pm0.02$m 的游标卡尺。

零件需要卡尺测量的精度较高，选用带表游标卡尺、深度尺，便于读数。

③辅具。要根据所用平口钳、工件大小和装夹定位方式、对刀方式等，特别精心装备可能用到的各种垫铁和钳口宽度侧使用的工件定位手动挡板。

（2）确定装夹方案、划分加工工序。

①确定装夹方案。多次装夹加工，尽量采用基准统一原则，以降低定位误差，提高装夹精度。主要以主视图大平面、左视图顶面为定位基准，在不同的工序中进行适当的变通来确定装夹定位方案。

②划分加工工序。单件加工，宜用工序集中原则，有利于保证各加工要素间的位置精度、减少装夹辅助时间、提高工效。以一次装夹划分一道工序的原则，集中加工零件上垂直于主轴平面上的孔、立面、平面等内容，共划分 7 道工序完成件 1 的数控加工，下面详述。

工序 10：钻铣。工步安排见表 4-1，主视图大平面 P 如图 4-5 所示，靠紧虎钳死口立面限制 3 个自由度，工件悬空装夹，左视图顶面 M 如图 4-5 所示，拉表找平限制 2 个自由度，钳口右侧面挡板一点接触限制 1 个自由度，工件处于完全定位状态，钻铣左视图顶面孔系，其中 $\phi 25^{+0.04}_{0}$ mm 孔因没有刃宽 6.5mm 以上的平底镗刀，以铣代镗。$\phi 12^{+0.03}_{0}$ mm 做通，保证自身两段的同轴精度，也能作为工序 20 翻身装夹的多种基准。

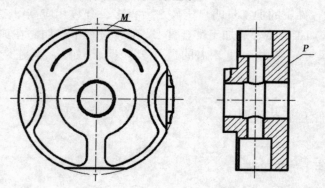

图 4-5　主要定位基准

工序 20：铣。工步安排见表 4-2，P 面靠紧虎钳死口立面限制 3 个自由度，零件翻身掉头、M 面落地靠死虎钳水平基准面限制 2 个自由度，钳口右侧面挡板一点接触限制 1 个自由度，铣左视图底面孔。定位基准应统一，要控制与工序 10 孔系的同轴精度。

工序 30：铣。工步安排见表 4-3，P 面靠紧虎钳死口立面限制 3 个自由度，M 面靠死钳口右侧面挡板限制 2 个自由度，圆柱面落地靠死虎钳水平基准面限制 1 个自由度，铣右视图 36×16 凸台。考虑到对称等因素，主要尺寸转化为平均尺寸。

工序 40：钻铣。工步安排见表 4-4，M 面靠紧虎钳死口立面限制 2 个自由度，P 面的对面落地靠死虎钳水平基准面限制 3 个自由度，侧面小凸台靠死钳口右侧面挡板限制 1 个自由度，铣钻综合加工主视图，其中要特别注意薄壁孤岛加工变形或被推倒的可能，采用高速、小背吃刀量加工措施应对。

工序 50：铣。工步安排见表 4-5，P 面落地靠死虎钳水平基准面限制 3 个自由度，M 面靠紧虎钳死口立面限制 2 个自由度，侧面圆柱靠死钳口右侧面挡板限制 1 个自由度，铣 A 向视图，即 P 面的对面。

工序 60：钻。工步安排表 4-6，P 面靠紧虎钳死口立面限制 3 个自由度，M 面靠死钳口左侧面挡板或拉表找正限制 2 个自由度，小凸台落地靠死虎钳水平基准面限制 1 个自由度，钻仰视图上水平方向 ϕ 10mm 孔。

工序 70：钻。工步安排见表 4-7，M 面靠紧虎钳死口立面限制 3 个自由度，工件悬空装夹，5°斜面找平限制 2 个自由度，不完全定位，钻 5°斜面上 ϕ 10mm 孔。5°斜面找平难度较大，从上往下敲击找平相对容易。

尽管件 1 定位基准比较统一，但是其主要尺寸、配合尺寸还是以设计中心对称基准为主，加工时须予以高度重视。

表 4-1

件 1_工序 10_钻铣

机械加工工序卡片

产品型号		零件图号			共 12 页
产品名称		零件名称	件 1		第 1 页

车间	工序号 10	工序名称 钻铣	材料牌号 45	每台件数	同时加工件数
毛坯种类	毛坯外形尺寸 ϕ120×50×110	每毛坯可制件数		切削液 乳化液	
设备名称 立式加工中心	设备型号 VM850	设备编号		工序工时(分) 准终 单件	
夹具编号	夹具名称 机用虎钳				
工位器具编号	工位器具名称				

工步号	工步内容	工艺装备	主轴转速 r/min	切削速度 m/min	进给量 mm/min	切削深度 mm	进给次数	工步工时 机动	辅助
1	钻中心孔、深 5mm	中心钻 ϕ4mm	1500	18.84	80	5			
2	钻 $\phi 12^{+0.03}_{0}$ 孔底孔 ϕ10mm，通	长麻花钻 ϕ10mm	700	21.98	70	110			
3	扩 $\phi 12^{+0.03}_{0}$ 孔至 ϕ11.7±0.1mm，通	长麻花钻 ϕ11.7mm	650	22.59	70	110	12		

				设计(日期)	校对(日期)	审核(日期)	标准化(日期)	会签(日期)
标记	处数	更改文件号	签字	日期	标记	处数	更改文件号	签字 日期

162

续表

机械加工工序卡片

车间		产品型号		零件图号			
		产品名称		零件名称		共12页	第2页

车间	工序号	工序名称	设备名称	设备型号	设备编号	同时加工件数	每台件数
立式加工中心	10	钻铣		VM850			

材料牌号	毛坯种类	毛坯外形尺寸	每毛坯可制件数	夹具编号	夹具名称	切削液
45		Φ120×50×110	件1		机用虎钳	乳化液

工步号	工步内容	工艺装备	主轴转速 r/min	切削速度 m/min	进给量 mm/min	切削深度 mm	进给次数	工步工时 机动	工步工时 辅助
4	粗铣 $\phi 25^{+0.04}_{0}$、深 $20^{+0.05}_{0}$ 阶梯孔至 $\phi 24.7\pm0.05$mm，深 19.8 ± 0.05mm	游标卡尺 0~150±0.02mm 立铣刀 ϕ16mm 游标卡尺 0~150±0.02mm 深度尺 0~200±0.02mm	500	25.14	90	19.8	5		
5	精铣 ϕ $25^{+0.04}_{0}$ mm Ra1.6、深 $20^{+0.05}_{0}$ mm Ra3.2 阶梯孔成	立铣刀 ϕ16mm 内径百分表 18~35mm 外径千分尺 0~25mm	500	25.14	80	20	5		
6	铰 $\phi 12^{+0.03}_{0}$ mm Ra1.6 孔通	铰刀 ϕ12H8mm 内径百分表 10~18mm	300	11.304	100	110			

	设计（日期）	校对（日期）	审核（日期）	标准化（日期）	会签（日期）

标记	处数	更改文件号	签字	日期	标记	处数	更改文件号	签字	日期

163

表4-2

件1 _ 工序20 _ 铣

机械加工工序卡片

	产品型号		零件图号			共12页	第3页
	产品名称		零件名称	件1			

车间		工序号	工序名称		材料牌号	
		20	铣		45	
毛坯种类		毛坯外形尺寸 φ120×50×110	每毛坯可制件数		每台件数	同时加工件数
设备名称 立式加工中心		设备型号 VM850	设备编号			
夹具编号			夹具名称 机用虎钳			
工位器具编号			工位器具名称		切削液 乳化液	

						工序工时(分) 准终 / 单件

A-A φ25$^{+0.04}_{0}$ 20$^{+0.05}_{0}$ 25

工步号	工步内容	工艺装备	主轴转速 r/min	切削速度 m/min	进给量 mm/min	切削深度 mm	进给次数	工步工时 机动	辅助
1	粗铣 φ25$^{+0.04}_{0}$ 阶梯孔至 φ24.7±0.05mm, 深 20$^{+0.05}_{0}$, 深19.8±0.05mm	立铣刀φ16mm 游标卡尺0~150±0.02mm 深度尺0~200±0.02mm	500	25.14	90	19.8	5		
2	精铣 φ25$^{+0.04}_{0}$ mm Ra3.2 阶梯孔成 20$^{+0.05}_{0}$ mm Ra1.6, 深	立铣刀φ16mm 内径百分表18~35mm 外径千分尺0~25mm	500	25.14	80	20	5		

			设计(日期)	校对(日期)	审核(日期)	标准化(日期)	会签(日期)
标记 处数 更改文件号 签字 日期	标记 处数 更改文件号 签字 日期						

164

表 4-3

件 1 - 工序 30 - 铣

机械加工工序卡片	产品型号		零件图号		件 1	共 12 页　第 4 页
	产品名称		零件名称		工序名称　铣	材料牌号　45

车间	工序号　30	毛坯外形尺寸　$\phi120\times50\times110$	每毛坯可制件数	每台件数
毛坯种类	设备名称　立式加工中心	设备型号　VM850	设备编号	同时加工件数
夹具编号	夹具名称　机用虎钳	工位器具编号	工位器具名称	切削液

（工序简图：A 向　15.9775 ± 0.025　15.98 ± 0.02　35.98 ± 0.02　20　4-R2　$11_{-0.05}$　Ra3.2）

工步号	工　步　内　容	工　艺　装　备	主轴转速 r/min	切削速度 m/min	进给量 mm/min	切削深度 mm	进给次数	工步工时（分） 机动	工步工时（分） 辅助
1	粗铣凸台 36×16、$4-R2$、$4-3°$、侧面 Ra3.2	立铣刀 $\phi16\mathrm{mm}$	500	25.14	90	5.9			

			设计（日期）	校对（日期）	审核（日期）	标准化（日期）	会签（日期）
标记	处数	更改文件号	签字	日期	标记　处数　更改文件号　签字　日期		

165

续表

机械加工工序卡片		产品型号		零件图号				
		产品名称		零件名称			共12页	第5页

车间	工序号	工序名称	材料牌号	毛坯种类	毛坯外形尺寸	每毛坯可制件数	每台件数
立式加工中心	30	铣	45		$\phi120\times50\times110$		件1

设备名称	设备型号	设备编号	同时加工件数	夹具编号	夹具名称	切削液
立式加工中心	VM850				机用虎钳	

工步号	工步内容	工艺装备	主轴转速 r/min	切削速度 m/min	进给量 mm/min	切削深度 mm	进给次数	工步工时 机动	辅助
	留余量0.3mm，底面留余量0.1mm	游标卡尺0~150±0.02mm 深度尺0~200±0.02mm							
2	精铣凸台 $36_{-0.04}^{0}\times16_{-0.04}^{0}$ 成 $114_{-0.05}^{0}$ Ra3.2	立铣刀$\phi16$mm	500	25.14	80	6			

		设计（日期）	校对（日期）	审核（日期）	标准化（日期）	会签（日期）
标记 处数 更改文件号 签字 日期	标记 处数 更改文件号 签字 日期					

表 4 - 4　　　　件 1_工序 40_钻铣

机械加工工序卡片		产品型号		零件图号				共 12 页	第 6 页
		产品名称		零件名称		件 1			

车间		工序号 40	工序名称 钻铣	材料牌号 45	毛坯种类	毛坯外形尺寸 Φ120×50×110	每毛坯可制件数	每台件数
设备名称 立式加工中心	设备型号 VM850	设备编号	同时加工件数		夹具编号	夹具名称 机用虎钳	切削液	

工步号	工步内容	工艺装备	主轴转速 r/min	切削速度 m/min	进给量 mm/min	切削深度 mm	进给次数	工步工时	
								机动	辅助
1	钻 M30×1.5 螺纹中心孔，钻深 5mm	中心钻 Φ4mm 游标卡尺 0～150±0.02mm	1500	18.84	80	5			
2	钻螺纹底孔至 Φ25mm，通	锥柄麻花钻 Φ25mm	250	19.6	70	50	10		
3	铣螺纹底孔至 Φ28.4mm，深 34.5mm	立铣刀 Φ16 mm 深度尺 0～200±0.02mm	500	25.14	80	34.5	4		
4	铣 $\phi 26.5^{+0.04}_{\ 0}$ mm，通	立铣刀 Φ16mm 千分尺 25～50mm 内径表 18～35mm	500	25.14	80	34.5	4		
5	粗铣两侧 $R\ 35^{+0.05}_{\ 0}$ mm 圆弧、深 $10^{+0.05}_{\ 0}$ mmRa3.2，侧面留余量 0.3mm，底面留余量 0.1mm	立铣刀 Φ16 mm	500	25.14	90	10	2		
6	精铣两侧 $R\ 35^{+0.05}_{\ 0}$ mm 圆弧、深 $10^{+0.05}_{\ 0}$ mmRa3.2	立铣刀 Φ16 mm	500	25.14	80	10			

	设计（日期）	校对（日期）	审核（日期）	标准化（日期）	会签（日期）
标记 处数 更改文件号 签字 日期					
标记 处数 更改文件号 签字 日期					

167

续表1

机械加工工序卡片	产品型号		零件图号				
	产品名称		零件名称			共12页	第7页

车间	工序号	工序名称	材料牌号			每台件数
立式加工中心	40	钻铣	45	件1		

设备名称	设备型号	设备编号	同时加工件数	毛坯种类	毛坯外形尺寸	每毛坯可制件数
	VM850				Φ120×50×110	

夹具编号	夹具名称	切削液
	机用虎钳	

			工序工时

工步号	工步内容	工艺装备	主轴转速 r/min	切削速度 m/min	进给量 mm/min	切削深度 mm	进给次数	工步工时 机动	辅助
	成，保证配合尺寸 90 $_{-0.1}^{0}$ mm								
7	粗铣薄壁孤岛型腔，侧面留余量 0.3mm，底面不留余量 Ra3.2	钨钢立铣刀 Φ8mm	2500	62.8	200	8	8		
8	粗铣薄壁孤岛型腔 Ra3.2，薄壁孤岛高度 7 $_{-0.05}^{0}$ mm，型腔深度 8 $_{0}^{+0.05}$ mm，其余尺寸等合格	钨钢立铣刀 Φ8mm	2600	65.3	200	8	8		
9	铣螺纹 M30×1.5 成，深 15mm	螺纹车刀 Φ24×16mm M30×1.5 螺纹塞规	1200	90.4	100	18			

	设计（日期）	校对（日期）	审核（日期）	标准化（日期）	会签（日期）
标记 处数 更改文件号 签字 日期	标记 处数 更改文件号 签字 日期				

168

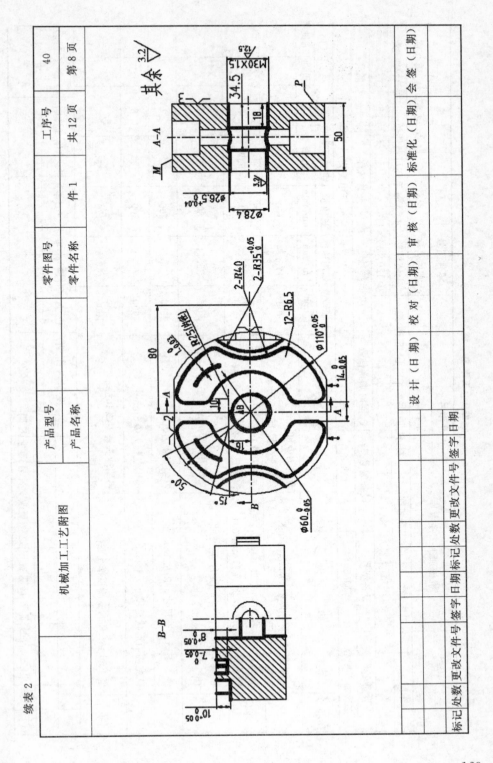

续表 2

机械加工工艺附图	产品型号		零件图号		工序号	40
	产品名称		零件名称	件 1	共 12 页	第 8 页

	设 计 （日 期）	校 对 （日 期）	审 核 （日 期）	标准化 （日 期）	会 签 （日 期）
标记 处数 更改文件号 签字 日期					
标记 处数 更改文件号 签字 日期					

169

表 4-5　件 1 - 工序 50 - 铣

机械加工工序卡片		产品型号		零件图号			共 12 页	第 9 页
		产品名称		零件名称	件 1		每台件数	
车间	工序号	工序名称	设备名称	设备型号	设备编号		同时加工件数	
	50	铣	立式加工中心	VM850				
	材料牌号	毛坯种类	毛坯外形尺寸		每毛坯可制件数	件 1	每台件数	
	45		φ120×50×110					
	夹具编号	夹具名称		切削液				
		机用虎钳						

工步号	工步内容	工艺装备	主轴转速 r/min	切削速度 m/min	进给量 mm/min	切削深度 mm	进给次数	工步工时 机动	工步工时 辅助
1	精铣顶面，保证厚度 $49.5_{-0.04}$ mmRa1.6	盘铣刀 φ80mm 外径千分尺 25~50mm	700	175.84	100	0.5			
2	粗铣 $50_{-0.14}^{-0.10}$ mm 凸台 Ra3.2，侧面留余量 φ0.6mm，底面留余量 0.1	立铣刀 φ16mm 深度尺 0~200±0.02mm	500	25.14	90	5.9	3		
3	精铣 $50_{-0.14}^{-0.10}$ mm 凸台至尺寸，高 $10_{-0.14}^{-0.10}$ mm Ra3.2 成	立铣刀 φ16mm	500	25.14	80	10	3		
4	铣 5°斜面，至尺寸，Ra6.3	钨钢立铣刀 φ8mm	2600	65.3	200	2			
5	铣左侧面形状至尺寸，Ra3.2	钨钢立铣刀 φ8mm	2600	65.3	200	16	8		
6	铣 R56 mmRa3.2 圆弧槽至尺寸	钨钢球头铣刀 φ10mm 圆弧规 R5mm	1800	62.8	120	6			

			设计（日期）	校对（日期）	审核（日期）	标准化（日期）	会签（日期）
标记	处数	更改文件号	签字	日期	标记 处数 更改文件号 签字 日期		

170

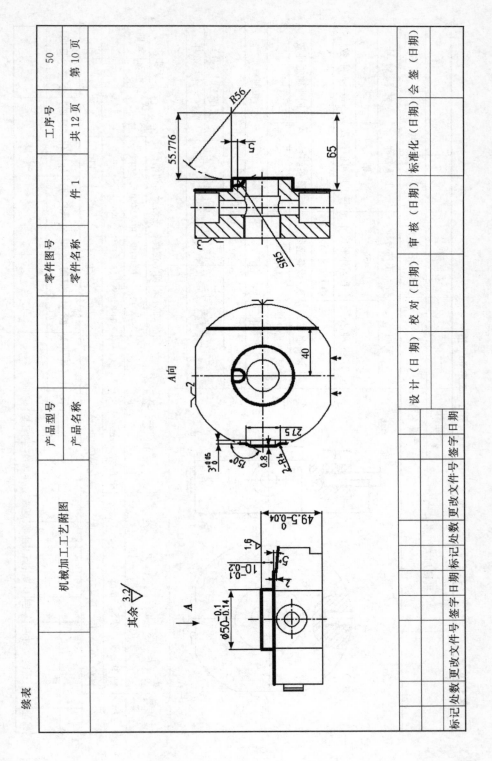

续表

产品型号		零件图号		工序号	50
产品名称		零件名称	件1	共 12 页	第 10 页

机械加工工艺附图

其余 3.2

							设 计（日期）	校 对（日期）	审 核（日期）	标准化（日期）	会 签（日期）
标记	处数	更改文件号	签字	日期	标记	处数	更改文件号	签字	日期		

表 4-6

机械加工工序卡片

件 1_工序 60_钻

产品型号		零件图号			
产品名称		零件名称	件 1	共 12 页	第 11 页
车间	工序号 60	工序名称 钻	材料牌号 45
毛坯种类	毛坯外形尺寸 ϕ120×50×110	每毛坯可制件数	每台件数
设备名称 立式加工中心	设备型号 TOM850A	设备编号	同时加工件数
夹具编号	夹具名称 机用虎钳		切削液
工位器具编号	工位器具名称		工序工时（分）准终 / 单件

工步号	工 步 内 容	工 艺 装 备	主轴转速 r/min	切削速度 m/min	进给量 mm/min	切削深度 mm	进给次数	工步工时 机动 / 辅助
1	钻中心孔，钻深 5mm	中心钻ϕ4mm	1500	18.84	80	5		
2	钻ϕ10mm 孔，深 17mm	麻花钻ϕ10mm	700	21.98	70	110	3	

			设计（日期）	校对（日期）	审核（日期）	标准化（日期）	会签（日期）
标记	处数	更改文件号	签字	日期	标记	处数	更改文件号 签字 日期

172

表 4-7

件 1 — 工序 70 — 钻

机械加工工序卡片

	产品型号		零件图号			共 12 页	第 12 页
	产品名称		零件名称	件 1	工序名称 钻		材料牌号 45

车间	毛坯种类	工序号 70	毛坯外形尺寸 $\phi120\times50\times110$	每毛坯可制件数	每台件数
	设备名称 立式加工中心	设备型号 WM850	设备编号		同时加工件数
	夹具编号	夹具名称 机用虎钳			切削液
	工位器具编号	工位器具名称			工序工时(分) 准终 / 单件

工步号	工步内容	工艺装备	主轴转速 r/min	切削速度 m/min	进给量 mm/r	切削深度 mm	进给次数	工步工时 机动 / 辅助
1	钻中心孔,钻深 5mm	中心钻 $\phi4$ mm	1500	18.84	80	5		
2	钻 $\phi10$mm 孔,通	麻花钻 $\phi10$mm	700	21.98	70	13	2	

标记	处数	更改文件号	签字	日期	标记	处数	更改文件号	签字	日期

173

2. 设计件 2 加工工艺

（1）确定装夹方案、划分加工工序：

1）确定装夹方案。件 2 外形规则，结构简单，加工内容集中在上、下表面，两次装夹就能完成所有加工内容。主要定位基准是上面 K、下面 P 和 110mm 上侧面 M，见图 4-6。

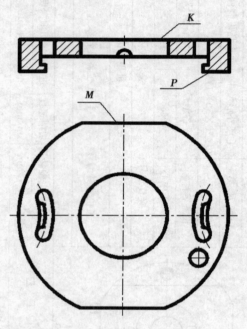

图 4-6　主要定位基准

2）划分加工工序。两次装夹划分 2 道工序加工，考虑与件 1 配合等因素，应加强对称精度控制。

工序 10：铣钻。工步安排见表 4-8，P 面落地靠死虎钳水平基准面限制 3 个自由度，M 面靠紧虎钳死口立面限制 2 个自由度，侧面圆柱靠死钳口右侧面挡板限制 1 个自由度，铣钻综合加工顶面内容，其中两个自由尺寸的腰形槽用 ϕ 8mm 成形刀分层加工完成。

工序 20：铣钻。工步安排见表 4-9，K 面落地靠死虎钳水平基准面限制 3 个自由度，M 面靠紧虎钳死口立面限制 2 个自由度，侧面圆柱靠死钳口左侧面挡板限制 1 个自由度，铣钻综合加工底面内容，其中三维正弦槽用成形球刀 ϕ 10mm、R56mm 圆弧槽用成形球刀 ϕ 8mm 分层铣削完成。两个凸台内圆弧最小半径为 R3mm，限制了选大直径刀具的可能。

表4-8   件2_工序10_铣钻

机械加工工序卡片		产品型号			零件图号			共5页	第1页
		产品名称			零件名称	件2			

车间	工序号	工序名称	材料牌号	毛坯种类	毛坯外形尺寸	每毛坯可制件数	每台件数
立式加工中心	10	铣钻	45		$\phi120\times20\times110$		件2

设备名称	设备型号	设备编号	同时加工件数	夹具编号	夹具名称	切削液
立式加工中心	VM850				机用虎钳	

工步号	工步内容	工艺装备	主轴转速 r/min	切削速度 m/min	进给量 mm/min	切削深度 mm	进给次数	工步工时 机动	辅助
1	精铣顶面,保证厚度 $19.5^{0}_{-0.05}$ mm Ra1.6	盘铣刀 $\phi80$mm 千分尺25~50mm	700	175.84	100	0.5			
2	钻中心孔,深5mm	中心钻 $\phi4$mm	1500	18.84	80	5			
3	钻 $\phi50^{+0.05}_{0}$ 孔至 $\phi25$mm,通	麻花钻 $\phi25$ mm	250	19.6	70	20	4		
4	粗铣 $\phi50^{+0.05}_{0}$ 孔至 $\phi49.4$mm,通	钨钢立铣刀 $\phi8$mm 游标卡尺0~150±0.02mm	2500	62.8	200	20	7		
5	精铣 $\phi50^{+0.05}_{0}$ mm Ra1.6 孔至尺寸,通	钨钢立铣刀 $\phi8$mm 内径百分表35~50mm	2600	65.3	200	20	5		

设计(日期)	校对(日期)	审核(日期)	标准化(日期)	会签(日期)

标记	处数	更改文件号	签字	日期	标记	处数	更改文件号	签字	日期

175

续表1

机械加工工序卡片

车间	工序号	工序名称	产品型号	产品名称	零件图号	零件名称		共5页	第2页
	10	铣钻				件2			

设备名称	设备型号	设备编号	同时加工件数	夹具编号	夹具名称	切削液
立式加工中心	VM850				机用虎钳	

材料牌号	毛坯种类	毛坯外形尺寸	每毛坯可制件数	每台件数
45		φ120×20×110		

工步号	工步内容	工艺装备	主轴转速 r/min	切削速度 m/min	进给量 mm/min	切削深度 mm	进给次数	工步工时 机动	辅助
6	φ50孔口倒R2mm圆角	钨钢立铣刀φ8mm 圆弧规R2mm	4000	100.48	2000	2	180		
7	挖左、右两腰形槽,深15$_{-0.1}^{0}$mm Ra3.2	钨钢立铣刀φ8mm	2600	65.3	200	15	5		

设计(日期)	校对(日期)	审核(日期)	标准化(日期)	会签(日期)

标记	处数	更改文件号	签字	日期	标记	处数	更改文件号	签字	日期

176

续表 2

	机械加工工艺附图	产品型号		零件图号		工序号	10
		产品名称		零件名称	件 2	共 5 页	第 3 页

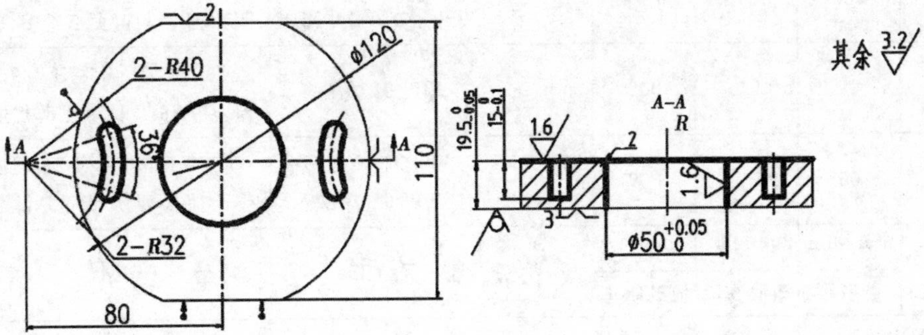

2
2-R40
ϕ120
36°
A
A
110
2-R32
80
19.5-0.05
15-0.1
1.6
A-A
R
2
1.6
3
ϕ50+0.05
其余 3.2

										设 计（日期）	校 对（日期）	审 核（日期）	标准化（日期）	会 签（日期）
标记	处数	更改文件号	签字	日期	标记	处数	更改文件号	签字	日期					

表 4-9

件 2_工序 20_铣钻

机械加工工序卡片

		产品型号		零件图号	件 2		
		产品名称		零件名称		共 5 页	第 4 页

车间	立式加工中心	工序号	20	工序名称	铣钻	材料牌号	45	毛坯种类		毛坯外形尺寸 Φ120×20×110	每毛坯可制件数	每台件数

设备名称		设备型号	VM850	设备编号		同时加工件数		夹具编号		夹具名称 机用虎钳	切削液

工步号	工 步 内 容	工 艺 装 备	主轴转速 r/min	切削速度 m/min	进给量 mm/min	切削深度 mm	进给次数	工步工时 机动	辅助
1	粗铣削去除残料，凸台侧面留加工余量 1mm，底面留加工余量 0.1mm	立铣刀Φ16 mm 千分尺 0～25mm	500	25.14	90	9.9	3		
2	精铣凸台侧面留加工余量 0.3mm，保证厚度 $10^{\ 0}_{-0.05}$ mm Ra3.2	立铣刀Φ16 mm	500	25.14	80	10	3		
3	精铣两侧合台阶 Ra3.2 至尺寸，保证配合尺寸 $90^{\ 0}_{-0.2}$ mm	钨钢立铣刀Φ6 mm 游标卡尺 0～150±0.02mm	3400	64.1	220	10	3		
4	钻Φ10mm 孔 Ra12.5，通	麻花钻Φ10mm	700	21.98	70	10	2		
5	铣三维正弦槽 Ra3.2 至尺寸	钨钢球头铣刀Φ10mm	1800	56.52	120	6	2		
6	铣 R56mm 圆弧槽 Ra3.2 至尺寸	钨钢球头铣刀Φ8mm	2000	50.24	100	4			

		设计（日期）	校对（日期）	审核（日期）	标准化（日期）	会签（日期）

标记	处数	更改文件号	签字	日期	标记	处数	更改文件号	签字	日期

178

续表

	机械加工工艺附图	产品型号		零件图号		工序号	
		产品名称		零件名称	件 2	共 5 页	第 5 页

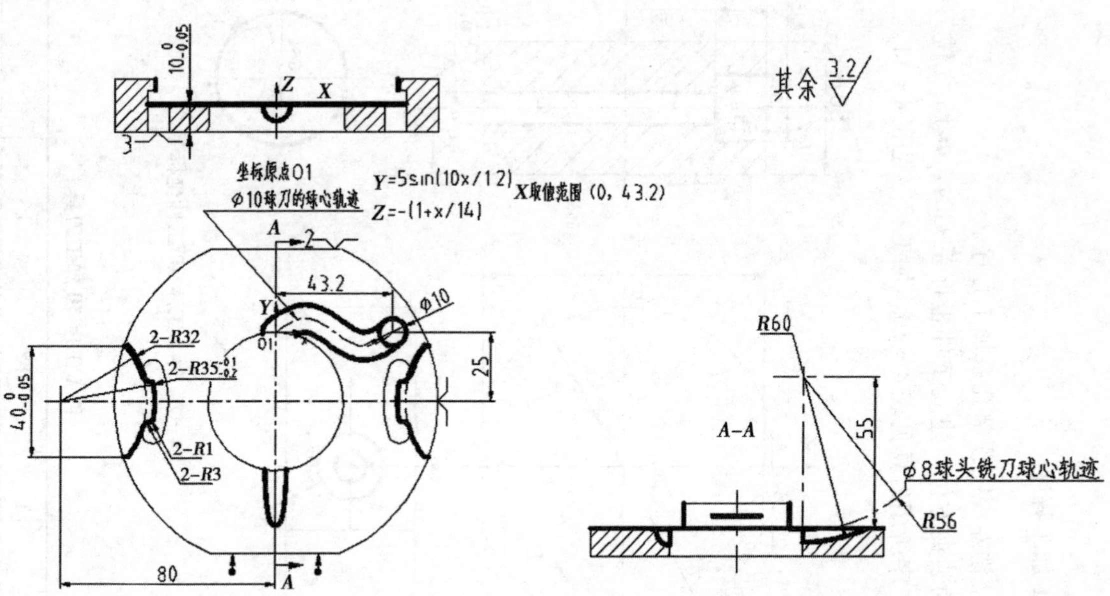

$10^{0}_{-0.05}$
Z
X
3
坐标原点O1
φ10球刀的球心轨迹
Y=5sin(10x/12)
Z=-(1+x/14)
X取值范围 (0, 43.2)
A
2
43.2
Y
φ10
O1
2-R32
2-R35$^{-0.1}_{-0.2}$
$40^{0}_{-0.05}$
25
2-R1
2-R3
80
A
其余 3.2
R60
A-A
55
φ8球头铣刀球心轨迹
R56

										设 计（日 期）	校 对（日期）	审 核（日期）	标准化（日期）	会 签（日期）
标记	处数	更改文件号	签字	日期	标记	处数	更改文件号	签字	日期					

三、程序编制

1. 编制件 1 加工程序

工序 10：钻铣左视图顶部孔系加工程序。

根据工件的装夹方位，建立工件坐标系 G54，ϕ 16 立铣刀铣孔路径如图 4-7 所示。本工序所用刀具见表 4-10，加工程序见表 4-11。

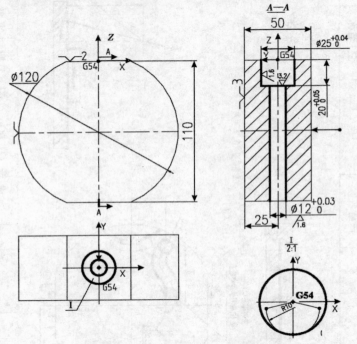

图 4-7 件 1 工序 10 工件坐标系

表 4-10   件 1 工序 10 加工刀具

刀具号	T1	T2	T3	T4	T5
名称	中心钻	ϕ 10 长麻花钻	ϕ 11.8 长麻花钻	ϕ 16 立铣刀	ϕ 12H8 铰刀
补偿号	H01	H02	H03	H04、D04	H05

180

表 4 - 11　　　　　钻铣件 1 工序 10 程序（图 4 - 7）

段号	程序内容	备　注
	O4111；	ϕ 16 立铣刀层铣子程序，走刀路径见图 4 - 7
N10	G91G01Z - 4；	设层加工深度
N20	G90G41D04X - 10Y - 2.5；	调 D04 补偿值，留精铣加工余量ϕ 0.6
N30	G03X0Y - 12.5R10；	
N40	J12.5；	整圆铣削
N50	X10Y - 2.5R10；	
N60	G01G40X0Y0；	
N70	M99；	子程序结束
	O4110；	件 1 工序 10 主程序
N20	G91G28Z0；	
N30	T1；	ϕ 4 中心钻
N40	M06；	
N50	T2；	ϕ 10 长麻花钻准备
N60	G00G90G54X0Y0M03S1500F80；	
N70	G43H01Z3M08；	
N80	G81Z - 5R5；	钻中心孔
N90	G00G49Z - 50M09；	取消钻孔循环、刀长补偿
N100	G91G28Z0；	
N110	M06；	
N120	T3；	ϕ 11.8 长麻花钻准备
N130	G00G90G54X0Y0M03S700F70；	
N140	G43H02Z3M08；	
N150	G83Z - 115R5Q10；	钻ϕ 10 通孔
N160	G00G49Z - 50M09；	取消钻孔循环、刀长补偿
N170	G91G28Z0；	
N180	M06；	
N190	T4；	ϕ 16 立铣刀准备
N200	G00G90G54X0Y0M03S700F70；	

续表1

段号	程序内容	备 注
N210	G43H03Z3M08;	
N220	G81Z－115R5;	扩ϕ11.8通孔
N230	G00G49Z－50M09;	取消钻孔循环、刀长补偿
N240	G91G28Z0;	
N250	M06;	
N260	T5;	ϕ12H8铰刀准备
N270	G00G90G54X0Y0M03S500F90;	
N280	G43H04Z3M08;	
N290	G01Z0.2;	设定起始高度，预留孔底精铣余量
N300	M98P54111;	调用5次层铣子程序
N310	G00G49Z－50M09;	取消刀长补偿
N320	G91G28Z0;	
N330	M01;	测量孔径、孔深，调整D04、H04，准备精铣
N340	G00G90G54X0Y0M03S500F80;	
N350	G43H04Z－15M08;	精铣ϕ25孔
N360	G01Z－16;	
N370	M98P4111;	
N380	G00G49Z－50M09;	
N390	G91G28Z0;	
N400	M06;	
N410	T00;	
N420	G00G90G54X0Y0M03S200F150;	
N430	G43H06Z5M08;	
N440	G85Z－115R5;	铰ϕ12通孔
N450	G00G49Z－50M09;	取消钻孔循环、刀长补偿
N460	G91G28Z0;	

続表 2

段号	程序内容	备　注
N470	M06;	
N480	G91G28Y0;	
N490	M30;	

工序 20：铣左视图底部孔系加工程序。

依据工序 10 加工的 $\phi 12^{+0.03}_{0}$ 孔对刀，建立本工序的工件坐标系 G54，如图 4-8 所示。本工序使用表 4-10 中 T4、T5，加工程序用表 4-11 中的 T4、T5 程序，现场编辑即可。

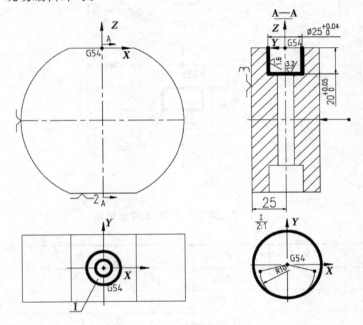

图 4-8　件 1 工序 20 工件坐标系

工序 30：铣右视图 36×16 凸台加工程序。

对刀建立工件坐标系 G54，如图 4-9 所示。36×16 凸台铣削加工走刀路径为：1-2-3-4-5-6-7-8-9-10-11-3-12-1-13-14-15-16，如图 4-10 所示。刀具为 $\phi 16$ 立铣刀，刀补号为 H04、D04，见表 4-10。由于定位尺寸 $16^{0}_{-0.05}$ 和凸台几何尺寸 $16^{0}_{-0.04}$、$36^{0}_{-0.04}$ 处于不能同时满足精度要求状态，所以将其转化为平均尺寸进行编程，矛盾刻可解决。程序见表 4-12。

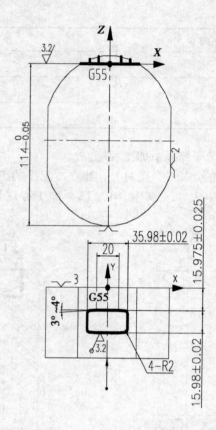

图 4‑9　件 1 工序 30 工件坐标系

点	X	Y	号	X	Y
1	0	−60	11	10	−31.955
2	15	−46.955	12	−15	−46.955
3	0	−31.955	13	27	−50
4	−10	−31.955	14	−27	−50
5	−17.99	−31.536	15	−27	0
6	−17.99	−16.394	16	35	0
7	−10	−15.975			
8	10	−15.975			
9	17.99	−16.394			
10	17.99	−31.536			

184

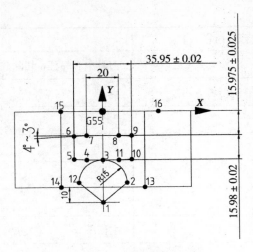

图 4-10　凸台铣削路径

表 4-12　　　铣件 1 右视图 36×16 凸台程序（图 4-9）

段号	程序内容	备　　注
	O4131；	轮廓子程序，刀已在点 1
N10	G01G41X15Y-46.955D04；	点 2，粗加工 D04＝8.3，精加工 D04＝？
N20	G03X0Y-31.955R15；	延伸切入工件，点 3
N30	G01X-10；	点 4
N40	X-17.99Y-31.536，R2；	点 5，倒 R2 圆角
N50	Y-16.394，R2；	点 6，倒 R2 圆角
N60	X-10Y-15.975；	点 7
N70	X10；	点 8
N80	X17.99Y-16.394，R2；	点 9，倒 R2 圆角
N90	Y-31.536，R2；	点 10，倒 R2 圆角
N100	X10Y-31.955；	点 11
N110	X0；	点 3
N120	G03X-15Y-46.955R15；	延伸切出工件，点 12
N130	G01G40X0Y-60；	取消刀具半径补偿，点 1

续表

段号	程序内容	备　注
N140	X27Y‑50;	刀具中心编程，切除残余点13
N150	X‑27;	点14
N160	Y0;	点15
N170	X35	点16
N180	M99;	
N10	O4130;	主程序
N20	G91G28Z0;	
N30	T04;	
N40	M06;	
N50	T00;	
N60	G00G90G55X0Y‑60M03500F90;	点1定位
N70	G43H04Z _ M08;	粗加工 Z＝0.1，精加工 Z＝?
N80	M98P4131;	轮廓铣
N90	G49G00Z _ 50M09;	
N100	G91G28Z0;	
N110	M06;	
N120	G91G28Y0;	
N130	M30;	

注：修正H04补偿值，可修调凸台底平面高度 $114_{-0.05}^{0}$ 尺寸；修正D04补偿值，可修调凸台几何尺寸及 Y 轴方向定位尺寸。

工序40：钻铣综合削加工主视图程序。

工件定位夹紧后，用百分表回环工件φ120外圆进行对刀，建立工件坐标系 G56，如图4‑11所示，刀具见表4‑13。

　　　　　　　　　　　　　件 1 工序 40 加工刀具表

号	T1	T4	T7	T8	T9
名称	中心钻	$\phi 16$ 立铣刀	$\phi 25$ 麻花钻	$\phi 8$ 钨钢 立铣刀	单齿 螺纹铣刀
补偿号	H01	H04	H07	H08	H09

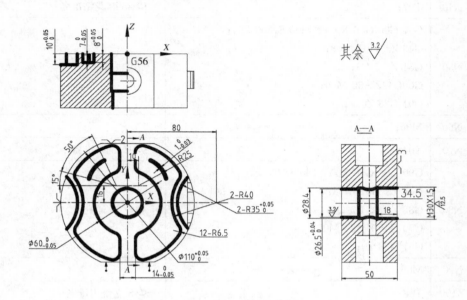

图 4－11　件 1 工序 40 工件坐标系

　　这道工序中工件结构复杂、加工内容繁多：基点计算困难，除钻孔和铣螺纹外适合用自动编程。主视图加工模型如图 4－12 所示，自动编程产生的刀路如图 4－13 所示，程序见表 4－14。

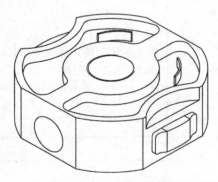

图 4－12　件 1 主视图模型

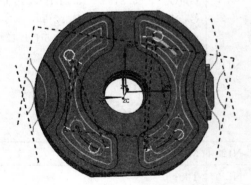

4－13　件 1 主视图刀路

表 4 - 14

钻铣件 1 主视图程序（图 4 - 11）

	O4140；	件 1 工序 40 主程序
N10	G91G28Z0；	
N20	T01；	ϕ4 中心钻准备
N30	M06；	
N40	T07；	ϕ25 麻花钻准备
N50	G90 G00 G56 X0 Y0 M03 S1500 F80； G43 Z3. H01 M08； G81 Z - 5 R3； G00G49Z - 50 M09； G91 G28 Z0.0；	钻中心孔
N60	M06；	
N70	T04；	ϕ16 铣刀准备
N80	G90 G00 G56 X0Y0 M03 S250 F70； G43 Z3 H07 M08； G83 Z - 60 R3 Q5； G00 G49 Z - 50 M09； G91 G28 Z0；	钻 ϕ25 通孔
N90	M06；	
N100	T08；	ϕ8 立铣刀准备
N110	G00G90G56X - 72.976Y - 20.123M03S500； G43 Z2. H04 M08； Z - 5. F90.； X - 66.389 Y - 13.257；	铣 2 - R35 槽、螺纹底孔、 $26.5^{+0.04}_{0}$ 孔（节选）
N110	G17G2X - 66.344Y - 13.21 I11.546 J - 11.077； G3 Y13.21 I - 13.656 J13.21； G2 X - 66.389 Y13.257 I11.5 J11.124； G1 X - 72.976 Y20.123； ……； Z2.； G00 G49 Z - 50 M09； G91 G28 Z0.0；	铣 2 - R35 槽、螺纹底孔、 $26.5^{+0.04}_{0}$ 孔（节选）
N120	M06；	
N130	T00；	

续表

	O4140;	件1工序40主程序
N140	G00G90G56X－24.53 Y－34.976 M03 S800； G43Z3.H09 M08； X－20.752 Y－41.14 Z0.0 F50.； X－19.803 Y－40.329 Z－.333； ……； G1 X12.325 Y－40.995； Z2.； G00 G49 Z－50 M09； G91 G28 Z0.0；	铣主视图薄壁、凹腔（节选）
N150	M06；	
N160	G91 G28 Y0.0；	
N170	M30；	

M30×1.5 内螺纹加工，采用单齿螺纹铣刀铣齿工艺，查标准 $dc=25\text{mm}$，刀柄也是 $\phi 25\text{mm}$，超过刀柄允许值 $\phi 20\text{mm}$，用前面的内螺纹车刀 $f=12\text{mm}$ 代用（相当于铣刀半径 $R12\text{mm}$），螺纹铣削程序见表 4－15。

表 4－15　　　铣件1主视图 M30×1.5 内螺纹程序（图4－11）

	O4141；	子程序
N20	G91G02I－3Z－1.5；	螺旋整圆插补，螺距 1.5mm，刀已在（X3，Y0）处
N30	M99；	
N50	O4142；	铣 M30×1.5 螺纹主程序
N60	G91G28Z0.；	
N70	T09；	螺纹铣刀准备
N80	M06；	
N90	T00；	
N100	G00G90G56X3Y0M03S1200F100；	
N110	G43H09Z5M08；	
N120	Z1；	

	O4141；	子程序
N130	M98P144141；	调用 14 次子程序
N140	G01G90X0Y0；	
N150	G00G49Z-50M09；	取消钻孔循环、刀长补偿
N160	G91G28Z0；	
N170	M06；	
N180	G91G28Y0；	
N190	M30；	

工序 50：A 向视图综合加工程序。

工件定位夹紧后，用 ϕ 80 盘铣刀手动精铣工件顶面，控制厚度 $49.5_{-0.04}^{0}$、表面质量达 Ra1.6。

用百分表回环工件 $\phi 26.5_{0}^{+0.04}$ mm 孔进行对刀，建立工件坐标系 G55，如图 4-14 所示，刀具见表 4-16。

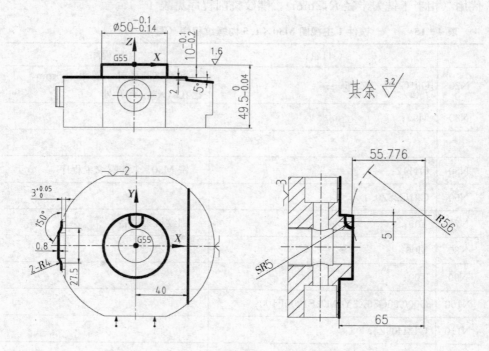

图 4-14　件 1 工序 50 工件坐标系

刀具号	T4	T8	T10
刀具名称	ϕ16 立铣刀	ϕ8 钨钢立铣刀	ϕ10 钨钢球头铣刀
刀具补偿号	H04	H08	H10

工件形状复杂，自动编程。A 向视图模型如图 4‑15 所示，加工路径如图 4‑16 所示，程序见表 4‑17。

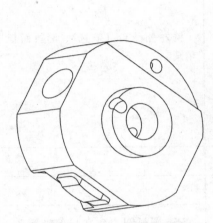

图 4‑15　件 1A 向视图模型

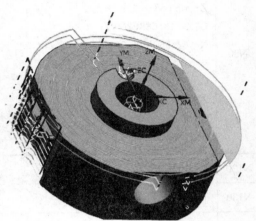

4‑16　件 1A 向视图加工刀路

表 4‑17　　　　　　　铣件 1 工序 50A 向视图程序（图 4‑14）

	O4150；	
N10	G91G28Z0；	
N20	T04；	ϕ16 立铣刀准备
N30	M06；	
N40	T8；	ϕ8 立铣刀准备
N50	G00G90G55X9.421Y70.7S500M03 F90； G43Z3H04M08； G1Z‑5..； Y64.809； ……； G0Z3.； G00G49Z‑50M09； G91G28Z0.0；	ϕ16 立铣刀铣削 ϕ50×10 凸台（节选），粗精铣？

续表

	O4150；	
N60	M06；	
N70	T11；	ϕ10球头铣刀准备
N80	G00G90G55X-67.247Y3.311S2600M03； G43Z2.5H08M08； Z-10.688； G1Z-13.688F200.； X-62.563Y11.98； ……； G0Y30.05； Z2.5； G00G49Z-50M09； G91G28Z0.0；	铣左侧凸台（节选）、5°斜面粗精铣?
N120	M06；	
N130	T00；	
N140	G90G52X0Y25Z55； G00X0Y8S1800M03F120； G43Z-56H11M08； G19G02Y-5Z-55.776R56； G01Z-40； G52； G17G00G49Z-50M09； G91G28Z0；	$R56$圆弧圆心建立局部坐标系，成形铣削$R56$圆弧刀长至球心 取消局部坐标系
N150	M06；	
N160	G91G28Y0；	
N170	M30；	

工序60：钻仰视图水平ϕ10孔程序。

工件坐标系G54如图4-17所示，所用刀具见表4-10（用T1、T2），程序见表4-18。

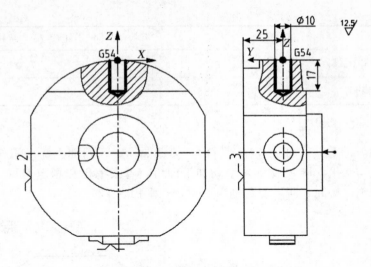

图 4-17　钻件 1 仰视图水平 ϕ 10 孔坐标系

表 4-18　　　　　　钻件 1 仰视图水平 ϕ 10 孔程序（图 4-17）

	O4170;	件 1、工序 70 主程序
N20	G91G28Z0;	
N30	T1;	ϕ 4 中心钻
N40	M06;	
N50	T2;	ϕ 10 麻花钻准备
N60	G00G90G54X0Y0M03S1500F80;	
N70	G43H01Z5M08;	
N80	G81Z-5R5;	钻中心孔
N90	G00G49Z-50M09;	取消钻孔循环、刀长补偿
N100	G91G28Z0;	
N110	M06;	
N120	G00G90G54X0Y0M03S700F70;	
N130	G43H02Z5M08;	
N140	G81Z-17R5;	钻 ϕ 10 孔
N150	G00G49Z-50M09;	取消钻孔循环、刀长补偿

	O4170；	件 1、工序 70 主程序
N160	G91G28Z0；	
N170	M30；	

工序 70：5°斜面上ϕ10孔加工。

工件坐标系 G54 如图 4-18 所示，关键要确定 5°斜面上ϕ10孔的加工位置。该孔与水平ϕ10孔交穿，手动加工即可，省去编程和测定刀具长度补偿值，节省工作时间，所用刀具见表 4-10（用 T1、T2）。

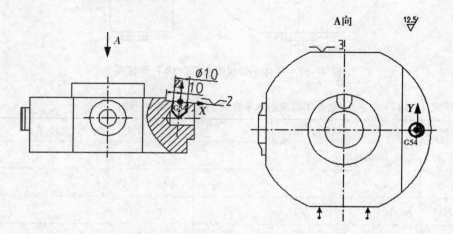

图 4-18　钻件 1 的 5°斜面ϕ10孔坐标系

2. 编制件 2 加工程序

工序 10：铣钻综合加工俯视图程序。

工件定位夹紧后，用ϕ80盘铣刀手动精铣工件顶面，控制厚度$19.5^{0}_{-0.04}$、表面质量达 Ra1.6。

用百分表回环工件ϕ120mm外圆进行对刀，用寻边器对分110mm尺寸在精铣顶面的几何中心建立工件坐标系 G58，如图 4-19 所示。

所用加工刀具已全部在加工件 1 时均已使用过，见表 4-19。

表 4-19　　　　　　　　　　　钻铣件 2 工序 10 刀具表

刀具号	T1	T7	T8
名称	ϕ4中心钻	ϕ25麻花钻	ϕ8钨钢立铣刀
补偿号	H01	H07	H09

ϕ8立铣刀粗铣ϕ50内孔,走刀路径如图4-19所示,ϕ8立铣刀在ϕ50
孔口倒R2圆角编程。模型如图4-20所示,程序见表4-20。

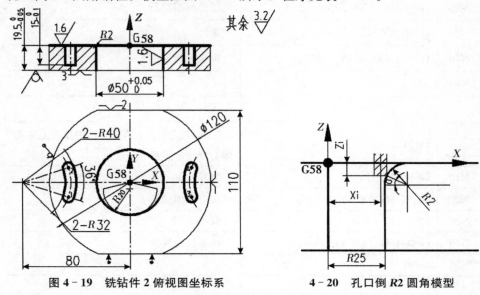

图4-19 铣钻件2俯视图坐标系   4-20 孔口倒R2圆角模型

表4-20   钻铣件2工序10程序 (图4-19、图4-20)

段号	程序内容	备 注
	O4211;	ϕ8立铣刀分层铣孔子程序,刀路见图4-19,G58,刀在中心
N10	G91G01Z-3;	层加工深度
N20	G90G41D08X-20Y-5;	调D08补偿值,粗精铣
N30	G03X0Y-25R20;	
N40	J25;	整圆铣削加工
N50	X20Y-5R20;	
N60	G01G40X0Y0;	
N70	M99;	子程序结束
	O4212;	G58G52X-80Y0;ϕ8立铣刀层铣左腰形槽子程序,刀在点1
N10	G91G01Z-3;	层厚

续表1

段号	程序内容	备　注
N20	G90G16G03X36Y18R36；	极坐标编程点2
N30	G91G01Z－3；	层厚
N40	G90G16G02X36Y－18R36；	极坐标编程点1
N50	M99；	
	O4213；	G58G52X80Y0；ϕ8立铣刀层铣右腰形槽子程序，刀在点3
N10	G91G01Z－3；	层厚
N20	G90G16G02X36Y162R36；	极坐标编程点4
N30	G91G01Z－3；	层厚
N40	G90G16G03X36Y198R36；	极坐标编程点3
N50	M99；	
	O4210；	件2工序10主程序
N10	G91G28Z0；	
N20	T1；	ϕ4中心钻
N30	M06；	
N40	T7；	ϕ25麻花钻准备
N50	G00G90G58X0Y0M03S1500F80；	
N60	G43H01Z3M08；	
N70	G81Z－5R5；	钻中心孔
N80	G00G49Z－50M09；	取消钻孔循环、刀长补偿
N90	G91G28Z0；	
N100	M06；	
N110	T8；	ϕ8立铣刀准备
N120	G00G90G58X0Y0M03S250F70；	
N130	G43H07Z5M08；	
N140	G83Z－30R5Q5；	钻ϕ25通孔
N150	G00G49Z－50M09；	取消钻孔循环、刀长补偿

段号	程序内容	备注
N160	G91G28Z0；	
N170	M06；	
N180	T0；	
N190	G00G90G58X0Y0M03S2500F200；	
N200	G43H08Z0M08；	
N210	M98P74211；	调用 7 次层铣子程序铣孔
N220	G90G00Z50；	测量，调整 D08，准备精加工
N230	M01	
N240	G00G90G58X0Y0M03S2600F200；	
N250	G43H08Z-18M08；	
N260	M98P4211；	
N270	G90G55G00Z-2；	
N280	X18Y0S4000M03F2000；	孔口倒 $R2$ 圆弧宏程序
N290	G01X21M08；	
N300	#1=0.5；	
N310	WHILE［#1 LE 90］DO1；	
N320	#24=25-2×［1+COS［#1］］；	弧上任一点 $X_i = 25-4+2-2\cos$（#1）
N330	#26=-2［1-SIN［#1］］；	弧上任一点 $Z_i = -(2-2\sin$（#1）)
N340	G01X［#24］Z［#26］；	
N350	G17G03I［-#24］；	
N360	#1=#1+0.5；	
N370	END1；	
N380	G90G0058Z3S2600M03F200；	
N390	G52X-80Y0	G58 左移 80 建立局部坐标系
N400	G00G90G16X36Y-18；	极坐标点 1
N410	G01Z0；	
N420	M98P44212；	
N430	G90G01Z3；	抬刀

续表 3

段号	程序内容	备 注
N440	G52;	取消局部坐标系
N450	G52X80Y0;	G58 右移 80 建立局部坐标系
N460	G00G90G16X36Y198;	极坐标点 3
N470	G01Z0;	
N480	M98P44213;	
N490	G90G01Z3;	抬刀
N500	G52;	取消局部坐标系
N510	G00G49Z－50M09;	
N520	G91G28Z0;	
N530	M06;	
N540	G91G28Y0;	
N550	M30;	

工序 20：铣钻综合加工仰视图程序。

工件定位夹紧后，用内径百分表回环工件 ϕ 50 内孔进行对刀，在工件顶面的几何中心建立工件坐标系 G59，如图 4 - 21 所示，所用刀具见表 4 - 21。2 个球形槽加工手工编程，其余比较繁琐，自动编程。自动编程的刀路如图 4 - 22 所示，程序见表 4 - 22。

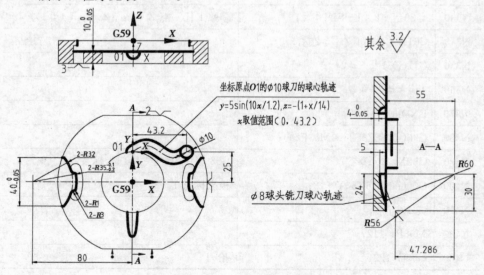

图 4 - 21　铣钻综合加工件 2 仰视图坐标系

198

刀具号	T2	T4	T10	T12	T13
名称	φ10 麻花钻	φ16 钨钢立铣刀	φ10 钨钢球头铣刀	φ6 钨钢立铣刀	φ8 钨钢球头铣刀
补偿号	H02	H04	H10	H12	H13

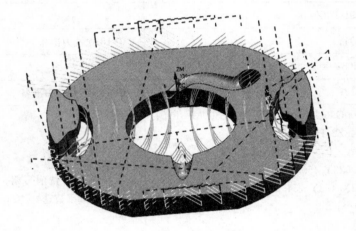

图 4‑22 铣件 2 仰视图刀路

表 4‑22 铣件 2 仰视图程序 (图 4‑22)

	O4221;	
N10	G90G01Z‑1;	
N20	G01X0Y0;	
N30	#1=0.1;	设 X 初值
N40	WHILE [#1 LE 43.2] DO1;	循环
N50	#2=5×SIN [10×#1/1.2];	计算 Y 值
N60	#3=‑ [1+#1/14];	计算 Z 值
N70	G01X [#1] Y [#2] Z [#3];	三轴联动加工φ10 球心轨迹
N80	#1=#1+0.1;	X 步增计算
N90	END01;	循环结束
N100	G00Z10;	抬刀

续表1

	O4221;	
N110	G52;	取消局部坐标系
N120	M99;	
	O4220;	
N20	G91G28Z0.;	
N30	T04;	φ16立铣刀准备
N40	M06;	
N50	T12;	φ6钨钢立铣刀准备
N60	G00G90G59X8.151Y-63.S500M03F90; G43Z2.H04M08; G1Z-2.375.; X.523Y-55.; G2X.453Y-54.927I49.082J46.8; ……; Z2.; G00G49Z-50M09; G91G28Z0.0;	φ16立铣刀铣削开粗、左右凸台 留精铣余量（节选）
N70	M06;	
N80	T02;	φ10麻花钻准备
N90	G00G90G59X-59.248Y-22.513S3400- M03；G43Z3.H12M08; G1X-60.348Y-22.665Z2.702F220.; X-61.285Y-23.274Z2.404; ……; G0X61.825; Z2.; G00G49Z-50M09; G91G28Z0.0;	铣左右两凸台（节选）
N100	M06;	
N110	T10;	φ10球头铣刀准备

200

	O4221;	
N120	G00G90G59X43.2Y25S700M03； G43Z-6H02M08； G83Z-25R-6Q5F110.； G00G49Z-50M09； G91G28Z0.0；	钻ϕ10 通孔
N130	M06；	
N140	T13；	ϕ8 球头铣刀准备
N145	G59；	
N150	G90G52X0Y25Z-6.5； G00G90X0Y-8M03S1800F120； G43H10Z10M08； M98P4221；	建立局部坐标系 O1（图 4-20）， 抬高一层-6.5＝-（9.5-3）加工 曲线 ϕ10 球头刀长算至球心
N160	G52； G90G52X0Y25Z-9.5； G00G90X0Y-8M03S1800F120； M98P4221； G52； G00G49Z-50M09； G91G28Z0.0；	建立局部坐标系 O1（图 4-20）， 加工曲线第二层到要求深度
N170	M06	
N180	T00	
N185	G59；	
N190	G90G52X0Y-25Z45.5；	在 R56 圆弧圆心建立局部坐标系 （图 4-20）
N200	G00G90X0Y8S2000M03F100； G43H13Z-56M08； G01X0Y0； G19G02Y-30Z-47.286R56； G52； G17； G00G49Z-50M09； G91G28Z0；	YZ 平面内圆弧插补 取消局部坐标系

	O4221；	
N210	M06	
N220	G91G28Y0.0；	
N230	M30；	

四、操作加工

1. 工装准备

刀具、刀柄、拉钉、辅助工具等工装准备，见表 4 - 23。

表 4 - 23　　　　　　　　刀具-刀柄型号-刀柄附件清单

刀　具	刀柄型号	辅　具
T1：ϕ4 中心钻 T4：ϕ16 直柄立铣刀 T5：ϕ12 直柄铰刀 T8：ϕ8 硬质合金直柄立铣刀 T9：内螺纹车刀 SNR0016M16（刀片型号：16NRA60） T10：ϕ10 直柄球头铣刀 T11：ϕ6 硬质合金直柄立铣刀 T12：ϕ8 直柄球头铣刀	ER 弹簧夹头刀柄（型号：BT40 - ER32 - 60）：8 把 配卡簧：（ER32 - 4×1 只、ER32 - 6×1 只、ER32 - 8×2 只、ER32 - 10×1 只、ER32 - 12×1 只、ER32 - 16×2 只），配拉钉 P40T - I：11 只	勾头扳手 WVN32：1 把
T2：ϕ10 锥柄长麻花钻 T3：ϕ11.8 锥柄长麻花钻	有扁尾莫氏圆锥孔刀柄（型号：BT40 - M1 - 45×2 把）	拆刀斜楔，尺寸见表 4 - 24，市场可购买
T7：ϕ25 锥柄麻花钻	有扁尾莫氏圆锥孔刀柄（型号：BT40 - M3 - 75×1 把）	
ϕ80 盘铣刀 FM90 - 80AP10N（刀片型号：APKT1003PDTR）	BT40 - XM27 - 60	内六角扳手

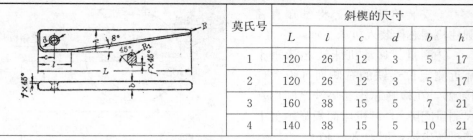

莫氏号	斜楔的尺寸					
	L	l	c	d	b	h
1	120	26	12	3	5	17
2	120	26	12	3	5	17
3	160	38	15	5	7	21
4	140	38	15	5	10	21

表 4 - 24　　　　　　　　锥柄工具的拆卸斜楔结构尺寸

f：0.5、$R \approx 2$

　　使用垫铁，是以方便装夹工件、灵活调整工件加工高度为目的。它应该具有定位简单、快捷、精准，安装稳定可靠的性能特点。垫铁的材料、结构尺寸并不固定，市场上难以购买，一般以自制为多。

　　本案例包含件 1、件 2，它们在同一台机床、同一只虎钳上装夹加工，由于它们的结构尺寸不同，加工中需调整的加工高度不同，因此需准备多块垫铁以备所用。

　　综合考虑件 1 的各道加工工序中合理的装夹高度，设计自制的垫铁尺寸为：160mm×35mm×15mm，2 块，材料：A45。件 2 的 2 道加工工序中所用垫铁尺寸为：160mm×56mm×15mm，2 块，材料：A45。其中：35mm 尺寸、56mm 尺寸、15mm 尺寸分组等高共磨，即保证垫铁成组使用尺寸绝对等高。

2. 装夹找正工件

　　(1) 件 1 工序 10 装夹：

　　①安装。件 1 工序 10 装夹找正如图 4 - 23 所示。毛坯 P 面紧靠虎钳固定钳口、M 面对边略微垫平，侧定位垫铁大平面紧靠虎钳钳口侧边，圆柱体母线侧靠垫铁，活动钳口稍许夹紧工件。

　　②找正夹紧。抽出底面垫铁，磁性表座吸附在主轴上，左右移动机床，用百分表找正 M 面水平（表针偏摆在 0.01mm 范围内即可），完成工件定位。夹紧工件，用百分表复检 M 面的定位精度，在上述 0.01mm 范围内装夹定位完妥。

　　(2) 件 1 工序 70 装夹。件 1 工序 70 装夹过程中也需要找正：M 面紧靠虎钳固定钳口，用百分表打靠 5°斜面，水平找正，夹紧即可。虽然工件处于不完全定位状态，但不影响工件的加工。

3. 测量零点偏置值

　　(1) 找平躺圆柱中心线。平躺圆柱中心线位置测量方法如图 4 - 24 所示。

具体步骤如下：

①安装检测芯棒。将已知直径圆柱检测芯棒装入机床主轴。

②测量。移动机床让芯棒水平靠近侧定位垫铁的右侧面（不允许接触），在检测芯棒和垫铁之间用塞尺测量间隙 b，读机床面板显示屏上的机械坐标，记为 $X_{机芯}$ 值。

③计算。平躺圆柱靠死侧定位垫铁，其中心线 X 轴方向的零点偏置值 $G54_{X机圆柱}$ 可计算得：

$$G54_{X机圆柱} = X_{机芯} - a/2 - b + D/2$$

（其中：D 为平躺圆柱直径、a 为检测芯棒直径）

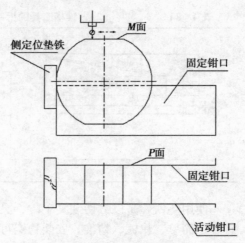

图 4-23　件 1 工序 10 装夹找正

（2）以孔/销对刀。对于前道工序加工成形的带精度圆孔或外圆柱面，本工序中除可以用寻边器对刀外，还可以采用杠杆百分表对刀，这种对刀方法的定位精度高于用寻边器，如图 4-25 所示，具体步骤如下：

①装表座。将装有杠杆百分表的磁性表座吸附在主轴端面。

②压表。主轴回转中心与孔中心大致同心后，表针轻贴在内孔/外圆柱面（有 0.2～0.40mm 预压量）。

③环表。手动方式拨动主轴转

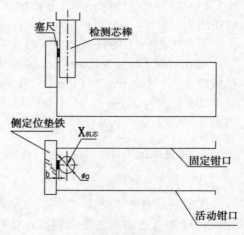

图 4-24　找平躺圆柱中心

一周，表针整周与圆柱面接触，表针的摆动量在允许的对刀误差内，如图 4-25 中①、②、③和④个位置的最大差值为 0.01mm，此时可认为主轴的旋转中心与被测孔中心重合。

④读数。孔中心在机床坐标系下的坐标值就是所测值，输入需要的工件坐标系中即可。

件 1 的工序 20、工序 40、工序 50 和件 2 的工序 20 的对刀就要用到这种方法。

（3）计算平躺圆柱母线最高点。平躺圆柱母线最高点测量方法如图 4-26 所示。具体步骤如下：

①装刀。加工刀具装入机床主轴，机床 Z 轴回零。

②测量。下移机床，刀具下压放置在水平垫铁上的高度对刀仪，从机床显示屏可以读到"Z 轴移动距离"。

③计算。该加工刀具对应的平躺圆柱母线最高点在机床坐标系中的位置为：

$$Z 机 = Z 轴移动距离 - 50 + D$$

其中：50mm 是高度对刀仪的高度值，D 是平躺圆柱直径实测值。

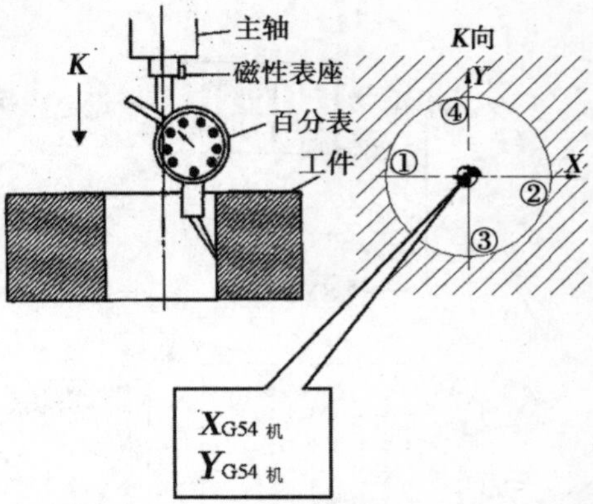

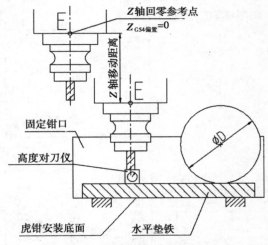

图 4-25　用杠杆表以孔对刀

4. 数据传输

自动编制的曲面加工程序很长，坐标字位数多，程序的可读性和手动输入性极差，常需用数据传输方式将程序送入机床或在线加工。

（1）程序传输路径。图 4-27 所示 FANUC-0iM 系统机床与电脑、CF 卡、读卡器、PCMCIA 卡座之间的连接，不同的系统有不同的连接方式。

（2）机床参数设置。机床传输参数设置正确，是保证机床不致损坏、传输正确的基本条件。设置方法见图 4-28。

图 4-28　平躺圆柱母线最高点

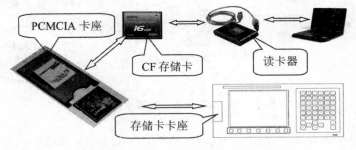

图 4-27　机床与电脑、卡间的连接

205

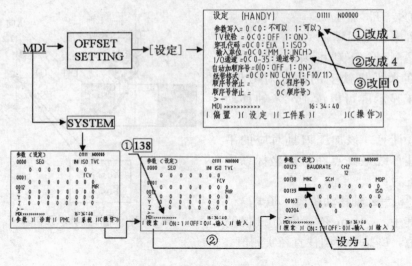

图 4-28　机床参数设置

（3）从存储卡传输程序到 CNC。把程序从存储卡传输到机床 CNC 过程，如图 4-29 所示。

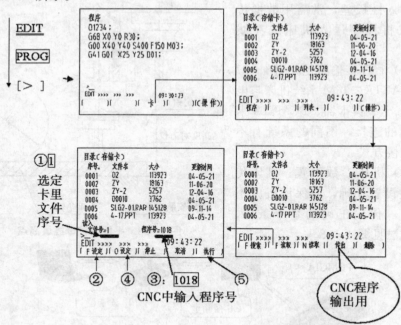

图 4-29　从存储卡传输程序到 CNC

（4）用存储卡 DNC 加工。直接用存储卡 DNC 加工，如图 4-30 所示。

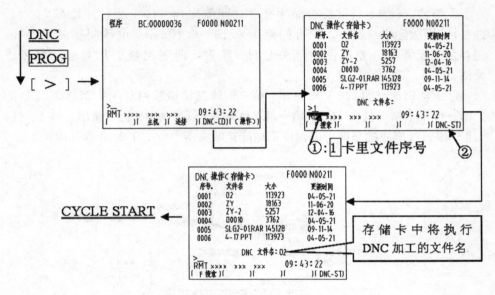

图 4-30 用存储卡 DNC 加工所示

（5）将机床 CNC 内部的程序保存到存储卡。将机床 CNC 内部的程序保存到存储卡中备份，如图 4-31 所示。

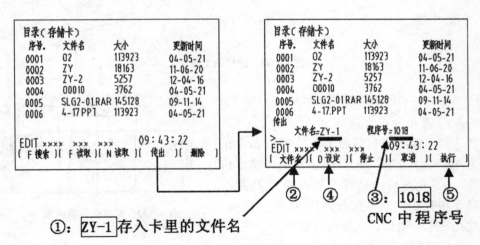

图 4-31 CNC 内部程序保存到存储卡

5. 两件配合检验

（1）配合一检验。

207

①组装。件1、件2配合属于孔、柱间隙配合（件1凸台外径$\phi 50_{-0.14}^{-0.10}$、件2内孔孔径$\phi 50_{0}^{+0.05}$），配合间隙为0.19～0.10mm。单件制作时只要控制各加工尺寸在公差范围内，去毛刺、清理，两者组装后相对转动轻松、灵活。

②滚动钢球。如图4-32所示，$\phi 6$钢球滚动检验路径为：钢球滚入件2上槽→件1上槽→件2上三维槽→件2$\phi 10$孔→件1$\phi 10$孔→流出。件1、件2上三段弧线槽底的高度可以保证钢球能正常滚落至件2上$\phi 10$通孔内。

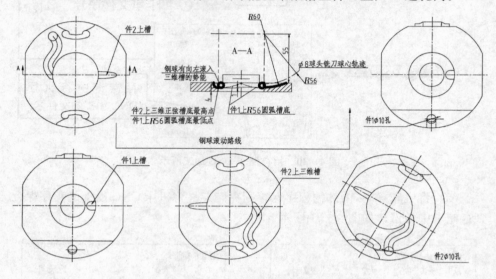

图4-32　钢球滚动路线

③$\phi 10$mm孔分布半径计算。件2上的$\phi 10$通孔分布半径$L = \sqrt{25^2 + 43.2^2} = 49.912$，件1的5°斜面上$\phi 10$孔分布半径为49.962，如图4-35所示。两者基本相等。$\phi 6$钢球可以从件2的$\phi 10$通孔跌落进5°斜孔中。5°斜孔与$\phi 10$水平孔贯通。此孔是唯一出口，钢球可以钻出。

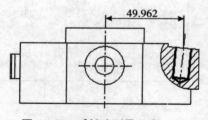

图4-33　5°斜孔测量距离

（2）配合二检验。

①比较。件1上2-$R35_{0}^{+0.05}$圆弧间距为$90_{-0.10}^{0}$，如图4-34所示。件2上2-$R35_{-0.1}^{0}$圆弧间距为$90_{+0.20}^{+0.40}$，如图4-35所示。圆弧配合间隙0.5～0.2mm。

②组装配合。组装配合较为宽松。

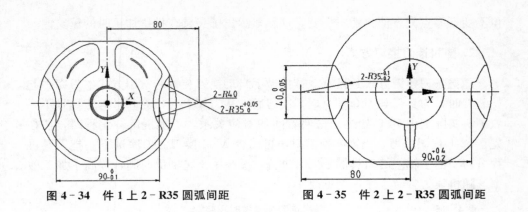

图 4-34　件 1 上 2-R35 圆弧间距　　　　　图 4-35　件 2 上 2-R35 圆弧间距

五、相关知识

1. 工件坐标系与定位基准的关系

（1）工件坐标系。工件坐标系又称编程坐标系，是编程和加工时用来定义工件形状和刀具相对工件运动的坐标系，与机床坐标系同向、平行。工件坐标系的原点又称为工件零点，编程中用到的坐标尺寸，均是指工件坐标系中的坐标尺寸。建立工件坐标系有两个目的：一是便于编程时计算坐标尺寸；二是确定工件安装在机床什么位置。确定工件坐标系原点位置应遵循便于测量、便于计算两原则。工件坐标系原点在机床坐标系中的坐标值即零点偏置值，应方便直接或间接测量，确定工件在机床上的装夹位置；工件坐标系原点应尽可能与设计基准重合，便于直接用图样尺寸编程，减少计算量，必要时可以建立几个工件坐标系来达到目的。

有了工件坐标系，编程人员在大概了解机床的情况下，就可以依据零件图样，确定机床的加工过程，可以编制格式正确的程序。而机床将工件坐标尺寸与零点偏置值两者代数和之后作为运动目标位置，工件坐标系就是这样简化计算编程尺寸的。

（2）定位基准。夹具的定位元件支撑在工件的定位基面上来体现工件的定位基准，各个定位基面所限制的自由度数应符合六点定位法则。工件坐标系原点与工件定位基准不一定重合，但两者之间必须要有确定的几何关系，工件定位基准应尽可能与建立工件坐标系的对刀测量基准重合。

数控机床以工件坐标系为基准加工零件，也就是说各个加工部位相对于工件坐标系的精度由机床保证，与定位基准无关。但是工件坐标系建立在处于既定位状态的工件之上，定位变了，必须重新对刀测量零点偏置值。夹具能让定位不变，零点偏置值自然不会变，这就显示出了夹具在批量加工时的重要性。

2. 随机选刀换刀方式

随机选刀换刀方式是具有双臂机械手自动换刀装置的常用方式。刀库中起始装刀时，刀具号与刀套号对应，换刀后，从刀库上看，刀套号与刀具号不一致了，实际上由 PLC 始终记忆两者间的对应关系，不能混乱。编程时，往往先指令 T 代码选刀，当需要换刀时，再指令 M06 换刀。刀库选下一把刀具过程可与当前主轴上的刀具加工同时进行，减少了工艺辅助时间，提高了加工效率。随机换刀省时程序一例见表 4-25。

表 4-25 随机选刀换刀省时程序

段号	O72	程序号
N10	T01;	刀库选择 T01 号刀到换刀位置
N20	M06;	将 T01 号刀换到主轴上
N30	T02;	刀库选择 T02 号刀到换刀位置，此期间后续程序同时运行
N40	G90G00G54X50Y100F100S800M03;	用 T01 加工
N	……	
N	M06;	换 T02 刀到主轴上，T01 刀同时换回刀库
N	T50;	选择 T50 刀为下次换刀做好准备，此期间后续程序同时运行
N	G90G00G54X100Y100F100S800M03;	用 T02 加工
N	……	
N	M06;	换 T50 刀，同时 T02 换回刀库
N	T00;	选择 T00 刀即刀库不动，为下次换回 T50 刀做好准备，意味着最后一把刀加工，程序即将结束
N	G90G00G54X200Y100F100S800M03;	用 T50 加工
N	……	
N	M06;	T50 换回刀库，主轴上无刀
N	M30;	程序结束

需要说明的是，如果刀库随机选刀期间突然断电，由于数控程序已经选好刀具、PLC 做好记忆，但刀库尚未转到位而停止，两者对应关系发生混乱，开机后必须重新整理。

案例五　茶壶模具数控铣削加工

一、案例任务

（一）零件图样

三轴铣削曲面图样：501 茶壶模具工程图、三维模型图，如图 5-1 所示。

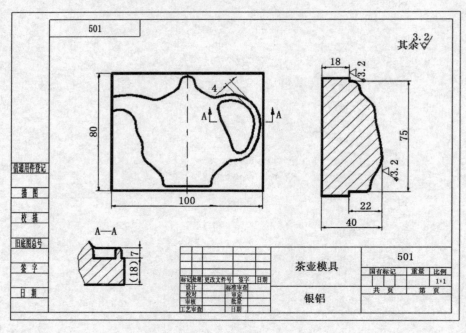

（a）工程图

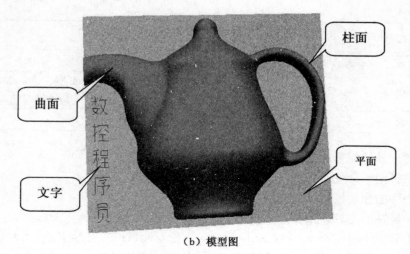

（b）模型图

图 5-1 茶壶图形

（二）任务要求

（1）加工图 5-1 工件 1 件；

（2）工艺设计；

（3）三轴自动编程；

（4）在线加工或模拟加工。

（三）配备条件

（1）加工设备：立式加工中心 XH714，具有三轴联动功能，主要技术参数见表 5-1。

表 5-1   **XH714 立式加工中心技术参数**

项　　目	参　数	项　　目	参　数
工作台面积长×宽（mm）	800×400	主轴转速（r/min）	20～6000
X×Y×Z 行程（mm）	600×400×600	主轴锥孔	BT40
工作台 T 型槽宽度（mm）×数量	14H8×4	定位精度（mm）	±0.01/300，±0.015/全长
主轴端面到工作台面距离（mm）	200～800	重复定位精度（mm）	0.008

项　　目	参　数	项　目	参　数
进给速度（mm/min）	1～4000	最小输入单位（mm）	0.001
快移速度（mm/min）	30	数控系统	FANUC0i‑MC，3轴联动
刀库容量（把）	24		

（2）其他配套设施：

①机用平口虎钳200mm及扳手。

②种类和数量足够的垫铁。

③足够的刀具、量具和辅具。

④锻铝块料100mm×80mm×50mm，任意面可以直接装夹。

⑤台式电脑、CAD、UGNX8、数控仿真加工软件。

二、工艺设计

1. 零件图样及三维模型分析

（1）零件图样分析：分析图5‑1可知，工件最大外形100mm×80mm×40mm，要加工构成茶壶的曲面、放置的平面和文字，表面粗糙度Ra3.2，其余表面不加工。

（2）三维模型分析：

①进入UG8.0建模环境。【开始】→【程序】→【siemensNX8.0】→【NX8.0】，进入UG8.0建模环境。

②打开实体文本文件。【文件】→【打开】→（寻找文件存放位置）→按图5‑2选择→【OK】，打开501chahu.x_t，进入UG8.0基本环境。

③曲面最小圆弧半径分析。分析→最小半径（R）→框选模型→确定，出现图5‑3所示信息文本，最小凹面圆弧半径$R5.174$，没有平面。同时查看到，构成茶壶的曲面部分是典型的三维空间曲面，所有连接部位均光滑曲面过渡，为选用坐标轴联动数量、曲面加工方式、刀具大小和形状等提供了依据。

④柱面分析。分析→最小半径（R）→点选柱面→确定，可见柱面的最小内圆弧半径是$R5.874$mm（图5‑4）。构成茶壶的曲面部分与放置茶壶的平面部分之间直角过渡，需用立铣刀绕周边清根，来形成清晰的茶壶曲面轮廓。

⑤文字。双击文字，出现注释属性，并表明线串文字（图5‑5）。黑体文

214

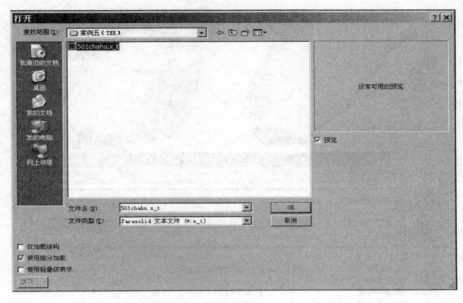

图 5‑2　打开 501 chahu. x＿t 文

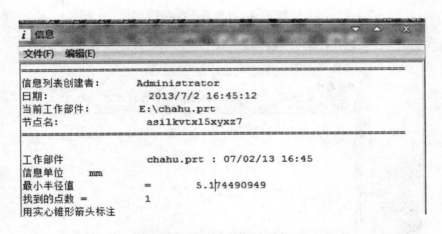

图 5‑3　chahu 曲面最小内半径

字线串刻在放置茶壶的平面上，作为标记。对笔画的粗细、笔画的深度等要求不高，清晰可辨即可。

2. 工序划分及工步安排

该零件装夹一次能完成全部加工内容，工步安排见表 5‑2。

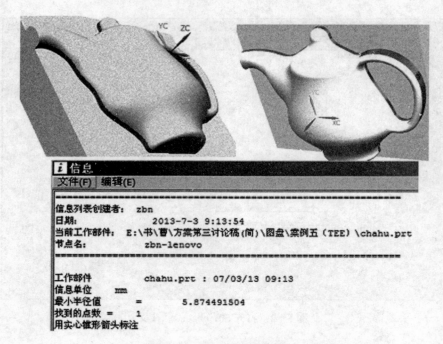

图 5-4　柱面最小内半径

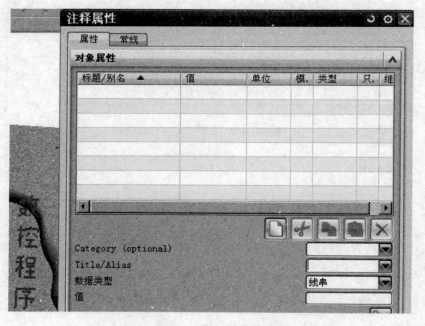

图 5-5　文字线串

表 5-2　　　　　　　　　　　　　工步安排

工步号	工步名	工步内容	加工方式	驱动或走刀方式	刀具号	刀具规格
10	CAVITY _ MILL _ RF01	粗铣全部加工部位	轮廓铣削 mill _ contour 中的型腔铣方式 CAVITY _ MILL	跟随周边走刀	T01	ϕ 10 立铣刀
20	CONTOUR _ AREA _ FF02	精铣茶壶曲面	轮廓铣削 mill _ contour 中的定轴轮廓区域铣削方式 CONTOUR _ AREA	区域驱动、跟随周边走刀	T02	ϕ 10 球形立铣刀
30	ZLEVEL _ CORNER _ FF03	精铣茶壶柱面	轮廓铣削 mill _ contour 中的深度加工拐角方式 ZLEVEL _ CORNER	仅陡峭的	T01	
40	FACE _ MILLING _ FF04	精铣茶壶放置平面	用平面铣削 mill _ planar 中的面铣削方式 FACE _ MILLING	往复走刀	T01	
50	CONTOUR _ TEXT _ FF05	刻字	用轮廓铣削 mill _ contour 中的定轴轮廓文字铣削方式 CONTOUR _ TEXT	区域驱动	T03	ϕ 2 立铣刀

工步 10：开粗。用 ϕ 10mm 钨钢直柄立铣刀（端面刃至中心，3 刃）、型腔铣方式 CAVITY _ MILL 开粗，主要是利用端面刃至中心方便轴向进刀、3 刃立铣刀切削平稳、钨钢切削速度高、强度高不易断的特点，来提高柱面、平面的加工质量，轴向进刀提高加工效率。

工步 20：精铣曲面。用 ϕ 10mm 钨钢直柄球形立铣刀三轴联动、定轴轮廓区域铣削方式 CONTOUR _ AREA 精铣曲面。

工步 30：精铣柱面。在柱面只能用小于等于 ϕ 10mm 的立铣刀加工的情况下：

①若采用轮廓铣削 mill _ contour 中的定轴轮廓区域铣削方式 CONTOUR _ AREA、清根驱动加工，不会是单纯绕工件轮廓一周的刀具路径，刀路可能会到曲面上来清根，因不同刀具切削而留有明显的刀痕；

②若采用型腔铣 CAVITY _ MILL、轮廓加工走刀方式切削，能生成单纯绕工件轮廓的刀具路径，不会因清根而损伤工件，但刀具路径不是完整的一周，不适合加工光滑过渡的柱面；

③采用深度加工拐角 ZLEVEL _ CORNER、仅陡峭的能生成单纯绕工件轮廓完整一周的刀具路径，适合加工光滑过渡的柱面，也充分利用了立铣刀侧刃加工稳、质量高的特点。

工步 40：精铣平面。用平面铣削 mill _ planar 中的面铣削方式　FACE _

MILLING，精铣茶壶放置平面。通过局部设定合理余量，能有效防止刀具划伤已加工柱面。

工步50：刻字。用ϕ2mmHSS直柄立铣刀刻字，尽管达不到标准字体的细节要求，但作为一般的标志，尽管深度不深，还能清晰可辨。

三、自动编程

1. 进入加工环境

【开始】→【加工】，出现图5-6加工环境对话框→【cam_general】→【mill_contour】→【确定】，进入UG8.0加工模块。

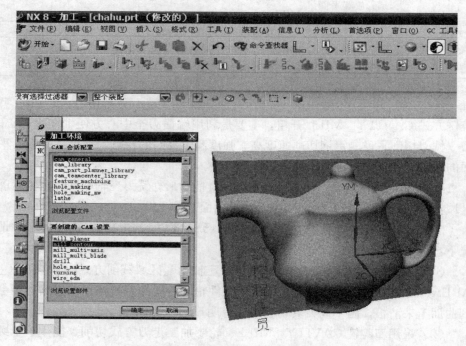

图5-6　加工环境及加工模块

2. 建立工件坐标系

如图5-7所示，导航器工具条中【几何视图】→双击【MCS_MILL】→【安全距离】1→双击【CSYS对话框图标】→【Z】41→【确定】→【确定】，

218

建立了工件坐标系 XM - YM - ZM。工件坐标系建立在工件毛坯顶面中心，为了对刀方便、工件最高点（40.0015）也留有加工余量。

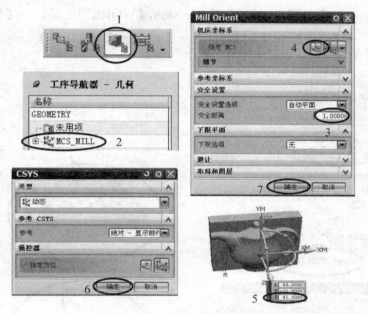

图 5 - 7　建立工件坐标系

3. 统一两种坐标系

【开始】→【建模】→实用工具条中【WCS 定向】→【X】50、【Y】- 21、【Z】41→【确定】（图 5 - 8），使工件坐标系 XM - YM - ZM 与绝对坐标系 XC - YC - ZC 重合统一，便于判断某些参数设定的相同坐标含义，避免遗忘、造成混乱。

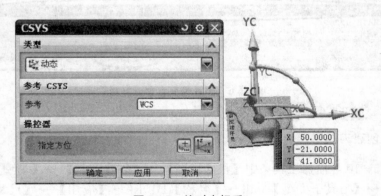

图 5 - 8　绝对坐标系

219

4. 创建部件及毛坯几何

图 5 - 9→【＋】MCS＿MILL→双击【WORKPIECE】→【材料】→（找铝材）→【确定】→【指定部件】→选模型→【指定毛坯】→选毛坯框→【确定】。

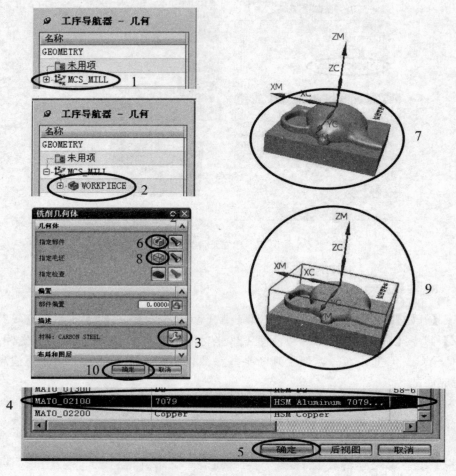

图 5 - 9　建立零件及毛坯几何

5. 创建刀具

图 5 - 10 导航器工具条中【机床视图】→【创建刀具】→【类型】mill＿contour→【刀具子类型】mill→【名称】D10R0→【应用】→【尺寸】直径 10、长度 30、刀刃长度 25、刀刃 3→【材料】→【确定】→【刀具号】01→

220

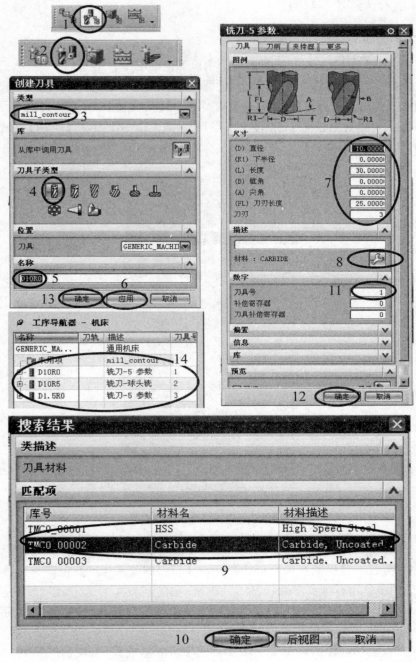

图 5 - 10 创建刀具

【确定】，依此类推创建球刀 D10R5 、立铣刀 D2R0，最后【确定】，在工序导

221

航器中能看到全部刀具信息。

6. 编制粗铣程序

（1）创建茶壶 CAVITY ＿ MILL ＿ RF01 粗铣工序。图 5 - 11→创建工序工具条中【程序顺序视图】→【创建工序】→【类型】mill ＿ contour→【工序子类型】CAVITY ＿ MILL→【刀具】D10R0、【几何体】WORKPIECE、【方法】MILL ＿ ROUGU→【名称】CAVITY ＿ MILL ＿ RF01→【应用】，出现型腔铣对话框。

图 5 - 11　填写创建工序对话框

（2）设置刀路部分内容。图 5 - 12→【切削模式】跟随周边→【步距】刀具平直百分比→【平面直径百分比】95→【每刀的公共深度】恒定→【最大步距】1。

（3）设定切削层参数。图 5 - 12 中 4→【切削层】，出现切削参数对话框（图 5 - 13）看模型分层情况后→【确定】。

（4）设定切削参数。图 5 - 12 中 5→【切削参数】，出现切削参数对话框（图 5 - 14）→【策略】→【切削方向】逆铣→【切削顺序】深度优先→【刀路方向】向内→【添加精加工刀路】☑→【刀路数】1→【精加工步距】

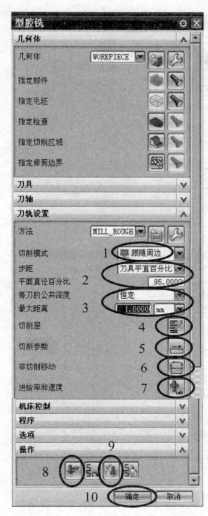

图 5-12　设置刀轨部分内容

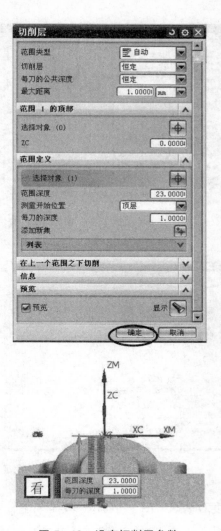

图 5-13　设定切削层参数

90％刀具→【余量】→☑使底面余量与侧面余量一致→【部件侧面余量】
0.5→【确定】，返回型腔铣对话框（图 5-12）。

　　（5）设定非切削移动参数。图 5-12 中 6→【非切削移动】，出现非切削参
数对话框（图 5-15）→【进刀】→【进刀类型】插削→【高度】3→【高
度起点】3。D10R0 键槽铣刀，可以钻削，刀路短，是选择插削的主要原因。
→【退刀】→【退刀类型】与进刀相同→【确定】，返回型腔铣对话框（图
5-12）。

　　（6）设定进给率和速度。图 5-12 中 7→【进给率和速度】，出现进给率和

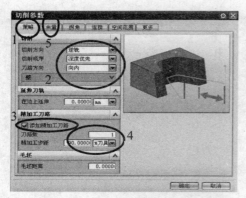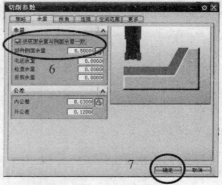

图 5 - 14　策略余量参数设置

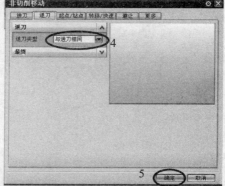

图 5 - 15　设定非切削移动参数

速度对话框（图 5 - 16）→【√ 主轴转速】6000→（显示表面速度和每齿进给量）→【切削】3000→【更多】→【逼近】快速→【进刀】200→【第一刀切削】3000→【步进】3000→【移刀】快速→【退刀】快速→【确定】，返回型腔铣对话框（图 5 - 12）。

（7）生成刀轨。图 5 - 12 中 8→【生成】→（计算显示刀路）（图 5 - 17）。

（8）刀轨动态模拟。图 5 - 12 中 9→【确认】→出现进刀轨可视化对话框（图 5 - 18）→【2D】→【播放】→（动态模拟加工）→【确定】，返回型腔铣对话框（图 5 - 12）→【确定】，完成型腔铣刀轨创建。

（9）后处理生成 NC 代码。

①UG 参数设定。打开 UG 安装目录 "C \ Program Files \ Siemens \ NX 8.0 \ MACH \ resource \ postprocessor"，用记事本打开 mill3ax. tcl（对应后处理器 MILL _ 3 _ AXIS. pui）文件，加大以下两个参数即可：

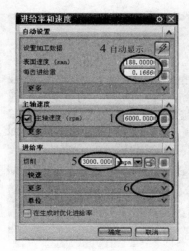

图 5‑16　设定进给率和速度

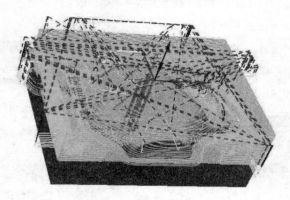

图 5‑17　生成刀轨

set mom ＿kin ＿max ＿fpm 　　　　" 6000"（定义最大 F 速度，原始 800）

set mom ＿kin ＿rapid ＿feed ＿rate 　" 30000"（定义 G00 速度，原始 800）

②后处理。图 5‑19→工具导航器中点选要后处理的程序→操作工具条中【后处理】→（出现后处理对话框）→【后处理器】MILL ＿3 ＿AXIS→【输出文件名】chahu ＿RF01→【单位】公制/部件→【确定】→报警框【确定】→浏览信息后【×】，生成 chahu ＿RF01. ptp 用记事本编辑的文本文件。

（10）编辑数控加工程序。用记事本打开 chahu ＿RF01. ptp 文件，编辑成适合所用机床的数控加工程序，另存为 01. txt，如图 5‑20 所示。

7. 编制精铣曲面程序

（1）创建茶壶 CONTOUR ＿AREA ＿FF02 精铣曲面工序。图 5‑21→创建工序工具条中【程序顺序视图】→【创建工序】→【类型】mill ＿contour→

225

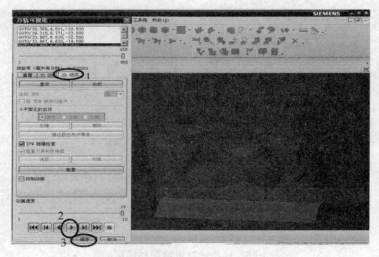

图 5-18　刀轨可视化对话

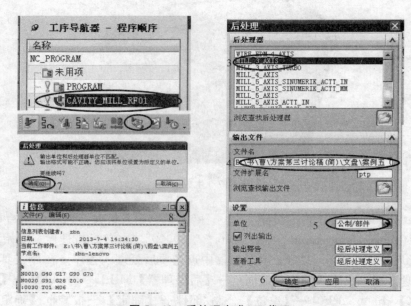

图 5-19　后处理生成 NC 代码

【工序子类型】定轴轮廓区域铣削方式 CONTOUR ＿ AREA→【刀具】
D10R5、【几何体】WORKPIECE、【方法】MILL＿FINISH→【名称】CON-
TOUR＿AREA＿FF02→【应用】，出现轮廓区域对话框。

（2）设置刀路部分内容。图 5-22→【指定切削区域】→【选择对象】→
点选茶壶曲面→【确定】→【驱动方法】区域铣削→【编辑】→陡峭空间范围

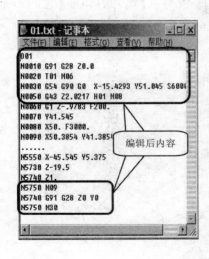

图 5-20　编辑加工程序　　　　　　　图 5-21　创建工序

【方式】无→【切削模式】跟随周边→【刀路方向】向外→【切削方向】顺铣
→【步距】残余高度→【最大残余高度】0.0002→【步距已应用】在平面上→
【区域连接】 √ →【确定】，返回轮廓区域对话框。如果选【步距已应用】在
部件上，从后续的刀轨图看出，路径不理想；选择精加工路径无意义。

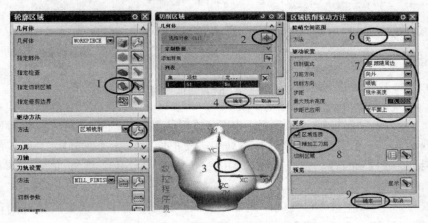

图 5-22　设定轮廓区域铣削部分参数

（3）设定进给率和速度。图5-23中1→【进给率和速度】，出现进给率和速度对话框→【✓主轴转速】6500→（显示表面速度和每齿进给量）→【切削】2500→【更多】→【逼近】快速→【进刀】200→【第一刀切削】2500→【步进】2500→【移刀】快速→【退刀】快速→【确定】，返回轮廓区域对话框。

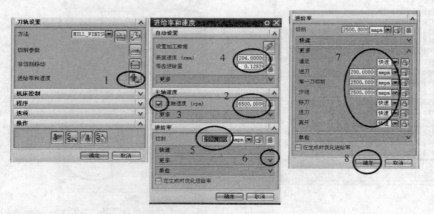

图5-23 设定进给率和速度

（4）生成刀轨。图5-24→【生成】→计算显示刀路。

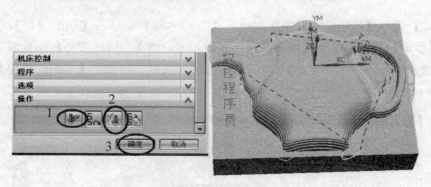

图5-24 计算显示刀路

（5）刀轨动态模拟。图5-24中2→【确认】→出现进刀轨可视化对话框（图5-25）→【2D】→【播放】→（动态模拟加工）→【确定】，返回轮廓区域对话框→【确定】，完成CONTOUR_AREA_FF02精铣曲面工序刀轨创建。

（6）后处理生成NC代码。图5-26→工具导航器中点选要后处理的程序→操作工具条中【后处理】→（出现后处理对话框）→【后处理器】MILL_3_AXIS→【输出文件名】chahu_FF02→【单位】公制/部件→【确定】→报

228

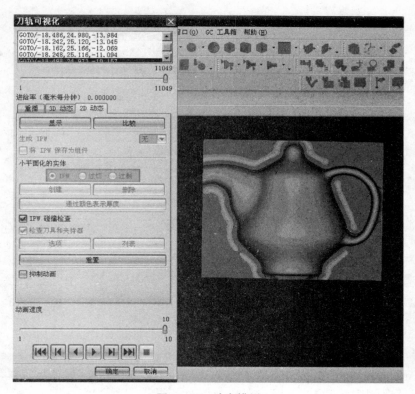

图 5-25　动态模拟

警框【确定】→浏览信息后【×】，生成 chahu _ FF02. ptp 用记事本编辑的文本文件。

（7）编辑数控加工程序。用记事本打开 chahu _ FF02. ptp 文件，编辑成适合所用机床的数控加工程序，另存为 02. txt，如图 5-27 所示。

8. 编制精铣柱面程序

（1）创建茶壶 ZLEVEL _ CORNER _ FF03 精铣柱面工序。图 5-28→创建工序工具条中【程序顺序视图】→【创建工序】→【类型】mill _ contour→【工序子类型】深度加工拐角 ZLEVEL _ CORNER→【刀具】D10R0、【几何体】WORKPIECE、【方法】MILL _ FINISH→【名称】ZLEVEL _ CORNER _ FF03→【应用】，出现深度加工拐角对话框。

（2）设定深度加工拐角参数。①指定切削区域。图 5-29→【指定切削区域】→【选择对象】→点选茶壶曲面及放置平面→【确定】。

②设定刀轨参数。图 5-29 中 4→【陡峭空间范围】仅陡峭的→【角度】90→【合并距离】3→【最小切削长度】1→【每刀的公共深度】恒定→【最大

229

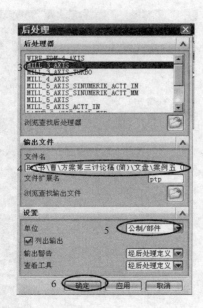

图 5 - 26　后处理生成 NC 代码

距离】6。

（3）设定非切削移动参数。图 5 - 29
中 5→【非切削移动】，出现非切削参数对
话框（图 5 - 30）→【进刀】→封闭区域
【进刀类型】与开放区域相同→【确定】，
返回深度加工拐角对话框（图 5 - 29）。

（4）设定进给率和速度。图 5 - 29 中 6
→【进给率和速度】，出现进给率和速度对
话框（图 5 - 31）→【☑主轴转速】2000
→（显示表面速度和每齿进给量）→【切

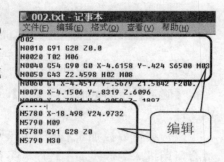

图 5 - 27　编辑加工程序

削】250→【更多】→【逼近】快速→【进刀】200mmpm→【第一刀切削】
100 切削百分之百→【步进】100 切削百分之百→【移刀】快速→【退刀】快
速→【确定】，返回深度加工拐角对话框。

（5）生成刀轨。图 5 - 32→【生成】→计算显示刀路。

（6）刀轨动态模拟。图 5 - 32 中 2→【确认】→出现进刀轨可视化对话框
（图 5 - 33）→【2D】→【播放】→（动态模拟加工）→【确定】，返回深度加
工拐角对话框→【确定】，完成 ZLEVEL ＿ CORNER ＿ FF03 精铣柱面工序刀
轨创建。

图 5 – 28　创建工序　　　　　　　　　　　图 5 – 29　设定深度加工拐角参数

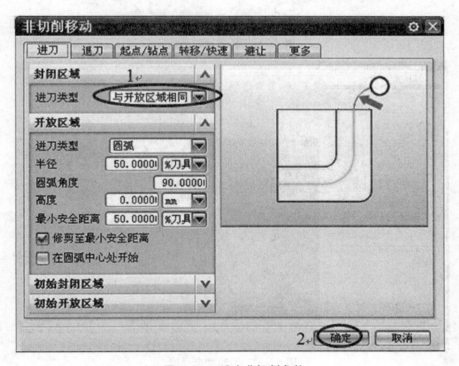

图 5 – 30　设定非切削参数

231

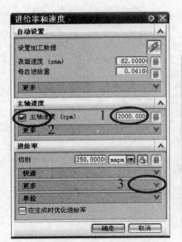
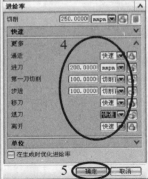

图 5-31　设定进给率和速度

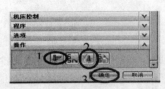
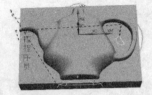

图 5-32　计算显示刀路

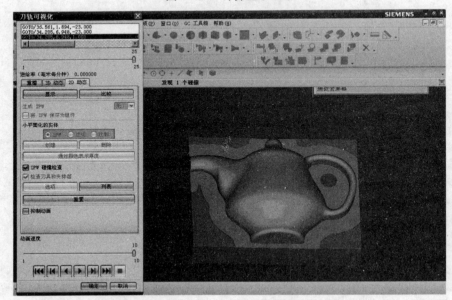

图 5-33　刀轨动态模拟

（7）后处理生成 NC 代码。图 5-34→工具导航器中点选要后处理的程序

→操作工具条中【后处理】→（出现后处理对话框）→【后处理器】MILL＿3
＿AXIS→【输出文件名】chahu＿FF03→【单位】公制/部件→【确定】→报
警框【确定】→浏览信息后【×】，生成 chahu＿FF03.ptp 用记事本编辑的文
本文件。

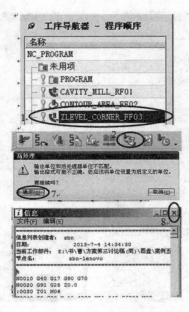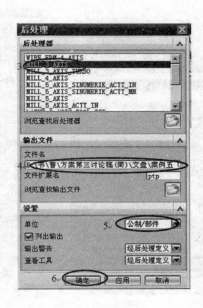

图 5－34　后处理生成 NC 代码

　（8）编辑数控加工程序。用记事本打开
chahu＿FF03.ptp 文件，编辑成适合所用机
床的数控加工程序，另存为 03.txt，如图 5－
35 所示。

9. 编制精铣平面程序

　（1）创建茶壶 FACE＿MILLING＿FF04
精铣平面工序。图 5－36→创建工序工具条中
【程序顺序视图】→【创建工序】→【类型】
mill＿planar→【工序子类型】面铣削方式

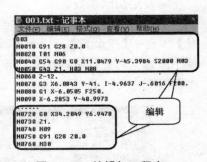

图 5－35　编辑加工程序

FACE＿MILLING→【刀具】D10R0、【几何体】WORKPIECE、【方法】
MILL＿FINISH→【名称】FACE＿MILLING＿FF04→【应用】，出现面铣对
话框。

　（2）设定面铣参数。

　①指定面边界。图 5－37→【指定面边界】→【主要】→【面边界】→点

233

选茶壶放置平面→【确定】。

②设定切削模式及参数。图 5-37 中 5→【切削模式】往复→【步距】刀具平直百分比→【平面直径百分比】90→【毛坯距离】3→【每刀深度】0→【最终底面余量】0→【确定】。选【毛坯距离】3，防毛坯给大而切削不完全。

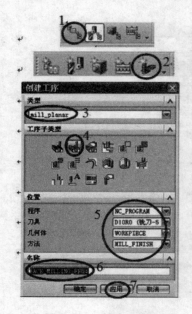

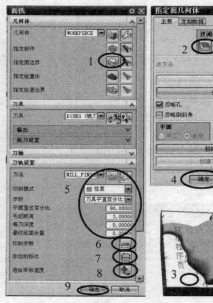

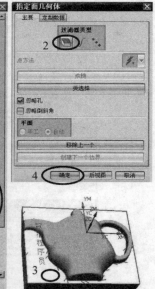

图 5-36　创建工序　　　　　　　　图 5-37　设定切削模式及参数

③设定切削参数。图 5-37 中 6【切削参数】→图 5-38【策略】→【切削方向】逆铣→【切削角】指定→【与 XC 的夹角】0→【余量】→【部件余量】0.5→【壁余量】0.5→【确定】。局部定义部件余量、壁余量合适数据，使平面加工离开其边界——上道工序加工好的柱面，防划伤，这一条在型腔铣中都没有。

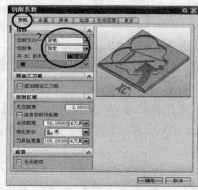

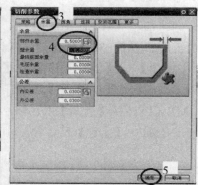

图 5-38　设定切削参数

④设定非切削参数。图 5－37 中 7
【非切削参数】→图 5－39【进刀】→
【进刀类型】插铣→【确定】。

⑤设定进给率和速度。图 5－37 中 8
→【进给率和速度】，出现进给率和速度
对话框（图 5－40）→【✓主轴转速】
2000→（显示表面速度和每齿进给量）
→【切削】250→【更多】→【逼近】快
速→【进刀】200mmpm→【第一刀切
削】100 切削百分之百→【步进】100 切
削百分之百→【移刀】快速→【退刀】
快速→【确定】，返回面铣对话框。

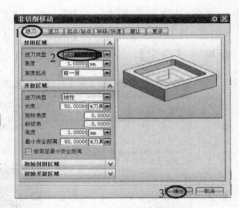

图 5－39　设定非切削参数

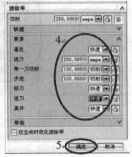

图 5－40　设定进给率和速度

⑥生成刀轨。图 5－41 中 1→【生成】→计算显示刀路。

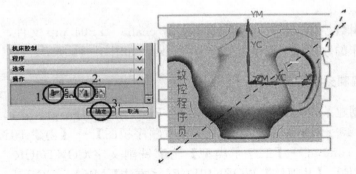

图 5－41　计算显示刀路

⑦刀轨动态模拟。图5-41中2→【确认】→出现进刀轨可视化对话框（图5-42）→【2D】→【播放】→（动态模拟加工）→【确定】，返回面铣对话框→【确定】，完成面铣工序刀轨创建。

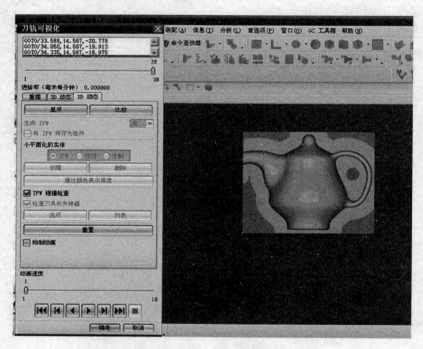

图5-42 刀轨动态模拟

⑧后处理生成NC代码。图5-43→工具导航器中点选要后处理的程序→操作工具条中【后处理】→（出现后处理对话框）→【后处理器】MILL_3_AXIS→【输出文件名】chahu_FF04→【单位】公制/部件→【确定】→报警框【确定】→浏览信息后【×】，生成chahu_FF04.ptp用记事本编辑的文本文件。

⑨编辑数控加工程序。用记事本打开chahu_FF04.ptp文件，编辑成适合所用机床的数控加工程序，另存为04.txt，如图5-44所示。

10. 编制刻字程序

（1）创建茶壶CONTOUR_TEXT_FF05刻字工序。

图5-45→创建工序工具条中【程序顺序视图】→【创建工序】→【类型】mill_contour→【工序子类型】轮廓铣削文字CONTOUR_TEXT→【刀具】D2R0、【几何体】WORKPIECE、【方法】MILL_FINISH→【名称】CONTOUR_TEXT_FF05→【确定】，出现轮廓文本对话框。

236

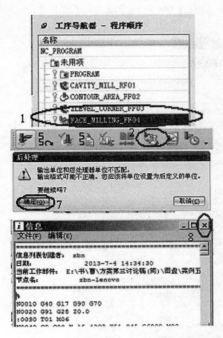
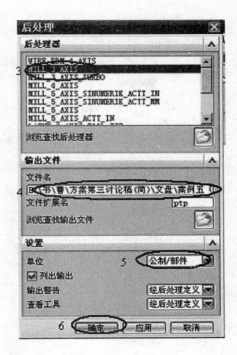

图 5-43 后处理生成 NC 代码

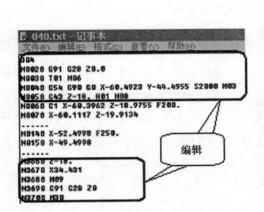

图 5-44 编辑加工程序

图 5-45 创建工序

（2）设定轮廓文本参数。

237

①指定制图文本。图 5 - 46→【文本几何体】→点选文本→【确定】。

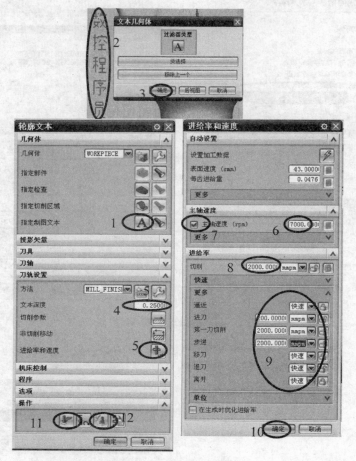

图 5 - 46　设定轮廓文本

②设定文本深度。图 5 - 46 中 4→【文本深度】0.25。

③设定进给率和速度，图 5 - 46 中 5→【进给率和速度】→【 √ 主轴转速】7000→（显示表面速度和每齿进给量）→【切削】2000→【更多】→【逼近】快速→【进刀】200mmpm→【第一刀切削】2000mmpm→【步进】2000mmpm→【移刀】快速→【退刀】快速→【确定】，返回轮廓文本对话框。

④生成刀轨。图 5 - 46 中 11→【生成】→计算显示刀路（图 5 - 47）。

⑤刀轨动态模拟。图 5 - 46 中 12→【确认】→出现进刀轨可视化对话框（图 5 - 48）→【2D】→【播放】→（动态模拟加工）→【确定】，返回固定轮廓铣对话框→【确定】，完成文本工序刀轨创建。

⑥后处理生成 NC 代码。工具导航器中点选要后处理的程序→操作工具条

中【后处理】→（出现后处理对话框）
→【后处理器】MILL＿3＿AXIS→【输
出文件名】chahu＿FF05→【单位】公
制/部件→【确定】→报警框【确定】→
浏览信息后【×】，生成 chahu＿
FF05．ptp 用记事本编辑的文本文件。

　　⑦编辑数控加工程序。用记事本打
开 chahu＿FF05．ptp 文件，编辑成适合

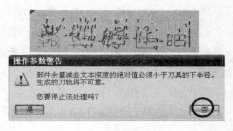

图 5－47　计算显示刀

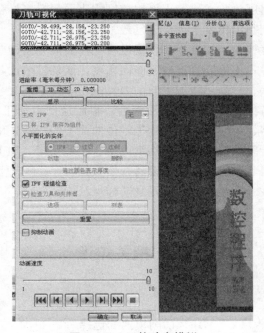

图 5－48　刀轨动态模拟

所用机床的数控加工程序，另存为 05．txt。

四、操作加工

1. 刀具安装与对刀

　　曲面加工常需用小的背吃刀量，要提高加工效率需要高速加工，高速加工
不可避免地存在高频振动，影响工件表面加工质量。安装刀具时在保证长度足

够的情况下，应尽量缩短其悬伸量，对降低高频振动强度有明显效果。

曲面加工需用工序时间长，一般不太可能进行试切，好在程序已通过模拟等校验，准确可信，但刀具长度测量需要精确，特别在机上测量时应控制准确。

所用刀具在工件毛坯高度上通过 Z 向对刀器，一次全部对完，能有效防止切削中途对刀因测量基准不同造成测量误差，影响 Z 向加工质量等。

2. 精度检验

（1）表面粗糙度检验。检验表面粗糙度用表面粗糙度样板对照目测，或者直接根据经验目测判定精度等级，这是最常用的方法。

（2）曲面精度检验。如果生产现场没有配备曲面专用检验样板、坐标测量机、光学扫描仪等，不可能直接检验曲面精度。试切检验法是简单、易行、便宜的间接检验方法。它是用精加工曲面刀具试切零件毛坯大余量处或专门试切件成精度合格、有代表意义的规则形状后，再用这把刀加工零件曲面的方法，即试切件检验合格、用同一把刀具加工零件曲面不要检验，由设备和工装保证加工精度的间接检验测量方法。在加工设备、工装精度、加工程序和刀具相同的条件下，间接检验方法，准确了刀具补偿数据、修正了对刀误差这些影响加工精度的主要因素。茶壶曲面精度正是这样保证的。

五、相关知识

1. 型腔铣 CAVITY _ MILL 切削模式的选择

型腔铣 CAVITY _ MILL 常用到跟随周边、跟随工件两种切削模式高效粗加工有岛屿或内腔零件，两者的刀具轨迹都是由系统根据零件形状偏置产生，形状交叉的地方刀具轨迹不规则、切削不连续，需要通过调整步距、刀具或者毛坯尺寸，得到理想的刀具轨迹。

跟随工件、跟随周边两种切削模式的刀具路径，当步距大于刀具直径的50%时，可能在两条路径间产生非切削区域，在工件表面留有残余材料而铣削不完全。

（1）跟随周边。跟随周边创建一条沿着轮廓顺序的、同心的、封闭的刀具轨迹。该刀具轨迹是对工件轮廓区域的偏置获得。当偏置形状产生重叠时，它们被合并为一条轨迹后，再重新进行偏置，从而产生下一条轨迹，如图 5 - 49 所示。

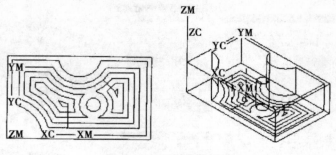

图 5 - 49 跟随周边刀路

跟随周边切削可以指定由外向内或由内朝外的切削方向，如图 5 - 50 所示。如果由内朝外加工内腔，由接近切削区的边沿的刀轨决定顺铣或逆铣；如果由外向内加工内腔，由接近切削区中心的刀轨决定顺铣或逆铣。这时若选择顺铣，靠近外周壁面的刀轨则产生逆铣。为了弥补这种情况，可以添加精加工刀路，如图 5 - 51 所示。添加精加工刀路后，跟随周边切削模式不仅顺逆铣单纯、而且靠近毛坯边缘的轮廓陡峭壁加工很彻底 [图 5 - 50 (b)]，不会留有残余材料；如果不添加精加工刀路，跟随周边切削模式不仅顺逆铣不单纯、而且靠近毛坯边缘的轮廓陡峭壁加工可能会不彻底 [图 5 - 51 (a)]，留有残余材料，影响后续加工等。

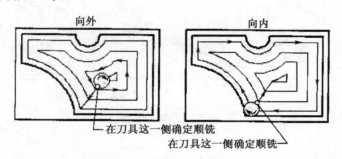

图 5 - 50 切削方向与顺逆铣方式

（2）跟随部件。跟随部件创建一系列偏置所有零件几何体外围环（包括岛屿、内腔）的刀具轨迹，如图 5 - 52 所示。

与跟随周边切削不同，跟随部件切削不需要指定向内或者向外切削（步距运动方向）。系统总是按照切向零件几何体来决定切削方向。换句话说，对于每组刀具轨迹的偏置，越靠近零件几何体的偏置则越靠后切削。对于型腔来说，步距方向是向外的；而对于岛屿，步距方向是向内的。

跟随部件的切削方法可以保证刀具沿所有的零件几何进行切削，不必另外创建工序来清理岛屿。当只有一条外形边界几何时，跟随周边与跟随部件切削

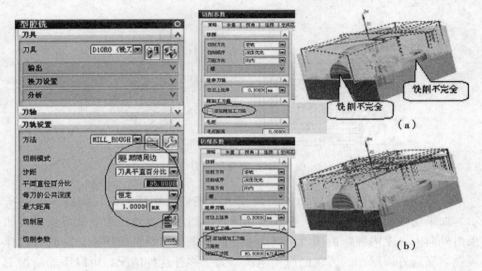

（a）不添加精加工刀路；（b）添加精加工刀路

图 5 - 51　跟随周边精加工刀路效果比较

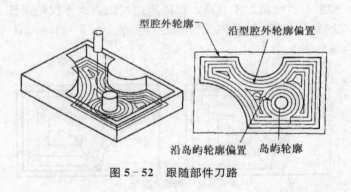

图 5 - 52　跟随部件刀路

的刀路完全一样。

一般资料建议优先选用跟随部件切削模式，特别是对有岛屿的型腔加工区域，最好使用跟随部件的切削方式。理由是跟随部件的切削方法可以保证刀具沿所有的零件几何进行切削，不必另外创建工序来清理岛屿，工序简单。但是在其他条件相同的情况下，由于跟随部件切削模式抬刀次数明显增多（图 5 - 53），工序时间比添加精加工刀路的跟随周边切削时间还长，再者后者刀路也理想、工序也简单、加工效率更高，应首当其选。

2. 定轴轮廓区域铣削驱动方式

（1）区域驱动方式。定轴轮廓区域铣削 CONTOUR ＿AREA 有曲线/点、螺旋式、边界、区域铣削、曲面、流线、刀轨、径向切削、清根、文本、用户

242

 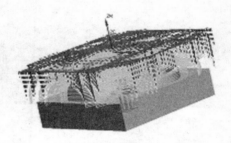

（a）跟随周边+精加工刀路　　　　（b）跟随部件刀路（未添加精加工）

图 5‑53　刀路比较

定义 11 种驱动方式可供选择。区域驱动方式不需要驱动几何体，驱动几何体由切削区域产生，使用点同步方法计算刀轨点，以更均匀的模式对齐点以提供更光顺的精加工；区域驱动方式使用一种稳定的自动避免碰撞空间范围计算，可以有效降低生成错误刀轨的概率，安全、可靠；区域驱动方式还可以指定陡峭角度和切削角度来定向约束切削区域，方便、灵活。在加工中应优先考虑用区域驱动方式创建刀轨，特别应取代边界驱动方式。

（2）区域驱动方式设置。编辑区域驱动方式，出现区域驱动方式对话框，如图 5‑54 所示。

1）三种陡峭空间范围：

①无：不在刀轨上施加陡峭度限制，而是加工整个切削区域。

②非陡峭：只在部件表面角度小于陡角的切削区域内加工。

③定向陡峭：只在部件表面角度大与陡角的切削区域内加工。

2）驱动设置：

①切削模式选择：区域驱动方式有跟随周边、轮廓加工、单向、往复、往复上升、单向轮廓、单向步进、同心单向、同心往复、同心单向轮廓、同心单向步进、径向单向、径向往

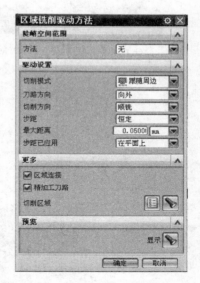

图 5‑54　区域驱动方式对话框

复、径向往复上升、径向单向轮廓、径向单向步进 16 种切削模式可供选择，如图 5‑55 所示。

适合选择跟随周边、往复和同心往复切削模式。跟随周边连续切削，抬刀次数少，局部区域刀路有不规则现象，中心地方路径短、进给方向变化频繁、机床易振动；往复切削，路径长而规则、抬刀次数少，但顺逆铣交递变化，机

243

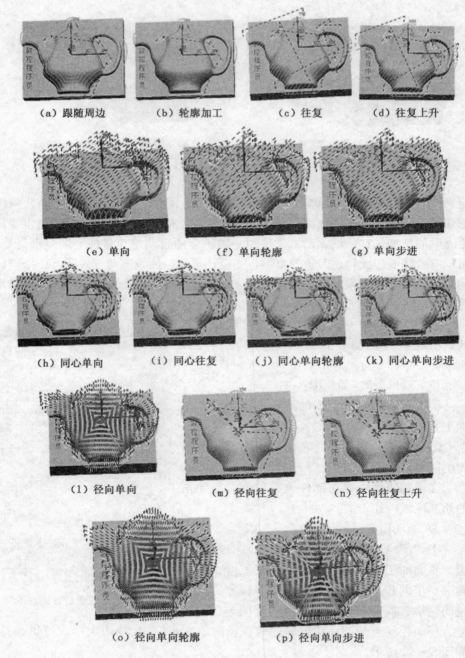

（a）跟随周边　　　（b）轮廓加工　　　（c）往复　　　（d）往复上升

（e）单向　　　　　（f）单向轮廓　　　　（g）单向步进

（h）同心单向　　（i）同心往复　　（j）同心单向轮廓　　（k）同心单向步进

（1）径向单向　　　　（m）径向往复　　　（n）径向往复上升

（o）径向单向轮廓　　　　（p）径向单向步进

图 5-55　区域驱动方式的切削模式

床易振动，特别在茶壶手柄部位，当局路径短，进给方向变化频繁、机床易振动；同心往复切削模式，刀具轨迹规则、变化平缓，切削稳定，但在中心地方
244

路径短、进给方向变化频繁、机床易振动。

②刀路方向：只有跟随周边切削模式，才有向内、向外两种刀路方向，一般按照有利于先加工大余量后加工小余量的原则选择。

③切削方向：每种切削模式，都有顺铣、逆铣两种切削方向。一般粗加工选择逆铣，机床振动小而稳定，切削性能好；对于精加工，对于进给传动反向间隙小而精度高的机床，选用顺铣，否则还是用逆铣加工平稳。顺铣对机床精度要求很高，特别是反向间隙极易引起切削振动，影响表面加工质量等。

④步距：有恒定、残余高度、刀具平直百分比、多个 4 种方式控制步距，一般选残余高度，让系统自动控制步距。

⑤步距已应用：在平面上、在部件上两种步距已应用方式。在平面上，表示测量垂直于刀轴的平面上的步距，它最适合非陡峭区域；在部件上，表示测量沿部件的步距，它最适合陡峭区域，如图 5-56 所示。

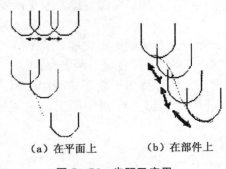

（a）在平面上　　（b）在部件上

图 5-56　步距已应用

3）更多：

①区域连接：最小化发生在一个部件的不同切削区域之间的进刀、退刀和移刀运动数。

②精加工刀路：在正常切削操作的末端添加精加工刀路以便沿着边界进行追踪。

③切削区域：定义切削区域起点、并指定如何以图形显示切削区域以供视觉参考。

3. 深度铣削模式

深度铣又称等高轮廓铣，是一种特殊的型腔铣，当然也是定轴铣。深度铣可以用于多个切削层实体加工和对曲面部件进行轮廓铣，由部件几何体、切削区域、陡峭角度约束刀具路径，较多用于半精、精加工，特别适用于高速加工，对柱面侧壁加工有特效。

（1）深度铣优于型腔铣。用深度铣代替型腔铣，有以下优点：

①深度铣不需要毛坯几何体。

②深度铣使用在操作中选择的或从 mill＿area 几何组中继承的切削区域。

③深度铣可以从 mill＿area 组中继承修剪边界。

④深度铣具有陡峭空间范围。

⑤当首先进行深度切削时，深度铣按形状进行排序，而型腔铣按区域进行排序，这就意味着岛部件形状上的所有层都将在移至下一个岛之前进行切削。

⑥在封闭形状上，深度铣可以通过直接斜削到部件上在层之间移动，从而创建螺旋线形刀轨。

⑦在开放形状上，深度铣可以交替方向切削，从而沿壁向心创建往复运动。

⑧深度铣对高速加工尤其有效，可以保持陡峭壁上的残余高度，一个操作中切削多个层，一个操作中切削多个特征（区域），对薄壁部件按层（水线）切削，层中可以广泛使用线形、圆形和螺旋进刀方式，能使刀具与材料保持恒定接触。

（2）两种深度铣有差异。有深度加工轮廓 ZLEVEL＿PROFILE 和深度加工拐角 ZLEVEL＿CORNER 两种深度铣，两者存在差异：

①用途不同。深度加工轮廓适用于使用轮廓加工模式精加工工件的外形；深度加工拐角适用于使用轮廓加工模式精加工或过渡圆角部位无法加工的区域。

②工序对话框不同。深度加工拐角工序比深度加工轮廓工序对话框多了一个参考刀具选项。当希望在拐角处加工上一个刀具未达到的剩余材料时（图5-57），可以使用参考刀具。参考刀具就是上一把在拐角处切削剩余材料的刀具或专门定义的刀具，其直径要大于将要清根使用的刀具直径。

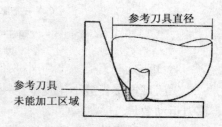

图 5-57　参考刀具未能加工区域

③刀具路径不同。所有设定相同的情况下，由于轮廓到毛坯边界距离不同，深度加工轮廓陡峭区域不一定能沿轮廓形成完整的刀具路径，而深度加工拐角陡峭区域能沿轮廓形成完整的刀具路径，如图 5-58 所示。

（3）深度铣刀轨设置。

1）陡峭角度。陡峭角度是区分深度与其他型腔铣的关键参数。陡峭空间范围是指陡峭区域的空间范围，包括两个选项：无、仅陡峭的。当选择无时，程序对整个部件执行轮廓铣；当选择仅陡峭的时，只有陡峭角度大于等于其指定值的区域才执行轮廓铣。

2）合并距离。合并距离能够通过连接不连贯的切削运动来消除刀轨中小

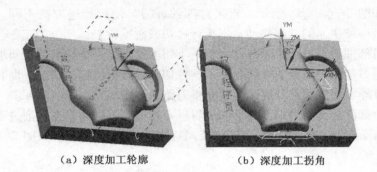

(a) 深度加工轮廓　　　　　　(b) 深度加工拐角

图 5 - 58　深度铣 90°陡峭壁路径

的不连续性或不希望出现的缝隙。这些不连续性常常发生在刀具从工件表面退刀的位置，有时是由表面间的缝隙引起的，或者当工件表面的陡峭度与指定的陡角非常接近时，由工件表面陡峭度的微小变化引起的。合并距离将小于指定值的切削移动的结束点连接起来以消除不必要的刀具退刀。

3）最小切削长度。用于决定生成刀轨的最小长度。大于输入值时，系统将生成刀轨，反之则不会生成刀轨。可以通过直接指定一个恒定值或者使用刀具平面直径的百分比值来确定最小切削长度。

4）切削参数中的连接标签选项。切削参数对话框如图 5 - 59 所示，有层到层、在层之间切削、短距离移动上的进给三个选择。

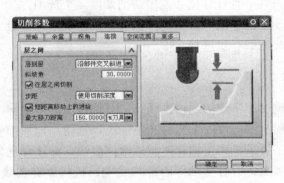

图 5 - 59　深度铣切削参数对话框

①层到层是一个专用于等高轮廓铣的切削参数，主要用于确定刀具从一层到下一层的放置方式。使用该选项可切削所有的层而无需抬刀至安全平面。层到层有四个选项：

·使用传递方法：将使用在进刀/退刀对话框中指定的任何信息，刀具在完成每个刀路后都抬刀至安全平面，如图 5 - 60（a）所示。

·直接对部件进刀：将跟随部件，与步距运动相似，消除了不必要的内部进刀，如图 5-60（b）所示。直接对部件进刀与使用传递方法不同，使用传递方法是一种快速的直线移动，不执行过切或碰撞检查。

·沿部件斜进刀：跟随部件，从一个切削层到下一个切削层，斜坡角度为进刀和退刀参数中指定的倾斜角度，这种切削具有更恒定的切削深度和残余高度，并且能在部件顶部和底部生成完整刀路，如图 5-60（c）所示。

·沿部件交叉斜进刀：与沿部件斜进刀相似，不同的是在斜削进下一层之前完成每个刀路，使进刀线首尾相接，特别适合高速加工，如图 5-60（d）所示。

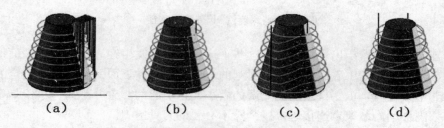

图 5-60　深度铣层到层的进刀退刀方式
(a) 使用传递方法　(b) 直接对部件进刀　(c) 沿部件斜进刀　(d) 沿部件交叉斜进刀

②在层之间切削。可在深度铣中的切削层间存在间隙时创建额外的切削，消除在标准层到层加工操作中留在浅区域中的非常大的残余高度。其步距有恒定、残余高度、刀具平直百分比和使用切削深度 4 个选项。

③短距离移动上的进给。短距离不抬刀而工进切削，其最大移动距离有恒定、刀具平直百分比两种供选择。

4. 高速切削

通常把切削速度比常规切削速度高 5～10 倍以上的切削称为高速切削，用高速切削的方法加工零部件的工艺称高速加工，选用高速加工的主要理由是提高工效。高速加工要求机床主轴转速、进给速度快，深度背吃刀量和宽度背吃刀量小；对于孔加工，应有主轴中心冷却功能；机床要有在线加工通讯功能，刀具、刀柄动平衡精度高等要求。这里主要介绍工艺、程序方法。

（1）工艺设计

1）保持恒定的切削载荷。保持恒定的切削载荷，可减小振动，稳定、提高加工质量。具体有以下措施：

①保持恒定的切除量。本工序各刀路材料切除量保持相同，为下道工序预留的加工余量保持均匀。特别是粗加工分层切削优于轮廓仿形加工。

②刀具平滑切入工件。让刀具以一定坡度或螺旋线切入工件优于让刀具沿 Z 向直接插入。

248

③保证刀路平滑过渡。这是保持恒定切削载荷的重要条件，螺旋曲线走刀是一种有效的平滑刀路。

④尖角处圆滑过渡。如图5-61所示，图5-61（c）所示的刀路最好。

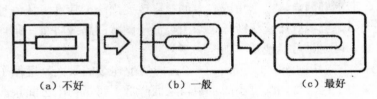

（a）不好　　　　　　（b）一般　　　　　　（c）最好

图5-61　尖角处刀路圆滑过渡比较

2）保证高精度切削。高精度切削非常重要的一点是尽量减少刀具的切入次数，消除接刀痕迹。图5-62所示为一例。

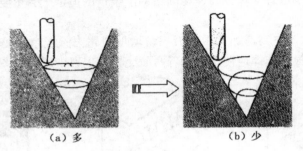

（a）多　　　　　　　　　（b）少

图5-62　减少刀具切入次数

3）保证工件优质表面质量。过小的步进、过小的位移而频繁变换进给方向，会影响实际的进给速度，切削力不稳定，产生切削振动，影响工件表面的粗糙度。清根中的径向驱动方式，能有效清理拐角中的残余量，但进给极其频繁变换方向，机床明显振动加剧，工件表面不光。在可能的情况下，加大步进量、加长刀路线素、避免突然频繁变向等优化刀路。

（2）粗加工编程。粗加工工作量大、占用时间长，高速加工更有意义。粗加工要为半精加工、精加工留有更均匀的余量。粗加工的结果直接决定了精加工的难易程度和工件的加工质量，要予以注意。

1）恒定的切削条件。为保持恒定的切削条件，一般主要采用顺铣方式，或采用在实际加工点计算加工条件等方式进行粗加工。顺铣切削热少、刀具负荷低、表面硬化小而获得高表面质量，但要求机床进给反向间隙小，否则机床振动严重，反而降低了表面加工质量，严重时会报废工件。

2）选择走刀方式。对于带有敞口型腔的区域，尽量由外向内加工，以实时分析材料的切削状况。而对于没有敞口的封闭区域，采用螺旋进刀，在局部区域切入。

3）保持恒定切除率。保持恒定的切除率，可以保持恒定的切削载荷、切屑尺寸、较好的热转移、较低的温升，以提高加工质量、延长刀具寿命。

4）减少急速变向。高速切削过程越简单越好，简单的切削过程允许最大的进给量，而不必因点数据密集或方向的急剧改变而降低速度。从一种切削层等梯度降到另一层要好于直接跃迁，常用类似于圈状的路线将每一条连续的刀路连接起来，可以尽可能地减小加速突变。

5）在 Z 方向切削连续的平面。在 Z 方向切削连续的平面，遵循了高速加工理论，采用了比常规切削更小的步距，从而降低了每齿切削去除量。当采用这种粗加工方式时，根据所使用刀具的圆角几何形状，计算水平路径很重要。如果使用非平底刀具粗加工，则需要考虑加工余量的三维偏差。精加工余量不同，三维偏差、二维偏差也不相同。

（3）精加工编程。保证高速切削精加工余量的恒定十分重要，注意采取适当措施：

1）清根加工。高速加工中，沿拐角增加刀路去除残余量是常用方法。径向驱动方式清根有选择地使用，沿着两面交界处走刀少用，如图 5-63 所示。

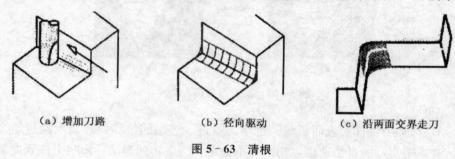

（a）增加刀路　　　　　（b）径向驱动　　　　　（c）沿两面交界走刀

图 5-63　清根

2）控制残余高度。

①按实际残余高度加工。主要根据表面的法向而不是刀具矢量的法向来计算步长，这样可以不管工件表面的曲率而保持每一次走刀之间的等距离切削，并且保持刀具上恒定的切削负荷，特别是在工件表面的曲率急剧变化的时候，从垂直方向变为水平方向或者相反，优势更为明显。

②XY 优化。自动地在最初切削的局部范围内再加工残余材料，以修整所有的残留高度。这种选择性的刀路创建精简了再加工整个工件，或者必须在 CAM 中手工设置分界线以便加工出光滑表面的一系列工序。如何根据残余高度进行切削，主要在于软件对 3D 形貌中的斜坡部分的计算。

3）退刀。退刀时采用进给速度，不要 G00 退离。

（4）充分利用 UG CAM 特定功能编程

①在"模具序列"设置中有一些深度铣削和往复高速铣削工艺可用做

范例。

②对于具有限定加速和减速的机床，UG 可以设计进入尖角时的进给率减速。

③可以使用"清根光顺"模板来清理具有极小尖角的谷区域。

④在平面铣和表面铣削中，对于自动进刀和退刀，使用"螺旋斜削"和"圆弧进刀"。

⑤在曲面轮廓铣中，使用"进刀相切弧"和"退刀相切弧"，并将"移刀运动"设为"光顺"。

⑥对于"往复上升"铣削，如果将"移刀运动"设为"光顺"，则会生成盘旋形的刀路。

⑦对于"拐角控制"，为所有刀路（包括步进运动）都打开"圆角"。

（5）高速加工切削策略。在 UG CAM 模块中，许多切削类型只要稍作参数更改，就可用于高速加工。

①对于等高轮廓铣（深度加工），将步距和"切削深度"设小一些。切削深度应用于平面铣、型腔铣或固定轴曲面轮廓铣中的深度铣或多条刀路。在"切削层"对话框中，可以先定义各切削层的范围，然后定义切削深度。将切削深度设浅一些（刀具直径的 10％左右）。

②用"切削参数"对话框中的"拐角"标签对拐角倒圆。

③"进刀"、"退刀"、"步进"和"非切削"移动都用"光顺"。步进是通过在拐角控制中对"所有刀路"倒圆来光顺的，添加此项可对拐角倒圆。在非切削移动中，将移刀模式设为光顺，并将相切弧选项之一用于进刀。

④在"进给率和速度"对话框中增大进给率和速度。

⑤设计非常小的公差（小到 0.001mm）。在"切削参数"对话框中，内公差和外公差控制着公差，这些公差可通过一种方法设置，并由其他操作继承。

⑥用螺旋进刀和倾斜进刀避免插削。

⑦使用等高轮廓铣（深度加工）来加工壁。此切削类型可控制陡峭区域中的残余高度。

⑧对于精加工，可以使用带有"跟随周边"切削模式和"跨过部件"的"区域铣削"操作。这种方式为将近恒定的残余高度提供最小的进刀量。

⑨使用球面刀（牛鼻刀），也可使用设有底面圆角的立铣刀。

5. 曲面测量方法选用

复杂曲面测量涉及的技术问题十分广泛，如何高效、高精度测量复杂曲面尚是几何计量技术的一项重要研究课题。如何合理选用现有曲面测量方法，需从多项指标综合对比。表 5 - 3 所列复杂曲面测量比较方法，供参考。

表 5-3 复杂曲面测量比较

测量方法	代表设备	测量精度	测量速度	能否测量内部轮廓	形状限制	测量材料	测量成本	零件损伤程度
坐标测量方法	三（多）坐标测量机	高 ±0.5μm	慢	否	规则曲面	无	高	易划伤
探针扫描	三坐标测量机	高 ±0.5μm	慢	否	无	无		高
投影光栅	光学扫描仪	较低 ±0.02mm	快	否	表面变化不能过陡	无	低	无
激光扫描	激光扫描仪	较高 ±0.5μm	快	否	表面不能过于光滑	无	较高	无
工业CT扫描和核磁共振	工业CT扫描仪、核磁共振仪	低 >1mm	较慢	能	无	有	很高	无
逐层扫描	机床摄像仪	较低 ±0.025mm	较慢	能	无	无	较高	破坏

案例六　快速救生艇叶轮五轴数控铣削加工

一、案例任务

（一）零件图样

图 6-1 所示某快速救生艇五轴动力叶轮图样：601 叶轮，附有 601YELUN.x_t 三维实体文件。

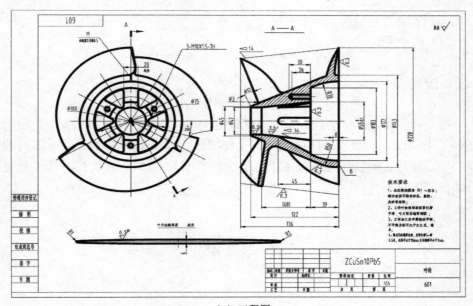

（a）工程图

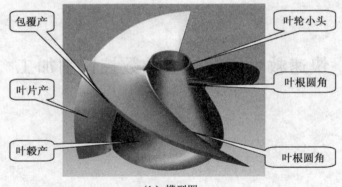

<table>
<tr><td>包覆产</td><td></td><td>叶轮小头</td></tr>
<tr><td>叶片产</td><td></td><td>叶根圆角</td></tr>
<tr><td>叶毂产</td><td></td><td>叶根圆角</td></tr>
</table>

（b）模型图

图 6-1 叶轮图样

（二）任务要求

数控铣削叶轮的叶片、叶毂和叶根圆角，具体要求：

（1）加工图 6-1 工件 1 件；

（2）工艺设计；

（3）五轴自动编程；

（4）在线加工。

（三）配备条件

提供叶轮半成品。普通砂型铸造锡青铜毛坯，叶片、叶毂和小头单边留毛坯余量 4mm，叶片形成的包覆是 1∶4 外圆锥 ϕ228mm×136mm、上下两端面、中心孔系、螺纹孔等全部加工完毕。但没有刻线 M，螺纹孔与叶片起止毛坯位置关系不详。

二、工艺设计

1. 分析零件图样及模型

（1）零件图样分析。分析图 6-1 可知，工件最大外形为 1∶4 外圆锥 ϕ228mm×136mm；三个相同的螺旋变螺距叶片在球锥芯轴面上均布配置，厚度 2~6mm；中心孔系有 1：4 锥孔，大头 ϕ 59mm、小头 ϕ 42mm；小头圆柱部分外径×内径＝ϕ 45mm×ϕ 42mm，壁厚只有 1.5mm；叶片和叶毂形状复杂，叶片上任意段从 m 点到 n 点（图 6-2），需要 X、Y、Z、C、$B=B_2-B_1\neq0$ 五个自由度合成成形，叶毂同样如此。刻线 M 表示叶轮其中一片叶片的起始位置，在两个螺纹孔的中心平面上，是装配、调整的标记。

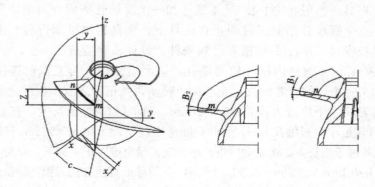

图 6-2　叶片及叶毂形状自由度分解

（2）三维模型分析。三维模型主要分析叶片及流道上的最小凹圆弧半径、叶片最大高度。UGNX8.0→建模→分析→几何属性→点选目测最小圆弧半径曲面，得最小凹圆弧半径 R2mm、最大凹圆弧半径 R8mm，直角壁处叶片最大高度 75.7624mm（图 6-3）。

图 6-3　叶片极限尺寸

2. 选用机床

由五个自由度合成的叶片、流道，得选用五轴数控铣镗床加工；叶片壁薄、高度大、易变性，应选用高速机、小背吃刀量、分多层加工；现有瑞士 MIKRON HSM600U 五轴联动高速加工中心，配用 HEIDENHAIN iTNC530

数控系统，工作台面积 320mm×320 mm，行程 600mm×600mm×600mm，回转轴 $C=0°\sim360°$、回转轴 $B=-110°\sim30°$，机床用户在工作台上安装的保护垫板厚 80mm、安装工件 M10−7H 螺孔间距 141.5mm，该机床符合使用要求。

3. 准备工装

（1）夹具。选用叶轮中心 1∶4 锥孔和一个螺纹孔圆周方向定位限制六个自由度，三个螺纹孔吊紧工件固定在夹具上。夹具根据机床行程、主轴头直径、刀具长度、工作台 T 形槽等已知条件，设计、制造成图 6−4 所示芯轴，其中小头 ϕ 42mm 圆柱内撑叶轮薄壁孔，防严重变形。与工作台连接的沉头孔，只加工一个，便于芯轴找正定心微小转动，找正后还需压板配合夹紧。

（2）刀具。叶片最大高度 75.7624mm，加上倾斜增加长度，有效刀长取90mm，叶轮最小内圆角 R2mm，照此只能选用直径为 ϕ 4mm×90mm 有效尺寸的球刀，刀具过于细长，必将振动严重，小背吃刀量也难以正常加工。经与委托单位协商后，用 ϕ 12mm×85mm 有效尺寸钨钢，3 刃球形直柄立铣刀粗、精铣削。

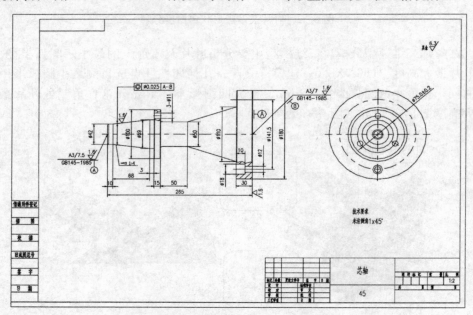

图 6−4 芯轴

4. 划分工序安排工步

该零件一次装夹能完成全部加工内容，按照先粗后精原则，由 UG 系统自动分区粗精铣削。叶毂相切延伸范围不能太大，否则会使刀具碰撞已加工叶片，叶轮小头需要专门补加工。叶片、叶毂粗加工后，叶轮根部圆角余量不多了，仅需精加工。整个加工工艺流程是：叶片→叶毂→小头→圆角。先叶片后叶毂的主要目的是防铣削叶毂时，刀具与叶片侧面毛坯干涉。由于叶片较薄等原因，叶毂、叶片加工都用 UG 系统的精加工方式执行粗精加工内容。工步安排见表 6-1。

表 6-1 工步安排

工步号	工步名	工步内容	加工方式	走刀方式	刀具号	刀具规格
10	BLADE _ FINISH _ BLADE _ RF01	粗铣叶片	叶轮铣削 mill _ multi _ blade 中的叶片精铣方式 BLADE _ FINISH	单向	T01	φ 12 钨钢球形立铣刀
20	HUB _ FINISH _ HUB _ RF02	粗铣叶毂	叶轮铣削 mill _ multi _ blade 中的叶毂精铣方式 HUB _ FINISH	往复		
30	ZLEVEL _ PROFILE _ XT _ RF03	粗铣小头	轮廓铣削 mill _ contour 中的深度加工轮廓方式 ZLEVEL _ PROFILE			
40	BLADE _ FINISH _ BLADE _ FF04	精铣叶片	叶轮铣削 mill _ multi _ blade 中的叶片精铣方式 BLADE _ FINISH	单向		
50	HUB _ FINISH _ HUB _ FF05	精铣叶毂	叶轮铣削 mill _ multi _ blade 中的叶毂精铣方式 HUB _ FINISH	往复		
60	ZLEVEL _ PRO-FILE _ XT _ FF06	精铣小头	轮廓铣削 mill _ contour 中的深度加工轮廓方式 ZLEVEL _ PROFILE			
70	BLEND _ FINISH _ BLEND _ FF07	精铣圆角	叶轮铣削 mill _ multi _ blade 中的圆角精铣方式 BLEND _ FINISH	单向		

三、自动编程

（一）创建刀具路径

1. 重置建模坐标系

尽管叶轮在锥度芯轴上用螺孔限制回转自由度后，处于完全定位状态，但由于叶轮半成品的螺纹孔与叶片起始位置关系间无确切数据，叶片的起始位置尚不能确定，决定用分度头、顶尖等先检验毛坯后在可视、方便找正的位置上画出叶片的起始线，最后到机床上凭借划线找正。建模坐标系 XC - YC - ZC

的 XC 轴与叶片起始位置重合,工件坐标系 XM - YM - ZM 再与建模坐标系
XC - YC - ZC 重合,不仅方便工件在机上找正,也方便两种坐标参数统一意
义。在 UG 建模环境下,重置建模坐标系,如图 6-5 所示。

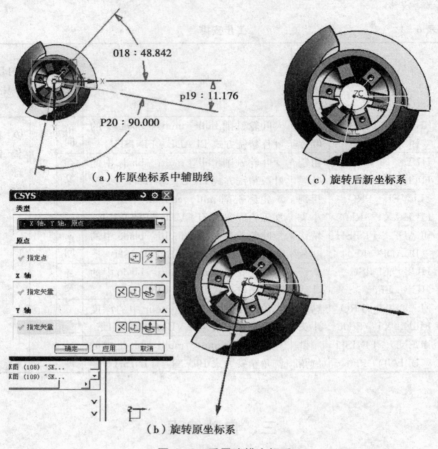

（a）作原坐标系中辅助线   （c）旋转后新坐标系

（b）旋转原坐标系

图 6-5　重置建模坐标系

2. 进入 UG8.0 加工环境

【开始】→【加工】,出现图 6-6 加工环境对话框→【cam_general】→
【mill_multi_blade】→【确定】,进入 UG8.0 叶轮加工模块。

3. 建立工件坐标系

工件坐标系建立在工件底面中心,如图 6-7 所示,导航器工具条中【几
何视图】→双击工序导航器中【MCS】→Mill Orient 对话框中【指定 MCS】
→【类型】X 轴、Y 轴、原点→【指定点】→点选原点→X 轴【指定矢量】→

点选 X 轴辅助线→Y 轴【指定矢量】→点选 Y 轴辅助线→【确定】→【确定】，建立了工件坐标系 XM–YM–ZM，返回工序导航器。

图 6–6　叶轮加工模块

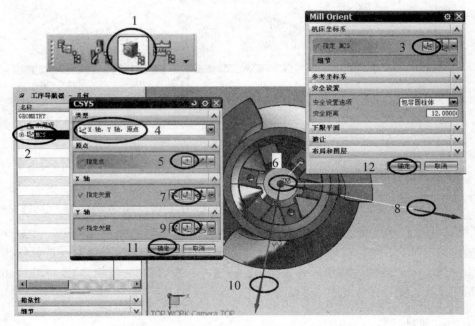

图 6–7　建立工件坐标系 XM–YM–ZM

4. 创建部件及毛坯几何

图 6-8→【┼】MCS_MILL→双击【WORKPIECE】→【指定几何】→【选择对象】→点选模型→【确定】→【指定毛坯】→【几何体】→【部件的偏置】→【偏置】4→【确定】→【材料】→（找铜材）→【确定】→【确定】。

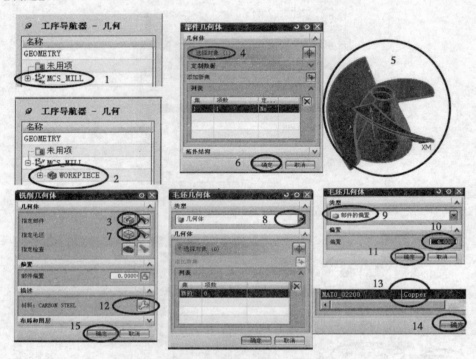

图 6-8　建立零件及毛坯几何

5. 创建叶轮几何

图 6-9→【┼】【WORKPIECE】→【MULTI_BLADE_GEOM】→【指定叶毂】→选叶毂→【确定】→【指定包覆】→选包覆→【指定叶片】→选一片叶片（XM 方位叶片周面）→【确定】→【指定叶根圆角】→选叶根圆角（选定叶片的两处圆角）→【确定】→【叶片总数】3→【确定】。三叶片相同且均布，选一叶即可。

6. 创建刀具

图 6-10 导航器工具条中【机床视图】→【创建刀具】→【类型】mill_multi_blade→【刀具子类型】BALL_MILL→【名称】D12R6→【确定】→

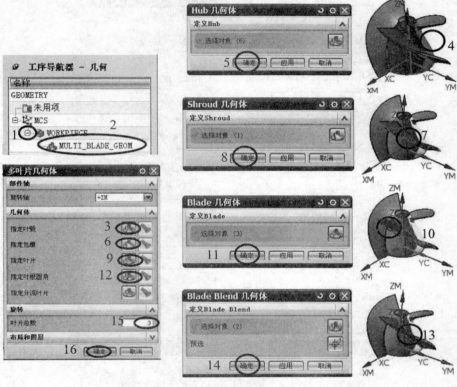

图 6-9 创建叶轮几何

【尺寸】直径 12、长度 90、刀刃长度 50、刀刃 3→【材料】→选 Carbide→【确定】→【确定】→12（看）。

7. 创建精铣叶片刀路

选择叶片加工工序子类型，本计经常会出现不能生成刀路报警的情况，而在叶片精加工工序子类型下进行粗加工，一般不会报警，所以叶片、叶毂都在各自的精加工工序子类型下进行粗精加工。如此以来，只是粗精切削方式、余量、切削参数不同，操作方法完全相同，以精加工为例。

（1）创建精铣工序。图 6-11→创建工序工具条中【程序顺序视图】→【创建工序】→【类型】mill _ multi _ blade→【工序子类型】BLADE _ FIN-ISH→【刀具】D12R6、【几何体】MULTI _ BLADE _ GEOM、【方法】MILL _ FINISH→【名称】BLADE _ FINISH _ BLADE _ FF04→【应用】，出现"叶片精加工"对话框。

（2）指定检查几何体及驱动方法。图 6-12→【指定检查】→点选包覆→

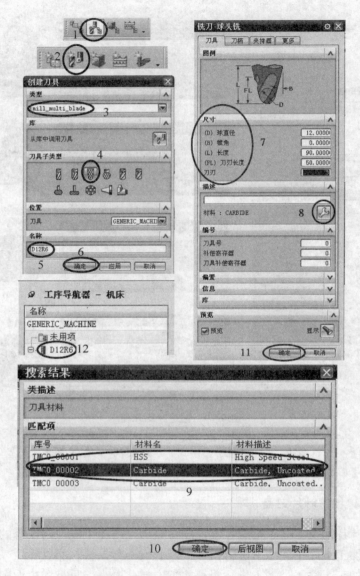

图 6-10 创建刀具

【确定】→【叶片精加工】→【要精加工的几何体】叶片→【要切削的面】所有面→【切削模式】单向→【切削方向】顺铣→【确定】。

(3) 设定切削层参数。图 6-13，【切削层】→【深度模式】从包覆插补到叶毂→【每刀的深度】残余高度→【残余高度】0.01→【确定】。

(4) 设定切削参数。图 6-14，【切削参数】→【安全设置】→【刀颈】3→【确定】。

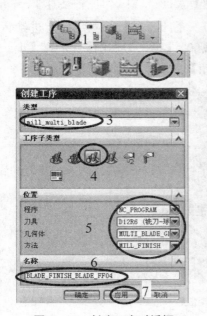

图 6-11　创建工序对话框

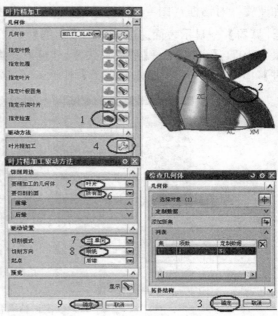

图 6-12　指定检查几何体及驱动方法

图 6-13　设定切削层参数

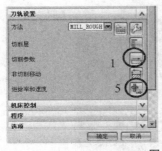

图 6-14　设定切削参数

（5）设定进给率和速度。图 6-14 中 5→【进给率和速度】，出现"进给率

263

和速度"对话框（图 6 - 15）→【☐ 主轴转速】7000→【✓ 主轴转速】→
【计算器】→显示表面速度 263→【切削】1500→【计算器】→显示每齿进给
量 0.1071【更多】→【逼近】快速、【进刀】1000、【第一刀切削】1500、【步
进】1500、【移刀】快速、【退刀】快速→【确定】。

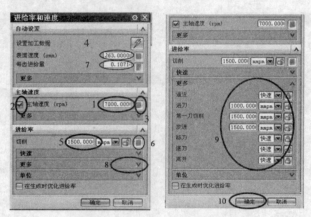

图 6 - 15　设定进给率和进度

　　(6) 生成刀轨及动态模拟。图 6 - 16→【生成】→看（计算显示刀路）→
【确定】→【2D】→【播放】→动态模拟加工→【确定】，返回叶片精加工对
话框→【确定】，完成叶片粗加工刀轨创建。

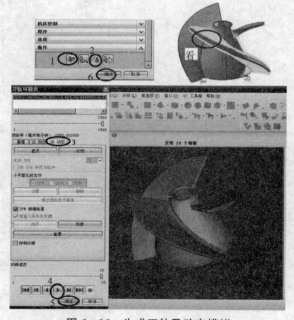

图 6 - 16　生成刀轨及动态模拟

8. 创建精铣叶毂刀路

（1）创建精铣叶毂工序。图 6 - 17→创建工序工具条中【程序顺序视图】→【创建工序】→【类型】mill _ multi _ blade→【工序子类型】HUB _ FINISH→【刀具】D12R6、【几何体】MULTI _ BLADE _ GEOM、【方法】MILL _ FINISH→【名称】HUB _ FINISH _ HUB _ FF05→【应用】，出现"叶毂精加工"对话框。

（2）指定精铣叶毂驱动方法。图 6 - 18→【叶毂精加工】→【叶片边缘点】沿叶片方向、【相切延伸】5（mm）→【切削模式】往复上升、【切削方向】混合、【步距】残余高度、【最大距离】0.01→【确定】。

图 6 - 17　创建工序

（3）设定切削参数。图 6 - 19，【切削参数】→【安全设置】→【刀颈】3→【确定】。

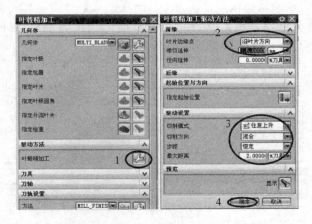

图 6 - 18　指定精铣叶毂驱动方法

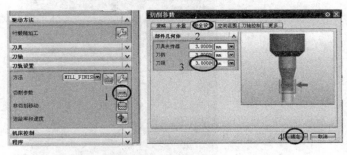

图 6 - 19　设定切削参数

（4）设定进给率和速度。图6-20→【进给率和速度】→【□主轴转速】7000→【☑主轴转速】→【计算器】→显示表面速度→【切削】1500→【计算器】→显示每齿进给量→【更多】→【逼近】快速、【进刀】1000、【第一刀切削】1500、【步进】1500、【移刀】快速、【退刀】快速→【确定】。

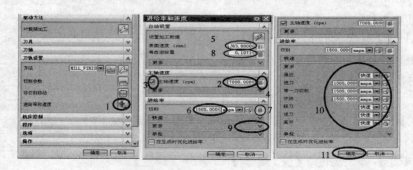

图6-20 设定进给率和速度

（5）生成刀轨及动态模拟。图6-21→【生成】→看（计算显示刀路）→【确定】→【2D】→【播放】→看动态模拟加工→【确定】，返回叶毂精加工对话框→【确定】，完成叶毂粗加工刀轨创建。

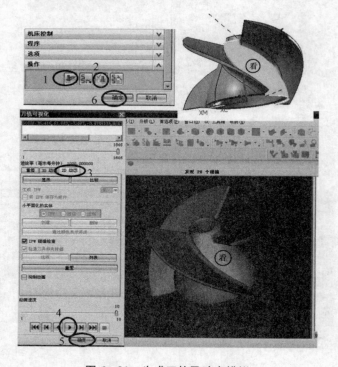

图6-21 生成刀轨及动态模拟

9. 创建精铣小头刀路

(1) 创建精铣小头工序。图6-22→创建工序工具条中【程序顺序视图】→【创建工序】→【类型】mill_contour→【工序子类型】深度加工轮廓ZLEVEL_PROFILE→【刀具】D12R6、【几何体】WORKPIECE、【方法】MILL_FINISH→【名称】ZLEVEL_PROFILE_XT_FF06→【应用】，出现"深度加工轮廓"对话框。

(2) 设定深度加工轮廓部分参数。如图6-23所示，【指定切削区域】→点选部分叶毂→【确定】→【陡峭空间范围】无、【合并距离】3、【最小切削长度】1、【每刀的公共深度】恒定、【最大距离】0.3。

图6-22 创建工序

图6-23 设定深度加工轮廓部分参数

(3) 设定切削层参数。图6-23中5→【切削层】，出现"切削层参数"对话框（图6-24）→【深度范围】8→【确定】。深度范围8mm等于叶毂精加工相切延伸减小量（8 mm −5mm）＋小头粗加工切削层范围深度5mm确定的。

(4) 设定切削参数。图6-23中6→【切削参数】，出现"切削参数"对话框（图6-25）→【策略】→【切削方向】顺铣、【切削顺序】深度优先→【确定】。

(5) 设定非切削参数。图6-23中7→【非切削参数】，出现"非切削参数"对话框（图6-26）→【进刀】→【进到类型】与开放区域相同→【确定】。

(6) 设定进给率和速度。图6-23中8→【进给率和速度】，出现"进给率

图 6 – 24　设定切削层参数

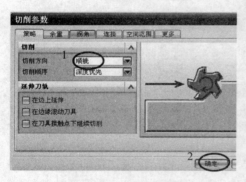

图 6 – 25　设定切削参数

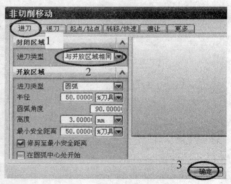

图 6 – 26　设定非切削参数

和速度"对话框（图 6 – 27）→【□ 主轴转速】7000→【√ 主轴转速】→
【计算器】→显示表面速度→【切削】1500→【计算器】→每齿进给量【更多】
→【逼近】快速、【进刀】1000、【第一刀切削】1500、【步进】1500、【移刀】
快速→【退刀】快速→【确定】，返回"深度加工轮廓"对话框。

　　（7）生成刀轨及动态模拟。图 6 – 28→【生成】→看计算显示刀路→【确
定】→出现刀轨可视化对话框→【2D】→【播放】→看动态模拟加工→【确
定】，返回"深度加工轮廓"对话框→【确定】，完成 ZLEVEL ＿ PROFILE ＿
XT ＿ FF06 精铣小头工步刀轨创建。

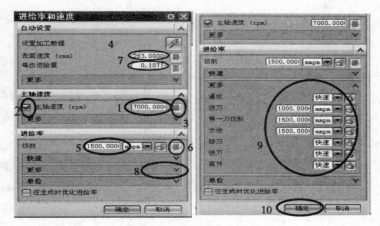

图 6-27 设定进给率和速度

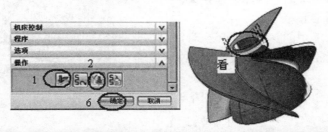

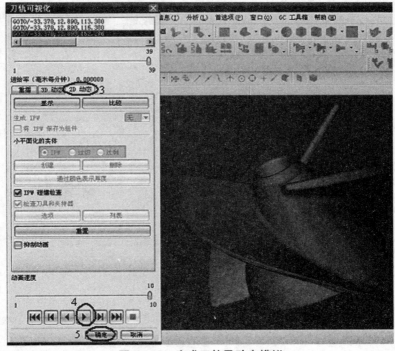

图 6-28 生成刀轨及动态模拟

269

10. 创建精铣圆角刀路

（1）创建精铣圆角工序。图 6 - 29→创建工序工具条中【程序顺序视图】→【创建工序】→【类型】mill _ multi _ blade→【工序子类型】HUB _ FINISH→【刀具】D12R6、【几何体】MULTI _ BLADE _ GEOM、【方法】MILL _ FINISH→【名称】BLEND_ FINISH _ BLEND _ FF07→【确定】，出现"圆角精加工"对话框。

（2）指定精铣圆角驱动方法。图 6 - 30→【圆角精加工】→【最大距离】1（％刀具）→【确定】。

（3）设定切削参数。图 6 - 31，【切削参数】→【安全设置】→【刀颈】3→【确定】。

（4）设定进给率和速度。图 6 - 32→【□ 主轴转速】7000

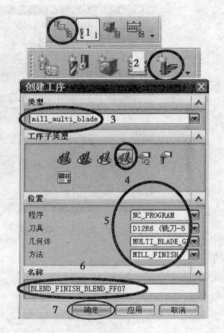

图 6 - 29　创建工序

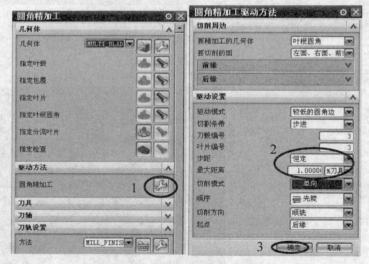

图 6 - 30　指定精铣圆角驱动方法

→【☑ 主轴转速】→【计算器】→显示表面速度→【切削】1500→【计算器】→显示每齿进给量→【更多】→【逼近】快速、【进刀】1000、【第一刀切

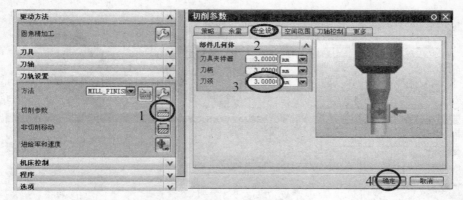

图 6 - 31 设定切削参数

削】1500、【步进】1500、【移刀】快速、【退刀】快速→【确定】。

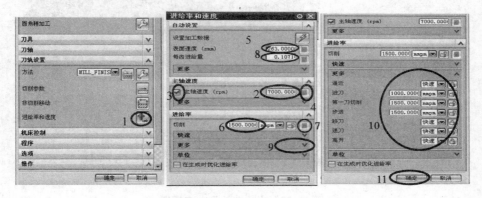

图 6 - 32 设定进给率和速度

（5）生成刀轨及动态模拟。图 6 - 33→【生成】→看计算显示刀路→【确定】→【2D】→【播放】→看动态模拟加工→【确定】，返回"圆角精加工"对话框→【确定】，完成圆角精加工刀轨创建。

（二）五轴后处理

1. 创建后处理文件

（1）启动后处理构造器。如图 6 - 34 所示，【Start】→【Program】→【SIEMENS NX8.0】→【加工】→【后处理构造器】命令，启动后处理构造器，出现"NX1 后处理构造器版本 8.0"对话框。

（2）选择数控系统。如图 6 - 35 所示，按以下步骤操作。除步骤 7 外，先

图 6-33　生成刀轨及动态模拟

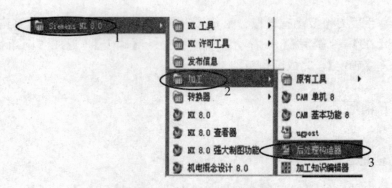

图 6-34　启动后处理构造器

后次序无关紧要，设完为止。未设定项为默认选择，后同，不再重复。

①新建后处理文件。【新建】，出现新建后"处理器"对话框。

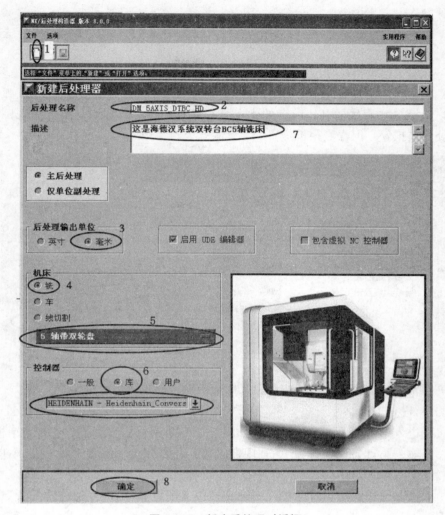

图 6-35　新建后处理对话框

②后处理文件名。【后处理名称】DM_5AXIS_DTBC_HD。

③选择后处理输出单位。⊙毫米。

④选择机床类型。机床中【⊙铣】→轴数【5-axis】5 轴带双轮盘（五轴双转台）→自动显示描述内容 7。

⑤选择数控系统。控制器中【库】heidenhan_conversation。

⑥确定。【确定】，返回主编辑对话框。

⑦保存文件。【文件】→【另存为】→选择路径。

（3）设定机床参数。需按照机床使用说明书数据设定。

进入机床参数设置对话框。如图 6-36 所示，点【一般参数】后，按以下步骤操作：

①输入直线坐标轴行程。线性轴行程限制中【X】600、【Y】600、【Z】600。

②输入最大进给速度。移刀进给率中【最大值】50000。

③选择输出插补形式。输出圆形记录中【⊙否】。不用 G02/G03 圆弧插补，选择 G01 直线插补，前者的优点是程序短，后者的优点是不会出现圆弧插补误差报警，但程序很长。

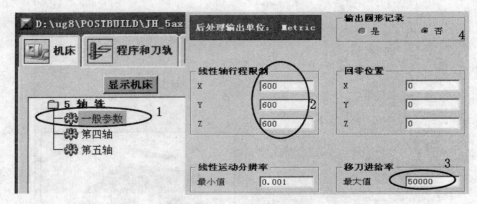

图 6-36　设定机床参数

（4）设置回转轴。需按照机床具体结构形式设置。

1）设置 B 轴。

①进入第四轴 B 设定对话框。如图 6-37 所示→【第四轴】，出现对话框。

②输入第四轴 B 摆角。→轴限制（度）中的【最大值】20、【最小值】−110。

③进入回转轴配置对话框。→轴旋转中【配置】，出现"轴旋转配置"对话框。

④配置第四轴 B。→第四轴【旋转平面】ZX、【文字指引线】B。

⑤配置第五轴 C。→第五轴【旋转平面】XY、【文字指引线】C。

⑥输入回转轴进给速度。→【最大进给率（度/分）】40000。

⑦回转轴极限位置转向混乱处理。→【轴限制违例处理】⊙退刀/重新进刀。

双转台五轴机床中的 B 轴有一定范围的摆角限制，当 B 坐标连续插补过大时会反向旋转。在加工中 B 反向旋转时，很容易铣伤零件。为了解决这一问题，常用的方法就是采用法向抬刀退刀/重新进刀。

⑧确定。→【确定】，返回上级对话框。

2）设置 C 轴。

如图 6-38 所示→【第五轴】→【最大进给速度（度/分）】【轴限制】最

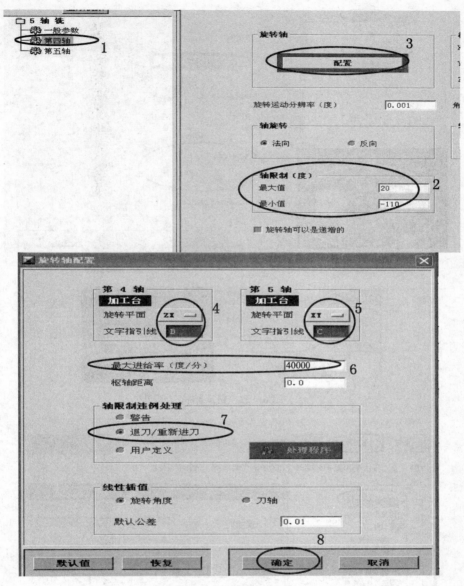

图 6 - 37　设置 B 轴

大 360、最小 0→【显示机床】→看 OK→【X】调机床画面。

　　轴配置中的【配置】，对 B、C 轴相同，任一个配置即可。

　　（5）显示机床结构形式。如图 6 - 39 所示→【机床】→【显示机床】→显示五轴机床简图，检查与实际机床是否相符，如果不同，需要进行修改，反之【×】掉返回。

　　（6）定义程序头。如图 6 - 40 所示，按以下步骤操作：

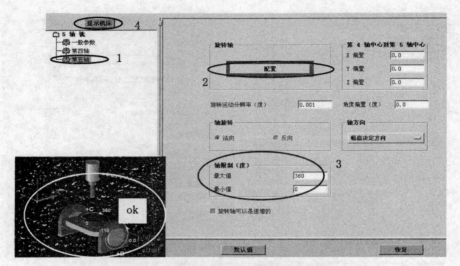

图 6-38　设置 *C* 轴参数

图 6-39　机床结构

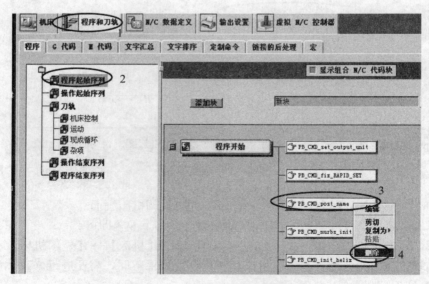

图 6-40　【程序启示序列】标签

276

①进入程序和刀轨对话框。在【后处理构造器】编辑界面中，点【程序和刀轨】标签。

②进入程序开头设置对话框。在左侧窗口中点击【程序起始序列】。

③删除 PB _ CMD _ post _ name 标签。在 PB _ CMD _ post _ name 标签上，右击→【删除】，删除 PB _ CMD _ post _ name。

④添加定制命令标签。如图 6 - 41 所示，在右侧窗口上方，新块下拉表中选择定制命令→左键点新块【添加块】并拖拽添加到"程序开始"节点最后面，出现定制命令对话框。

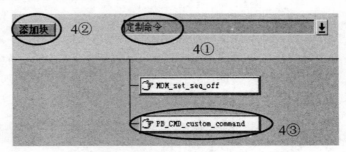

图 6 - 41　添加定制命令标签

⑤填写定制命令对话框。如图 6 - 42 所示，在【定制命令】对话框"PB _ CMD _"文本框中输入"DM _ start _ program-setting"→在【定制命令】对话框中输入以下内容，设定加工模式和公差。

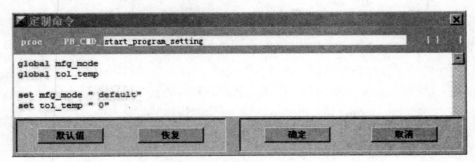

图 6 - 42　填写定制命令对话框

globle mfg _ mode　　（加工模式）

globle tol _ temp　　（工差）

set mfg _ mode" default"

set tol _ temp" 0"

→确认无误后【确定】。

（7）判定五轴加工模式。如图 6 - 43 所示，按以下步骤操作：

图6-43 【操作起始序列】标签

①进入操作开始设置对话框。在左侧窗口中点击【操作起始序列】。

②添加定制命令标签。如图6-44所示，在右侧窗口上方，新块下拉表中选择定制命令→左键点新块添加块并拖拽添加到"刀轨开始"节点，出现定制命令对话框。

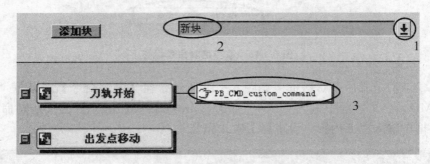

图6-44 添加定制命令标签

③填写定制命令对话框。在【定制命令】对话框"PB＿CMD＿"文本框中输入"DM＿mfg＿mode"→在【定制命令】对话框中输入以下内容：

```
        global mom_operation_type        （当前操作类型）
        globle mfg_mode
if{[info exists mom_operation_type]}{
    if{[
    string match"Variable - axis＊" $ mom_operation_type
    ]||[
    string match"Sequential Mill Mian Operation" $ mom_operation_type
    ]||[
    String match"Variable - axisZ-Level Milling" $ mom_operation_type
    ]}{
    set mfg_mode"5_axis"
```

278

```
}else{
set mfg_mode"3+2_axis"
}}
```

④确认无误后，单击【确定】按钮。

（8）添加程序前的固定格式。

①在左侧的窗口中点击【操作起始序列】。

②在右侧窗口下拉列表中选择"定制命令"添加到"刀轨开始"节点最后面，如图 6-45 所示。

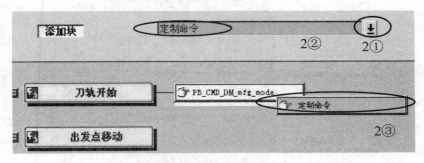

图 6-45　添加"定制命令"

③在【定制命令】对话框"PB_CMD_"文本框中输入"DM_start_path"。

④在【定制命令】对话框中输入以下内容，设置操作前应使机床处于安全位置。

MOM_output_literal" CYCL DEF 19.0 WORKING PLANE"（扩展命令，用于输出文本和变量到 NC 程序中）

MOM_output_literal" CYCL DEF 19.1 B +0.0 C +0.0"

MOM_output_literal" CYCL DEF 19.0 WORKING PLANE"

MOM_output_literal" CYCL DEF 19.1"

MOM_output_literal" CYCL DEF 7.0 DATUM SHIFT"

MOM_output_literal" CYCL DEF 7.1 X + 0.0"

MOM_output_literal" CYCL DEF 7.2 Y + 0.0"

MOM_output_literal" CYCL DEF 7.3 Z + 0.0"

MOM_output_literal" CYCL DEF 7.4B + 0.0"

MOM_output_literal" CYCL DEF 7.5 C + 0.0"

MOM_output_literal" L M129"

MOM_output_literal" L M127"

MOM_output_literal" L Z-0.1 R0 F MAX M91"

MOM _ output _ literal" L X-499. 0 R0 F MAX M91"

MOM _ output _ literal" LB0. 0 C0. 0 R0 F MAX M91"

⑤确认无误后，单击【确定】按钮。

（9）设定加工公差。

①在左侧窗口中点击【操作起始序列】。

②在右侧窗口上方下拉列表中选择"定制命令"添加到"刀轨开始"节点最后面，如图 6 - 46 所示。

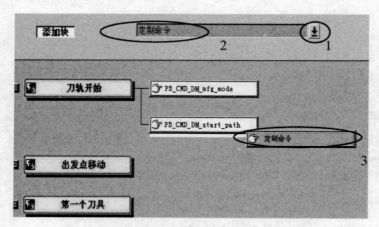

图 6 - 46　添加定制命令标签

③在【定制命令】对话框"PB _ CMD _ "文本框中输入 DM _ start _ of _ path _ tolerance。

④在【定制命令】对话框中输入以下内容

```
global mom_inside_outside_tolerances
global mom_operation_type
globle tol_temp
global mfg_mode
if{[
string match"Point to Point" $ mom_operation_type
]||[
string match"Hole Making" $ mom_operation_type
]}{
return}
set intol[format"%. 4f" $ mom_inside_outside_tolerances(0)]
set outtol[format"%. 4f" $ mom_inside_outside_tolerances(1)]
set tol[ expr $ mom_inside_outside_tolerances(0)
```

```
  + $ mom_inside_outside_tolerances(1)]
      set tol [ format"%. 3f" $ tol]
      set tol_a [ expr $ tol * 10]
      set tol_a [ format"%. 2f" $ tol_a]
      if{ $ tol>0. 05}{set hsc" HSC-MODE:1"} else { set hsc" HSC-
MODE:0"}
      if{ $ tol== $ tol_temp}{return}
      set tol_temp $ tol
      MOM_output_literal"CYCL DEF 32. 0 TOLERANCE"
      MOM_output_literal"CYCL DEF 32. 1 T $ tol"
      if{[info exists mfg_mode ]}{
      if{[string match"5_axis" $ mfg_mode]}{
      MOM_output_literal"CYCL DEF 32. 2 $ hsc TA  $ tol_a "}
      }else{return}
```

⑤确认无误后，单击【确定】按钮。

（10）换刀格式定义。将【自动换刀】标签中的两个换刀程序段移入【初始移动】标签，取消【手动换】标签刀中的 M0 程序段。

①在左侧窗口中点击【操作起始序列】→将右侧窗口【自动换刀】标签中的两个换刀程序段【TOOL DEF L R】、【TOOL DEF Z S】分别拖入【初始移动】标签，如图 6-47 所示。

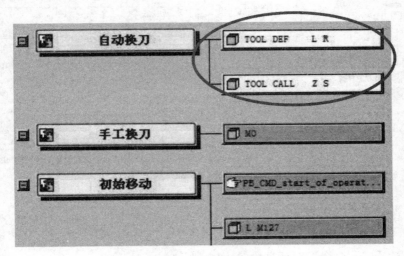

图 6-47　换刀程序段

②删除【手工换刀标签】中的【M0】程序段，如图 6-48 所示。

（11）定义 3+2 模式坐标旋转。

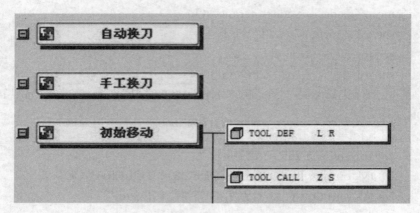

图 6-48　删除 MO 程序段

①如图 6-49 所示，选择【程序和刀轨】选项卡→点击【操作起始序列】→在右侧窗口上方下拉列表中选择"定制命令"→添加到"初始移动"节点最后面。

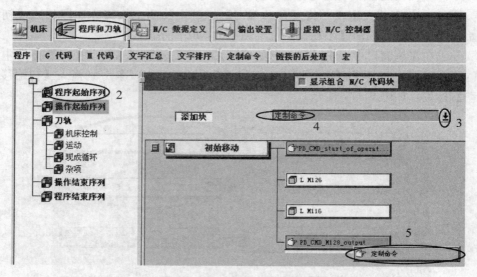

图 6-49　添加定制命令标签

②在【定制命令】对话框"PB_CMD_"文本框中输入"DM_set_csys"。

③在【定制命令】对话框中输入以下内容：

global mom_kin_cordinate_system_type

global mom_operation_type

global mfg_mode

```
global mom _ pos
global RAD2DEG
global mom _ out _ angle _ pos
global mom _ prev _ out _ angle _ pos
global mom _ mcs _ goto
set csys _ mode" MAIN"
set mom _ sys _ coordinate _ system _
status $ mom _ kin _ coordinate _ system _ type
setdecimals 4
set rotary _ decimals 3
set X [ format"%. $ {decimals} f" $ mom _ mcs _ goto (0)]
set Y [ format"%. $ {decimals} f" $ mom _ mcs _ goto (1)]
set Z [ format"%. $ {decimals} f" $ mom _ mcs _ goto (2)]
set Xn [ format"%. $ {decimals} f" $ mom _ pos (0)]
set Yn [ format"%. $ {decimals} f" $ mom _ pos (1)]
set Zn [ format"%. $ {decimals} f" $ mom _ pos (2)]
if{[string match"MAIN" $ csys_mode]}{
    set A [ format"%. 3f"0. 0]
    set B [ format"%. 3f" $ mom_out_angle_pos(0)]
    set C [ format"%. 3f" $ mom_out_angle_pos(1)]
}
if {[info sxists mom_kin_coordinate_system_type]}{
    if{[string match $ csys_mode $ mom_kin_coordinate_system_
    type]&&[string match"3+2_axis" $ mfg_mode] }{
    MOM_output_literal"CYCL DEF 7. 0 DATUM SHIFT"
    MOM_output_literal"CYCL DEF 7. 1 X0"
    MOM_output_literal"CYCL DEF 7. 2 Y0"
    MOM_output_literal"CYCL DEF 7. 3 Z0"
    MOM_output_literal"CYCL DEF 19. 0 WORKING PLANE"
    MOM_output_literal"CYCL DEF 19. 1 B $ B C $ C "
    MOM_output_literal" L A + Q121 C+Q122 FMBX"
    MOM_output_literal" L X $ Xn Y $ Yn FMAX"
    MOM_output_literal"L Z $ Zn FMAX"
    MOM_suppress ONCE fourth_axis fifth_axis }
    else { MOM_output_literal"M129"
      MOM_output_literal"L B $ B C $ C FMAX"
```

MOM_output_literal"M128"

MOM_output_literal"M126"

MOM_output_literal"L X $X Y $Y Z $Z FMAX"

set mom_pos(0) $ mom_mcs_goto(0)

set mom_pos(1) $ mom_mcs_goto(1)

set mom_pos(2) $ mom_mcs_goto(2)

MOM_suppress off fourth_axis fifth_axis

}}

④确认无误后，单击【确定】按钮。

(12) 定义五轴联动坐标的输出。

①重复（11）中①步。

②在【定制命令】对话框"PB_CMD_"文本框中输入"DM_RTCP"。

③在【定制命令】对话框中输入以下内容。

global mom_operation_type

global mfg_mode

global mom_pos mom_mcs_goto

if { {info exists mfg_mode]} {

if { [string match" 5_axis $ mfg_mode]} {

set mom_pos (0) $ mom_mcs_goto (0)

  set mom_pos (1) $ mom_mcs_goto (1)

  set mom_pos (2) $ mom_mcs_goto (2)

  MOM_suppress off fourth_axis fifth_axis

} elseif { [string match" 3+2_axis" $ mfg_made]} {

  MOM_suppress ONCE fourth_axis fifth_axis}}

④确认无误后，单击【确定】按钮。

(13) 复制。

1) 复制坐标系旋转名称 PB_CMD_DM_set_csys 到第一次移动节点后面。

①如图 6-50 所示，【NX/后处理构造器】→【程序和刀轨】子选项卡→点击【操作起始序列】→【初始移动】→在"PB_CMD_DM_set_csys"上右键→【复制为】→【引用的块】。

②如图 6-50 所示，右击【第一次移动】→【粘贴】→【最后面】。

2) 复制五轴坐标名称 PB_CMD_DM_RTCP。

①如图 6-51 所示，点击【操作起始序列】→分别将"PB_CMD_DM_RTCP"复制到"第一次移动"、"逼近移动"、"进刀移动"、"第一刀切削"和"第一个线性移动"节点后面。

284

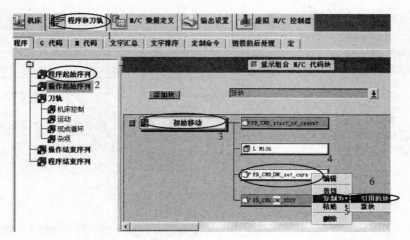

图 6-50 复制 PB_CMD_DM_set_csys

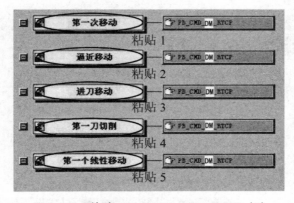

图 6-51 粘贴 PB_CMD_DM_RTCP（1）

② 如图 6-52 所示，单击【运动】→分别将"PB_CMD_DM_RTCP"粘贴到"刀轨"中的"线性移动"和"快速移动"节点中。

③如图 6-53 所示，单击【操作结束序列】→分别将"PB_CMD_DM_RTCP"粘贴到"退刀移动"、"返回移动"、"回零移动"和"刀轨结束"节点中。

（14）操作结束命令。

①添加新块。如图 6-54 所示，点击【操作结束序列】→在右侧窗口下拉列表中选择"新块"→【添加块】→添加到"刀轨结束"最下面。

②输入新块内容。如图 6-55 所示，将"新块"命名为"end_of_path_1"→在对话框下拉列表中选择【More】→【M_cooltant】→【M9】→点击【添加文字】→拖至下面位置→点击【确定】。

（15）强制输出 M 代码。

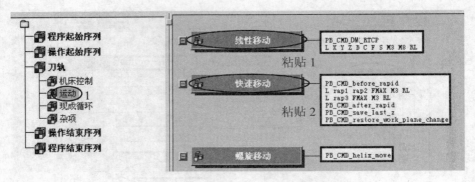

图 6-52　粘贴 PB_CMD_DM_RTCP（2）

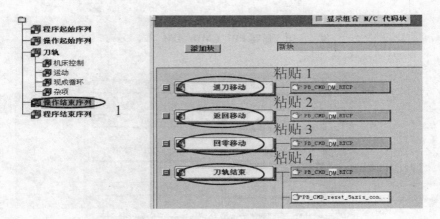

图 6-53　粘贴 PB_CMD_DM_RTCP（3）

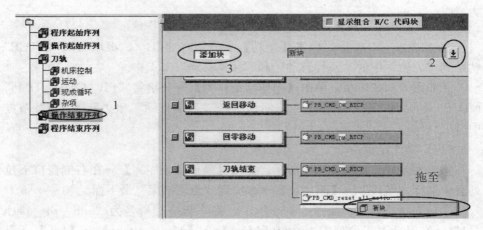

图 6-54　添加新块标签

①强制输出 M9。如图 6-56 所示，右击【M9】→选择【强制输出】→点

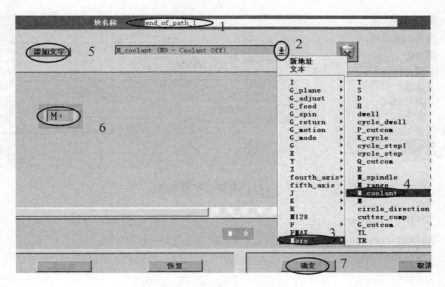

图 6-55　添加 M09 新程序段

击【确定】。

②强制输出 M5。采用相同的方法对"M5"进行强制输出处理。

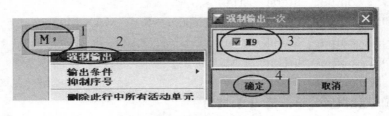

图 6-56　强制输出 A 代码

（16）定义程序尾。

①如图 6-57 所示，点击【程序结束序列】→点击右侧窗口的下拉列表→选择"定制命令"→点击【添加块】→添加到"程序结束"节点中最后位置。

②在【定制命令】对话框"PB_CMD_"文本框中输入"DM_end_program"。

③在【定制命令】对话框中输入以下内容。

MOM_output_literal" CYCL DEF 19.0 WORKING PLANE"

MOM_output_literal" CYCL DEF 19.1B +0.0 C +0.0"

MOM_output_literal" CYCL DEF 19.0 WORKING PLANE"

MOM_output_literal" CYCL DEF 19.1"

MOM_output_literal" CYCL DEF7.0 DATUM SHIFT"

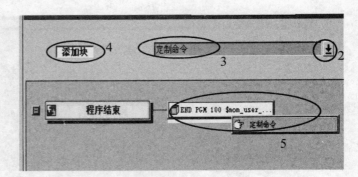

图 6-57 添加"定制命令"

MOM_output_literal" CYCL DEF 7. 1 X + 0. 0"

MOM_output_literal" CYCL DEF 7. 2 Y + 0. 0"

MOM_output_literal" CYCL DEF 7. 3 Z + 0. 0"

MOM_output_literal" CYCL DEF 7. 4B + 0. 0"

MOM_output_literal" CYCL DEF 7. 5 C + 0. 0"

MOM_output_literal" L M129"

MOM_output_literal" L M127"

MOM_output_literal" M140 MB MAX"

MOM_output_literal" L X0. 0 Y300. 0 R0 F MAX M92"

MOM_output_literal" L A0. 0 C0. 0 F MAX"

MOM_output_literal" L M5 M9"

MOM_output_literal" M30"

④确认无误后,单击【OK】按钮。

⑤选择【文件】→【保存】命令,保存后处理文件。

(17) 修改程序段号

起始程序段号用 1,段号增量用 1。工具条【N/C 数据定义】→【其它数据单元】→【序列号开始值】1→【序列号增量】1,如图 6-58 所示。

(18) 添加后处理文件。

①如图 6-59 所示,在【后处理构造器】中选择【实用程序】→【编辑模板后处理数据文件】,在【编辑 template_post. dat】对话框中单击最后一行文本→【新建】→选择用户目录下刚刚建好的"Pui"文件→【打开】。

②如图 6-60,单击【编辑】按钮编辑文本,将"$ {UGII_CAM_POST_DIR}"内容改为用户目录→【确定】→【确定】→【保存】。

(19) 线性加工指令设定。

①打开运动标签。如图 6-61 所示,打开 NX/后处理构造器→【程序和刀轨】→【程序】→【刀轨】中的【运动】。

288

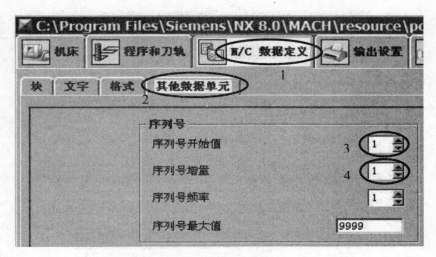

图 6-58　程序段号设定

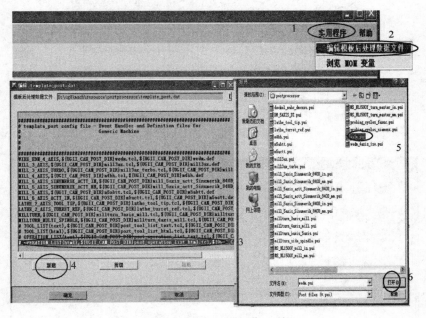

图 6-59　打开"Pui"文件

②编辑程序字顺序。如图 6-62 所示单击右侧【线性移动】，弹出【事件：线性移动】对话框，根据实际要求调整相应块之间的位置及形式。

（20）快速运动指令设定。点击右侧窗口中的【快速移动】节点（图 6-61），弹出【事件：快速移动】对话框，如图 6-63 所示→根据实际要求调整相应块之间的位置及形式，不勾选【工作平面更改】选项。

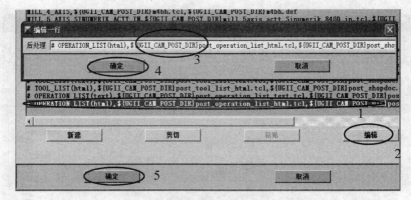

图 6 - 60 添加 "Pui" 文件

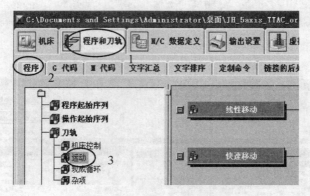

图 6 - 61 打开 motion 标签

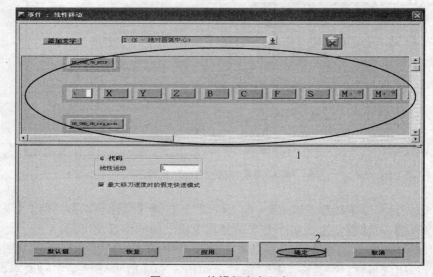

图 6 - 62 编辑程序字顺序

290

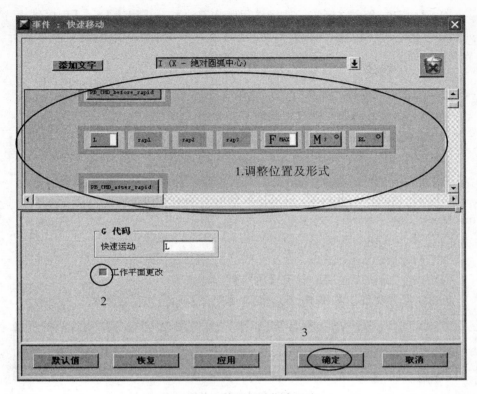

图 6-63　快速运动指令设定

（21）定制 NC 程序文件扩展名。如图 6-64 所示，在【后处理构造器】中选择【输出设置】→【其他选项】→在"N/C 输出文件扩展名"文本框中输入"ptp"。

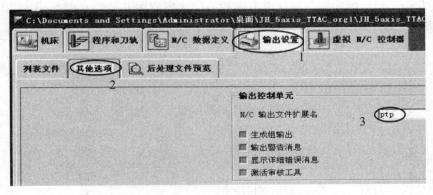

图 6-64　定制 NC 程序文件扩展名

（22）计算加工时间。

①添加定制命令空标签。选择【程序和刀轨】→【程序】→【程序结束序列】→点击右侧下拉列表→选择"定制命令"→添加块→添加到"程序结束"节点最后面。

②输入空标签名。在【定制命令】对话框"PB_CMD_"文本框中输入"total_time"。

③输入空标签内容。在【定制命令】中输入以下内容：

Global mom_machine_time accumulated_time

MOM_set_seq_off

MOM_output_literal" =====================≈"

MOM_output_literal" TotalMachine time：[format "%.2f" $ mom_machine_time] min"

MOM_output_literal" =====================≈"

MOM_set_seq_on

④确定。确认无误后，点击【确定】确定。

（22）保存文件。如图 6-65 所示，【保存】后退出后处理器。

图 6-65　保存文件

2. 输出 NC 程序

用后处理用户界面文件 DM_5Z_DTBC_HD. pui，对所创建的刀轨源文件 CLSF，经后处理操作转化成所需的 NC 代码程序并进行必要编辑。其中叶片精加工程序 FF04 的程序头、尾内容如下：

0 BEGIN PGM 5axis_yelun_block MM

BLK FORM 0.1 Z X0.0 Y0.0 Z-20.

BLK FORM 0.2 X100. Y100. Z0.0

CYCL DEF 19.0 WORKING PLANE

CYCL DEF 19.1 B+0.0 C+0.0

CYCL DEF 19.0 WORKING PLANE

CYCL DEF 19.1

CYCL DEF 7.0 DATUM SHIFT

CYCL DEF 7.1 X+0.0

CYCL DEF 7.2 Y+0.0

CYCL DEF 7. 3 Z+0. 0

CYCL DEF 7. 4 B+0. 0

CYCL DEF 7. 5 C+0. 0

L M129

L M127

L Z—0. 1 R0 FMAX M91

L X—499. 0 R0 FMAX M91

L B0. 0 C0. 0 R0 FMAX M91

CYCL DEF 32. 0 TOLERANCE

CYCL DEF 32. 1 T0. 060

CYCL DEF 32. 2 HSC—MODE：1 TA 0. 60

TOOL DEF 0 L90. R0. 0

TOOL CALL 0 Z S7000

===================================

Tool _ name：D12R6

Description：Milling Tool—5 Parameters

D=12. 00

R=6. 00

F=80. 00

L=90. 00

===================================

0001 M129

0002 L B—96. 628 C290. 277 FMAX

0003 M128

0004 M126

0005 L X—52. 2277 Y117. 1000 Z—8. 5569 FMAX

0006 L M117

0007 M1

0008 L M126

0009 L M116

0010 L B C S X—52. 228 Y117. 1 Z—8. 557 FMAX M3

0011 L B C S X—32. 588 Y63. 941 Z—1. 972 FMAX

0012 L X—32. 237 Y63. 947 Z—. 987 B—96. 628 C290. 277 F1000. M8

0013 L X—31. 769 Y64. 08 Z—. 061

0014 L X—31. 198 Y64. 335 Z. 778

0015 L X—29. 651 Y64. 953 Z2. 575 B—95. 086 C288. 031 F1500.

0016 L X−28.137 Y65.501 Z4.288 B−93.909 C286.194

......

0289 L X−42.381 Y56.984 Z−.11 B−88.124 C310.244

0290 L B C S X−42.486 Y57.003 Z−1.15 FMAX

0291 L B C S X−42.768 Y56.988 Z−2.157 FMAX

0292 L B C S X−43.217 Y56.941 Z−3.101 FMAX

0293 L B C S X−78.861 Y99.054 Z−1.294 FMAX

0294 M9

0295 M5

0296 L Z0.0 B0.0 C0.0 M91

0297 L X0.0 Y0.0

0298 CYCL DEF 19.0 WORKING PLANE

0299 CYCL DEF 19.1 B +0.0 C +0.0

0300 CYCL DEF 19.0 WORKING PLANE

0301 CYCL DEF 19.1

0302 CYCL DEF 7.0 DATUM SHIFT

0303 CYCL DEF 7.1 X + 0.0

0304 CYCL DEF 7.2 Y + 0.0

0305 CYCL DEF 7.3 Z + 0.0

0306 CYCL DEF 7.4 B + 0.0

0307 CYCL DEF 7.5 C + 0.0

0308 L M129

0309 L M127

0310 M140 MB MAX

0311 L X0.0 Y300.0 R0 FMAX M92

0312 L B 0.0 C0.0 FMAX

0313 L M5 M9

0314 M30

0315 END PGM 100 5axis _ yelun _ block MM

=======================================

TOTAL Machine Time: 1.77 min

=======================================

3. 程序编辑

前面只创建了一片叶片、一块叶毂、一片叶片倒圆的刀路,仅能生成相应的一条程序。三片叶片均布,利用坐标系旋转功能,绕 Z 轴旋转要求角度,

294

可以获得另外两组程序或者从操作面板中修改零点偏置值更方便，这样做可以大大缩短刀路创建等程序准备时间。

四、操作加工

1. 毛坯划线

由于委托方说不清楚加工叶轮螺孔的定位基准，不能知晓叶片毛坯与螺孔实际位置精度高低，给工件装夹找正带来不便。决定划线找正叶轮叶片，具体步骤如下：

（1）将叶轮安装在专用芯轴上，拧紧螺钉连成一体。

（2）在划线平台上，用带三爪卡盘、顶尖的分度头从两头架起专用芯轴。

（3）反复寻找单片叶片大头端面毛坯中心、三片毛坯对称分布中心，在其中任一叶片大头端面上和大头包覆面上划线。

以后编制工艺时，建议以叶片毛坯为基准、提高精度等办法加工螺纹底孔，以螺纹底孔为基准加工叶片等。

2. 工件装夹找正

（1）将装好叶轮的专用芯轴置于机床工作台上。

（2）转动、找正工件划线朝向 X 轴正方向，定位夹紧。

其余手动、自动操作无特殊要求，正常进行即可。

3. 刀具长度补偿值

尽管加工叶轮用同一把刀具，且在五轴加工、三轴加工中，刀具长度补偿值不同，五轴加工中刀具长度算至球刀的球心，三轴加工中则算至球刀的刀位点——球顶，两者差一个刀具半径，刀具数据设定时需引起注意。

五、相关知识

1. TCPM 功能

（1）概念。TCPM 功能是 Heidenhain 提出来的刀具中心点管理功能，是

Tool Centre Point Management 的缩写。TCPM 功能能实时补偿球头刀具球心的各直线坐标的偏移，保持刀具摆动时单纯地围绕其球心旋转，改变刀柄与实际接触点处法线之间的夹角，使球心位置在空间保持不变，起到以下作用：

①发挥球头刀具最佳切削效率、有效避让干涉作用；

②刀具长度（至球心）、旋转坐标轴中心从操作面板输入，独立于编程之外与程序无关，也即是说，更换机床、刀具后，只要重新对刀设定零点偏置、刀具补偿值，就可以使用同一程序了，不需要考虑旋转坐标轴中心距，不必把工件精确地和转台的轴心线对齐，方便对刀测量即可；

③改变刀具补偿数据、零点偏置值等，即可实现误差补偿等。如果没有TCPM 功能，改变机床或换刀后，原来的程序都不能使用了，后处理都要考虑回转轴的中心距等。

（2）编程格式。

M128 或 M128 F

M129

M128 刀具中心点管理生效，F 可以专门指定其补偿进给速度，M129 取消M128；用 M91 或 M92 定位之前、TOOL CALL 刀具调用之前，需取消M128。

与 TCPM 功能类似的还有 RTCP、RPCP、TCPC。RTCP 功能是 Fidia 提出来的旋转刀具中心 Rotational Tool Center Point，RPCP 是工件旋转中心Rotation Around Part Center Point，而 TCPC 功能则是刀具中心点控制 Tool Center Point Control。

2. 循环 32 指令

Heidenhain 系统的循环 32 指令，能保证数控系统自动地将两个路径之间的轮廓平滑过渡（无论补偿与否），刀具与工件表面保持接触。必要时，机床数控系统会自动降低编程的进给速率，这样既可以提高表面质量，机床也可以得到保护。循环 32 是由 DEF 激活的，这意味着它只要在零件程序中一经定义就生效。

3. M126 指令

Heidenhain 系统的 M126 指令是旋转轴以最短路径旋转，即当定位旋转轴显示的角度小于 360°时，数控系统将用 M126 功能沿较短路径移动旋转轴。需要注意的是，M126 在程序段开始处生效，要取消 M126，需输入 M127。

4. Tcl 语言

（1）Tcl 语言简介。Tcl 是 tool command language 的缩写，发音为 tickle。

它实际上包含了两个部分：一个语言和一个库。Tcl 是一个交互式解释性计算机语言，几乎在所有的平台上都可以解释运行，具有强大的功能和简单的语法。

Tcl 是一种简单的脚本语言，主要用于发布命令给一些互交程序如文本编辑器、调试器和 shell。它有一个简单的语法和很强的可扩展性，Tcl 可以创建新的过程以增强其内建命令的能力。

Tcl 是一个库包，可以被嵌入应用程序，Tcl 的库包含了一个分析器，用于执行内建命令的例程和可以扩充（定义新的过程）的库函数。应用程序可以产生 Tcl 命令并执行，命令可以由用户产生，也可以从用户接口的一个输入中读取（按钮或菜单等）。但 Tcl 库收到命令后将它分解并执行内建的命令，经常会产生递归的调用。

（2）Tcl 与 NX 后处理的关系。Tcl 语言目前已用于 NX 的 NX/Post（后处理）、Process Assistants（CAM 过程辅助）、Shop Documentation（车间工艺文档）、NX Libraries（数据库）、User Defined Features（用户自定义特征）等。

Tcl 可以调用 UFUNC，而 UFUNC 又可以调用 GRIP，所以 Tcl 的扩展性很好，扩展后还可以与 C 语言结合。

NX Post Builder（NX 后处理器）中的 Custom Cotmnand（用户自定义命令）可以让用户插入自己编写的 Tcl 子程序。

NX Post Builder 同时还提供常用的 Tcl 子程序，每一版本都会增加一些新的子程序。不过用户仍需要自己定义程序体来调用这些子程序，来满足特殊需要的输出格式。

具体研究 Tcl 语言的应用，篇幅较长，有专门的资料介绍，这里就不介绍了。

案例七　壳体数控镗铣加工

一、案例任务

（一）零件图样

这是某电动阀门蜗轮蜗杆减速机的壳体 QM2-01，零件图样见图 7-1。

（二）任务要求

(1) 加工图 7-1 工件，批量 1000 件；
(2) 设计数控加工工艺；
(3) 设计专用夹具方案；
(4) 设计专用刀具方案；
(5) 编写工艺卡片；
(6) 编制数控加工程序。

（三）配备条件

(1) 车铣镗数控机床；
(2) 通用工装量具及对刀仪；
(3) 电脑及相关软件。

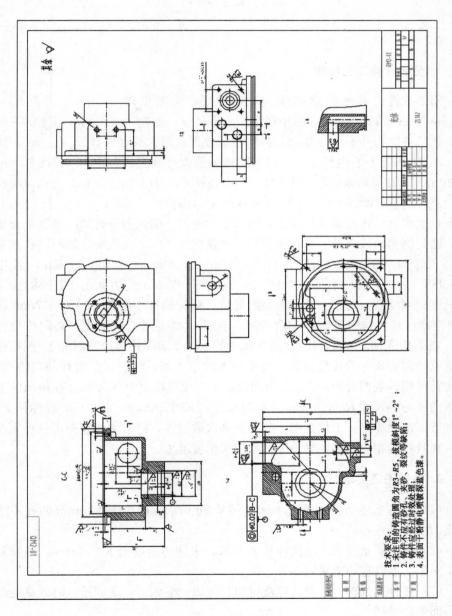

技术要求：
1. 未注明的铸造圆角为R3～R5，拔模斜度1°～2°；
2. 铸件不应有砂孔、夹砂、裂纹等缺陷；
3. 铸件经过时效处理；
4. 表面干粉静电喷镀珠蓝色漆。

图 7 - 1　QM2 - 01 壳体

299

二、工艺设计

1. 分析零件工艺性能

ZL102 铸铝毛坯要求调质、时效处理，主要壁厚 5.5mm、外形尺寸 195mm×186mm×123mm 的小型箱体类零件——齿轮、蜗轮蜗杆减速机的壳体。该工件结构并不十分复杂，铸造性能较好；最大孔径 $\phi 166_{+0.145}^{+0.305}$ mm、深 3 ± 0.017mm 是安装电机止口，与其同轴的最大外圆直径 $\phi 180f7$（$_{-0.083}^{-0.043}$）mm、高 16mm 和其他箱体配合，最大加工平面是外圆 $\phi 180f7$（$_{-0.083}^{-0.043}$）mm 的孔口端面法兰；外圆直径 $\phi 180f7$ 上要开 O 形橡胶密封圈沟槽 $4\times\phi 174.5$（$_{-0.1}^{0}$）mm，车削性能较好，若改用镗铣加工，则由于大镗刀、圆弧插补铣削高精度配合轴径、密封圈沟槽效率低、形状精度差等镗铣性能不好；安装蜗杆的同轴孔系有 $\phi 46$（$_{+0.1}^{+0.2}$）mm、$\phi 42H8$（$_{0}^{+0.039}$）mm、$\phi 30$mm、$\phi 18_{0}^{+0.033}$ mm，其中 $\phi 42H8$（$_{0}^{+0.039}$）mm 和通孔 $\phi 18_{0}^{+0.033}$ mm 深 195mm 是轴承孔，需要的加工刀具多、刚度低，是加工性能最差的部位；蜗轮蜗杆中心距 62 ± 0.037mm 达 4 级精度，是关键尺寸，影响两者啮合性能，也决定整机性能，必须严格控制；最小孔是 M6-7H，B—B 剖视图中的 Rc1/2 表示用螺纹密封的 55°圆锥内管螺纹，需要较大的攻丝扭矩；技术要求的第 4 条，经与产品设计部门协商，改为铸件喷砂表面处理；A—A 视图遗漏了 1 个粗糙度 Ra3.2 标注在该图的上侧，内腔毛坯尺寸 $R80.5$mm，$\phi 8.3H8$ 定位尺寸 65mm、21.2mm 漏标补上；零件五面需要加工，工位数多，如果装夹次数过多，将会增加装夹定位积累误差，夹具数量相应增多，导致工装费用大幅度增加。

2. 铸造毛坯要求

（1）铸造毛坯余量。平面 4mm、孔 $\phi 8$mm，孔径小于 $\phi 18$mm 的孔不予铸出、实心处理；

（2）铸造质量要求。按图样技术要求，未注铸造圆角 $R3\sim5$mm、拔模斜度 1°～2°，不得有铸造缺陷；

（3）铸件热处理。铸件去除浇冒口、飞边、毛刺后，需调质、时效热处理和表面喷砂处理。

铸造属于热加工范畴，一般由专门的铸造技术员编制铸造工艺文件等，但加工人员必须了解铸造毛坯余量、最小铸造孔、最小壁厚、铸造基准等，必要时需绘制铸件图样，便于编制加工工艺。

3. 编制工艺过程卡片

（1）划分工序。一次装夹为一道工序，机上加工共划分三道工序。为了叙述方便起见，给具有代表性的表面在图样上做出明显的标志，见图 7 - 2。

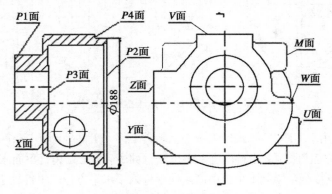

图 7 - 2　零件表面标志

工序 10：车。卧式数控车床加工，ϕ 188mm 毛坯外圆为测量找正基准，与主轴回转中心同轴，软爪四爪卡盘装夹定位，数控车削 P2 面上 ϕ 166$^{+0.305}_{+0.145}$ mm 孔、ϕ 180f7（$^{-0.043}_{-0.083}$）mm 外圆，4×174.5（$^{\ 0}_{-0.1}$）mm 沟槽、P4 和 P3 面。

工序 20：铣镗钻铰攻。双交换工作台卧式加工中心加工，用主体结构成直角弯板的专用夹具装夹定位，工作台分度铣镗钻攻 P1 面全部加工部位、钻铰攻 P2 面工序 10 后剩余的全部加工部位、钻攻 P4 面全部加工部位、铣 Z 面和钻铣蜗杆孔。为了保证蜗杆同轴孔系的同轴精度，半精、精加工从 Z 面一头进刀加工，用专用组合刀具提高加工效率，一次装夹由机床保证蜗轮孔、蜗杆孔间的垂直精度。

工序 30：钻攻。上双交换工作台卧式加工中心的另一工作台加工，用专用夹具装夹定位，钻攻 Z 面工序 20 后剩余的所有孔，V 面孔、Z 面孔位置精度较低，从工序 20 中特意分离出来，来平衡工序 20、工序 30 的工作量。

（2）设计装夹定位方案。

①软爪四爪单动卡盘。软爪四爪单动卡盘如图 7 - 3 所示，编号为 C-QM2 -01 -10 - 00，用于工序 10 卧式数控车床装夹工件。X、Y、Z 面组成直角方箱，X 面靠死专用四爪阶梯面限制 3 个自由度，Y 面、Z 面软爪调整到位后成固定支撑限制 3 个自由度，另外两个活动软爪在 V、W 面夹紧，发挥数控车床偏心车大孔、大平面的优势，克服加工中心刀具小等问题。支撑 W 点的软四爪与其他三个的结构和尺寸不同，该软爪夹持圆柱面且要与工件 40 尺寸凸台间留有足够间隙，限制 15 尺寸，防止干涉，其他三个软爪夹持平面。

②铣镗钻铰攻夹具。铣镗钻铰攻夹具如图 7 - 4 所示，编号为 XTZG -QM2 -

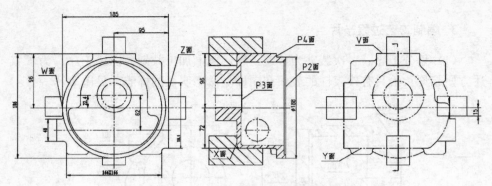

图 7-3　工序 10 四爪卡盘装夹定位

01-20-00，用于工序 20 卧式加工中心上装夹工件，工件外圆 ϕ 180f7（$^{-0.043}_{-0.083}$）mm 轴线水平放置定位限制 2 个自由度，电机法兰面 P4 靠死夹具直角面限制 3 个自由度，M 面一点接触，限制 1 个自由度，使蜗杆处于水平方位，工件处于完全定位状态。工件 Z 面 95mm 尺寸要比直角弯板 94.5mm 高出 0.5mm，防止面铣该面时与夹具干涉。P4、P2 面上的孔，全部从直角弯板背面进刀加工。

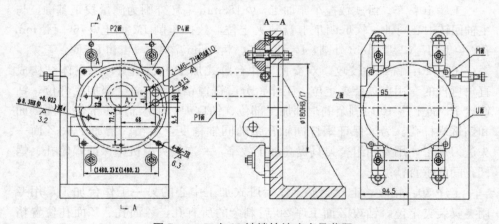

图 7-4　工序 20 铣镗钻铰攻夹具草图

　　③钻铰攻夹具。钻铰攻夹具如图 7-5 所示，编号为 ZG-QM2-01-30-00，用于工序 30 同一台卧式加工中心上装夹工件，工件外圆 ϕ 180f7（$^{-0.043}_{-0.083}$）mm 轴线垂直放置定位限制 2 个自由度，电机法兰面 P4 靠死夹具顶面限制 3 个自由度，ϕ 18 $^{+0.03}_{0}$ mm 孔内侧一点接触，限制 1 个自由度，工件处于完全定位状态。

　　（3）选用数控机床。根据工件大小、刀具数量、加工精度、数控系统等，尽量选用车间现有加工设备，万不得已时才新购设备，以防进入较长的论证、审批程序等。

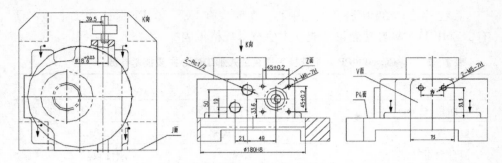

图 7‑5　工序 30 钻攻夹具草图

①工序 10 用数控车床。车间现有 CKA6150i 卧式刀架后置式数控车床，主要技术规格见表 7‑1。

表 7‑1　　　　　　　　　CKA6150i 数控车床主要技术参数

参数	规格	参数	规格
床身上最大工件回转直径（mm）	ϕ 500	X 向最大行程（mm）	280
最大车削直径（mm）	ϕ 400	Z 向最大行程（mm）	935
主轴中心高（mm）	250	手动尾座	莫氏 4
主轴孔直径	ϕ 82	刀架容量（把）	6
主轴头型式（mm）	A2‑8	刀柄截面（mm）	矩形 25×25（4 位） 圆形 ϕ 20（2 位）
主轴最高转速（r/min）	3000	数控系统	FANUC‑0iT

根据主轴头型式 A2‑8 规格、工件装夹定位方式，选配 K72320/A28 短锥四爪单动卡盘，如图 7‑6 所示，并拆掉原有四爪、现场配做四个锻铝软爪，成为要求的软爪四爪单动卡盘 C‑QM2‑01‑10‑K72320/A28‑00。

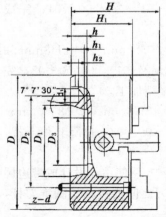

规格 D	主轴头号	D_1	D_2	D_3
250	8	139.719	171.4	75
320	8	139.719	171.4	95
400	8	139.719	171.4	125
450	8	139.719	171.4	125

H	H_1	h	h_1	h_2	D_1	z‑d
115.5	80	18	14	8.0	24.2	4‑M16
134	90	18	14	8.0	24.2	4‑M16
143	95	18	14	8.0	24.2	4‑M16
147	100	18	14	8.0	24.2	4‑M16

图 7‑6　K72320/A28 短锥四爪单动卡盘

②工序 20、30 用卧式加工中心。车间现有 EC‐400PP 卧式加工中心，具有 RENISHAW 自动测量功能，主要技术规格见表 7‐2。

表 7‐2　　　　EC‐400PP 六个交换工作台卧式加工中心主要技术参数

参数	规格	参数	规格
工台面积（mm）	400×400	刀柄（内冷）	BT40（平衡 G2.5）
工台分度（°）	1×360	刀具规格（mm）	ϕ120×300
交换台数量（只）	6	编程	刚性攻丝
XYZ 行程（mm）	508×508 ×508	主轴头直径（mm）	ϕ180
电主轴功率（KW）	14.9	主轴中心至工作台面距离（mm）	0‐508
电主轴转速（r/min）	8000	主轴端面至工作台中心距离（mm）	100‐608
侧挂链式刀库容量（把）	70	数控系统	FANUC0i‐MC

在设计夹具底板厚度，选用刀具直径、长度时，需考虑主轴头直径、主轴中心至工作台面距离、主轴端面至工作台中心距离，尽量缩小最大刀具直径、长度，夹具底板不至于太过厚重。

（4）设计专用刀具方案。

1）蜗杆同轴孔系专用组合刀具。蜗杆同轴孔系孔的种类很多、精度要求高 [（图 7‐7（a）]，如用单刀加工刀具数量多，要从大头进刀加工，由于 $\phi18^{+0.03}_{0}$ mm、ϕ30mm 孔太深都得用专用刀具加工。为了提高效率、保证加工精度，拟用专用组合刀具，中孔冷却。

①三组合粗加工锪刀。图 7‐7（b）所示，$\phi46^{+0.2}_{+0.1}$ mm、ϕ42H8mm 和 ϕ30mm 三组合粗加工锪刀，编号为 HD‐QM2‐01‐20‐00‐01，完成 $\phi46^{+0.2}_{+0.1}$ mm 加工和 ϕ42H8mm 粗加工、ϕ30mm 加工。

②三组合半精加工锪刀。图 7‐7（c）所示，$\phi46^{+0.2}_{+0.1}$ mm、ϕ42H8mm 和 $\phi18^{+0.03}_{0}$ mm 三组合半精加工锪刀，编号为 HD‐QM2‐01‐20‐00‐02，完成 $\phi46^{+0.2}_{+0.1}$ mm 加工、ϕ42H8mm 和 $\phi18^{+0.03}_{0}$ mm 半精加工。

③两组合精加工锪铰刀。图 7‐7（d）所示，ϕ42H8mm 和 $\phi18^{+0.03}_{0}$ mm 两组合精加工锪铰刀，编号为 HJD‐QM2‐01‐20‐00‐03，排除其他干扰，保证同轴和孔径精度。

这 3 把专用组合刀具，在 $\phi18^{+0.03}_{0}$ mm 钻穿至 ϕ16 后使用，设计成带边尾莫氏锥柄，能提高定心精度和换刀速度，小刀与大刀之间连接的长圆锥刀杆，能有效提高组合刀具刚度，改善切削性能。

2）蜗轮同轴孔系专用组合刀具。图 7‐8 所示，ϕ50.5mm＋$\phi44^{+0.025}_{0}$ mm

两组合粗加工锪刀，编号为 HD－QM2－01－20－00－04，完成 $\phi 50.5$mm 加工和 $44_{0}^{+0.025}$ mm 粗加工。

3) $\phi 8.3$H8 孔专用铰刀。用 RN－RDC－D9－H9 整体直柄内螺旋槽铰刀专业修磨成 $\phi 8.3$H8 专用铰刀，编号为 J－QM2－01－20－00－05，完成 $\phi 8.3$H8 孔的精加工，中孔冷却。

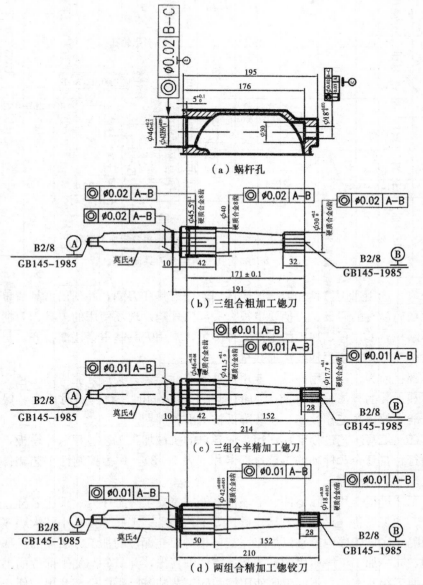

图 7－7 蜗杆孔专用组合刀具简图

305

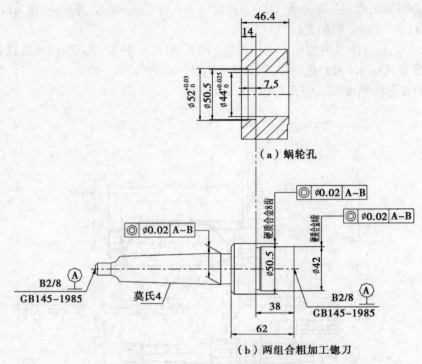

（a）蜗轮孔

（b）两组合粗加工镗刀

图7-8　蜗轮孔专用组合刀具简图

（4）选用通用刀具和刀柄。应选用通用刀具和刀柄，并列出刀具清单。其中现场尚没有的刀具、刀柄要申报有关部门外购。现场使用的刀具、刀柄是一个不断积累的过程，加工的零件品种多了，常用刀具基本会逐渐备齐，每次增加的是新刀具、新刀柄或添加数量。

到目前为止，专用夹具、专用刀具等非标工装方案设计完毕，工艺文件的编写和工装的具体设计在有人力的条件下可以同时进行、随时协商、保持一致，能有效提高工作效率、显著降低技术准备周期。

（5）填写工艺过程卡片。用企业各自的机械加工工艺过程卡片模板，填写编制符合自己企业标准的工艺过程卡片（表7-3），作为控制性工艺文件，指导生产制造活动等。

工艺过程卡片中除零件、毛坯信息外，主要填写工序号、工序名称、工序内容、加工设备、夹具、刀具、量具等工艺装备。工序号按从小到大顺序、一定间隔排序；工序内容常以加工完某一相对独立部位的加工方法和加工部位来简述，同一加工工序所用的工艺装备需详细写出，并最好与加工部位的书写对应，便于相互查找。不同工序使用的相同工艺装备，也应全部写出，便于生产调度按工序分派工作任务、管理人员准备所需工艺装备。机械加工工艺过程卡

表7-3

QM2-01 壳体工艺过程卡片

机械加工工艺过程卡片		产品型号		零件图号	QM2-01			共6页 第1页
		产品名称		零件名称	壳体			

材料牌号	毛坯种类	毛坯外形尺寸	每毛坯件数	每台件数		备注
ZL102	铸件	195×186×123		1		

工序号	工序名称	工序内容	车间	工段	设备	工艺装备	工时 准终	单件
10	车	粗、车精 φ180f8 端面			数控车 CAK6150i	软四爪卡盘 C-QM2-01-10-K72320/A28-00		
		粗、精车 φ180f7 ($^{-0.043}_{-0.083}$) 及轴肩			正前角 80刀片	95°螺钉压紧式外圆车刀 SCLCL2525M09 粗精各1（方刀杆） 刀片 CCGT09T308FN-25P H210T 刀片 CCGT09T304FN-25P H210T		
		粗、精车 φ166 $^{+0.305}_{+0.145}$ 深 3±0.017				95°螺钉压紧式内孔车刀 S20S-SCLCL09 粗精各1（圆刀杆）		
		粗、精车 73.6±0.005				深度尺 0~200±0.02mm		
		割槽 φ174.5 ($_{-0.1}$) ×4				外割槽刀 GWCL2525-35 刀片 TGAL4300BF AC530U（宽3mm） 千分尺 175~200mm		

		设计(日期)	校对(日期)	审核(日期)	标准化(日期)	会签(日期)
标记 处数 更改文件号 签字 日期	标记 处数 更改文件号 签字 日期					

307

续表1

机械加工工艺过程卡片		产品型号	QM2-01	零件图号			共6页	第2页
		产品名称		零件名称	壳体			

材料牌号	毛坯种类	毛坯外形尺寸	每毛坯件数	每台件数	备注
ZL102	铸件	195×186×123		1	

工序号	工序名称	工 序 内 容	车间	工段	设 备	工 艺 装 备	工时（准终）	工时（单件）
20	铣镗钻攻	U面:钻U面$\phi 18^{+0.033}_{0}$ mm 至$\phi 15$mm Z面:铣Z面,控制95 ± 0.06mm 粗镗$\phi 46^{+0.2}_{+0.1}+\phi 42H8(^{+0.039}_{0})+\phi 30$,$\phi 30$mm 半精镗$\phi 46^{+0.2}_{+0.1}+\phi 42H8(^{+0.039}_{0})+\phi 18^{+0.033}_{0}$,$\phi 46^{+0.2}_{+0.1}$mm深$5^{+0.1}_{0}$成			EC-400PP加工中心	游标卡尺 0~200±0.02mm 铣镗钻攻夹具 XTZG-QM2-01-20-00 NC中心钻 DN-NCA90C-D12 内冷直槽钻 DN-EPA05C-D15 可转位铝合金面铣刀 FMM-80AL-90 刀夹 STGER16CA-16AL 刀片 TEHW16T3PER ZK10UF 三组合粗镗刀 HD-QM2-01-20-00-01 三组合半精镗刀 HD-QM2-01-20-00-02		

	设计（日期）	校对（日期）	审核（日期）	标准化（日期）	会签（日期）
更改文件号 签字 日期					

续表2

机械加工工艺过程卡片		产品型号		ZL102	零件图号	QM2-01	共6页
		产品名称			零件名称	壳体	第3页

材料牌号	ZL102	毛坯种类	铸件	毛坯外形尺寸	195×186×123	每毛坯件数	每台件数 1	备注

工序号	工序名称	工序内容	车间	工段	设备	工艺装备	工时(准终/单件)
		锪铰Φ42H8mm($^{+0.039}_{0}$)+Φ18$^{+0.033}_{0}$mm 成				两组合精加工锪铰刀 HJD-QM2-01-20-00-02	
						千分尺 0～25mm,内径百分表 10～18mm	
						千分尺 25～50mm,内径表 35～50mm	
						游标卡尺 0～200±0.02mm	
						深度尺 0～200±0.02mm	
		P1面:铣 P1面,整制 107±0.11mm					
		钻攻 P1 面 4-M8-7H深 17mm 孔深 20mm				内冷直槽钻 DN-EPA05C-D6.7 整体直柄右螺旋槽丝锥 TN-RA15C-M8 螺纹塞规 M8-7H	

	设计(日期)	校对(日期)	审核(日期)	标准化(日期)	会签(日期)
更改文件号 签字 日期					

309

续表3

机械加工工艺过程卡片

机械加工工艺过程卡片	产品型号		零件图号	QM2-01			共6页
	产品名称		零件名称	壳体			第4页

| 材料牌号 | ZL102 | 毛坯种类 | 铸件 | 毛坯外形尺寸 | 195×186×123 | 每毛坯件数 | | 每台件数 | 1 | 备注 | |

工序号	工序名称	工序内容	车间	工段	设备	工艺装备	工时	
							准终	单件
		粗镗 $\phi 44^{+0.025}_{0}$ mm，$\phi 50.5$mm深14mm，$\phi 50.5$mm深14mm成				两组合粗加工镗刀 HD-QM2-01-20-00-04		
		半精镗、精镗 $\phi 44^{+0.025}_{0}$ mm				模块式精镗刀 21CD40-ZMAC42-97（$\phi 44$），2把		
		半精镗、精镗 $\phi 52^{+0.03}_{0}$ 深6.5mm				模块式精镗刀 21CD40-ZMAC42-97（$\phi 52$），2把		
						千分尺 50～75mm，内径表 50～100mm		
						深度千分尺 0～200±0.02mm		
						游标卡尺 0～200±0.02mm		

	设计（日期）	校对（日期）	审核（日期）	标准化（日期）	会签（日期）
更改文件号 签字 日期					

续表4

机械加工工艺过程卡片

		产品型号		零件图号	QM2-01		第5页
		产品名称		零件名称	壳体		共6页

材料牌号	毛坯种类	毛坯外形尺寸		每毛坯件数	每台件数		备注
ZL102	铸件	195×186×123			1		

工序号	工序名称	工序内容	车间	工段	设备	工艺装备	工时 准终	单件
		P2面：钻攻3-M6-7H螺纹底孔深8mm 孔深10mm				内冷直槽钻 DN-EPA05C-D5 整体直柄有螺旋槽丝锥 TN-RA15C-M6 螺纹塞规 M6-7H		
		钻2-Φ15mm孔，深43mm						
		钻铣铰Φ8.3H8深4mm				内冷直槽钻 DN-EPA05C-D8 专用铰刀 J-QM2-01-20-00-05 (Φ8.3H8) 塞规Φ8.3H8		
						铣攻夹具 ZG-QM2-01-30-00		
30	钻攻	Z面：钻攻4-M6-7H			EC-400PP 加工中心	NC中心钻 DN-NCA90C-D12 内冷直槽钻 DN-EPA05C-D5		

	设计(日期)	校对(日期)	审核(日期)	标准化(日期)	会签(日期)

更改文件号	签字	日期

续表5

机械加工工艺过程卡片		产品型号		零件图号	QM2-01	共6页	第6页
		产品名称		零件名称	壳体		

材料牌号	毛坯种类	毛坯外形尺寸		每毛坯件数	每台件数 1		
ZL102	铸件	195×186×123					

工序号	工序名称	工序内容	车间	工段	设备	工艺装备	工时 准终 / 单件	备注
		钻攻 2-Rc1/2				整体直柄有螺旋槽丝锥 TN-RA15C-M6 螺纹塞规 M6-7H		
						内冷直柄麻花钻 DN-ATA05C-D18.9		
						丝锥 Rc1/2		
						螺纹塞规 Rc1/2		
		V面:钻攻 2-M10-7H				内冷直槽钻 DN-EPA05C-D8.5 整体直柄有螺旋槽丝锥 TN-RA15C-M10 螺纹塞规 M10-7H		
						游标卡尺 0~200±0.02mm		
40	入库	清理、入库						

			设计(日期)	校对(日期)	审核(日期)	标准化(日期)	会签(日期)
标记	处数	更改文件号	签字	日期			

312

表 7-4

机械加工工序卡片

	产品型号	QM2-01	零件图号		共16页	第1页
	产品名称	壳体	零件名称	壳体		

车间	工序号	工序名称	材料牌号	毛坯种类	毛坯外形尺寸	同时加工件数	每台件数	每毛坯可制件数	切削液
数控车间	10	车	ZL102		195×186×123				乳化液

设备名称	设备型号	设备编号	夹具编号	夹具名称
卧式数控车床	CAK6150i	ER70-07	C-QM2-01-10-K72320/A28-00	软爪四爪单动卡盘

工步号	工步内容	工艺装备	主轴转速 r/min	切削速度 mm/min	进给量 mm/min	切削深度 mm	进给次数	工步工时 机动	工步工时 辅助
1	粗车 ϕ180f7mm端面、C1、ϕ180f7($^{-0.043}_{-0.083}$)、P4面Ra3.2，留加工余量径向ϕ0.5mm，轴向0.1mm	T01 95°螺钉压紧式外圆车刀 SCLCL2525M09，刀片 CCGT09T308FN-25P H210T	1100	800	0.2	1.5			
2	精车 ϕ180f7($^{-0.043}_{-0.083}$）mm端面、C1、ϕ180f7($^{-0.043}_{-0.083}$)mm、P4面Ra1.6，控制16$^{\,0}_{-0.01}$mm	T02 95°螺钉压紧式外圆车刀 SCLCL2525M09，刀片 CCGT09T304FN-25P H210T	1300	1000	0.1	0.25			
3	粗车 ϕ166$^{+0.305}_{+0.145}$mm，P3面Ra3.2，留加工余量径向ϕ0.5mm，轴向0.1mm	T03 95°螺钉压紧式内孔车刀 S20S-SCLCL09	1500	800	0.2	1.5			

			设计（日期）	校对（日期）	审核（日期）	标准化（日期）	会签（日期）

标记	处数	更改文件号	签字	日期	标记	处数	更改文件号	签字	日期

续表1

机械加工工序卡片	产品型号		零件图号	QM2-01	共16页	第2页
	产品名称		零件名称	壳体	每台件数	

车间	工序号	工序名称	材料牌号	毛坯种类	毛坯外形尺寸	每毛坯可制件数	
	10	车	ZL102	铸件	195×186×123		

设备名称	设备型号	设备编号	同时加工件数	夹具编号	夹具名称	切削液
卧式数控车床	CAK6150i	ER70-07		C-QM2-01-10-K7320/A28-00	软爪四爪单动卡盘	

工步号	工步内容	工艺装备	主轴转速 r/min	切削速度 mm/min	进给量 mm/min	切削深度 mm	进给次数	工步工时 机动	辅助
4	精车$\phi 166^{+0.305}_{+0.145}$ mm，P3面 Ra3.2，控制76.6±0.01mm，3±0.04mm	T0495°螺钉压紧式内孔车刀 S20S-SCLCL09 深度尺 0~200±0.02mm	1900	1000	0.1	0.25			
5	割槽$\phi 174.5_{-0.1}\times 4$，Ra3.2	千分尺 175~200±0.01mm T05外割槽刀 GWCL2525-35 刀片 TGAL4300BF AC530U（宽3mm）	700	400	0.08	0.5			
6	清理，转入下道工序	游标卡尺 0~200±0.02mm							

设计（日期）	校对（日期）	审核（日期）	标准化（日期）	会签（日期）

标记	处数	更改文件号	签字	日期	标记	处数	更改文件号	签字	日期

314

机械加工工艺附图	产品型号		零件图号	QM2-01	工序号	10
	产品名称		零件名称	壳 体	共 16 页	第 3 页

				设 计(日期)	校 对(日期)	审 核(日期)	标准化(日期)	会 签(日期)
标记	处数	更改文件号	签字	日期	标记	处数	更改文件号	签字	日期

315

续表3

机械加工工序卡片

车间	工序号	工序名称	产品型号		零件图号	QM2-01		
			产品名称		零件名称	壳体	共16页	第4页
卧式加工中心	20	铣镗钻攻	材料牌号	ZL102	毛坯种类	铸件	每毛坯可制件数	每台件数
设备名称	设备型号	设备编号	同时加工件数		毛坯外形尺寸	195×186×123		
	EC-400PP				夹具编号	XTZG-QM2-01-20-00	夹具名称	切削液
							铣镗钻攻夹具	

工步号	工 步 内 容	工 艺 装 备	主轴转速 r/min	切削速度 mm/min	进给量 mm/min	切削深度 mm	进给次数	工步工时 机动 辅助
	P4面、M面 ϕ 18018 外圆定位、法兰边压紧	磁性表座、百分表						
1	铣平面 Z面 Ra3.2,控制尺寸 95±0.06mm P1面 Ra3.2,控制尺寸 69+38=107 ±0.11mm	T01 可转位铝合金面铣刀 FMM-80AL-90 刀夹 STGER16CA-16AL. 刀片 TEHW16T3PER H216T 游标卡尺 0~200±0.02mm 深度尺 0~200±0.02mm	2000	500	400	4		

		设计(日期)	校对(日期)	审核(日期)	标准化(日期)	会签(日期)
标记 处数 更改文件号 签字 日期	标记 处数 更改文件号 签字 日期					

316

续表4

机械加工工序卡片

车间		工序号	工序名称	设备编号	设备型号		产品型号	QM2-01	零件图号			共16页	第5页
		20	铣镗钻攻		EC-400PP		产品名称	壳体	零件名称			每台件数	
卧式加工中心		材料牌号 ZL102	毛坯种类 铸件	同时加工件数	毛坯外形尺寸 195×186×123		每毛坯可制件数		夹具编号 XTZG-QM2-01-20-00	夹具名称 铣镗钻攻夹具		切削液	

工步号	工 步 内 容	工 艺 装 备	主轴转速 r/min	切削速度 mm/min	进给量 mm/min	切削深度 mm	进给次数	工步工时 机动	辅助
2	钻中心孔	T02 NC中心钻 DN-NCA90C-D12	3200	100	800				
	P1面4-M8-7H 深5mm								
	U面$\phi 18^{+0.033}_{0}$ mm 深5mm								
	P4面4-M6-7H深4mm								
	P2面3-M6-7H深4mm, 2-ϕ15mm深5mm, ϕ8.3H8								
	深5mm不许穿								
3	钻P2面ϕ8.3H8至ϕ8mm 深6mm 不许穿	T03 内冷直槽钻 DN-EPA05C-D8	6000	150	1900	6			
4	钻M6-7H底孔	T04 内冷直槽钻 DN-EPA05C-D5	7500	118	1500				

			设计(日期)	校对(日期)	审核(日期)	标准化(日期)	会签(日期)
标记	处数	更改文件号	签字	日期	标记 处数 更改文件号	签字	日期

317

续表 5

机械加工工序卡片		产品型号		零件图号	QM2－01	第 6 页
		产品名称		零件名称	壳体	共 16 页

车间	工序号	工序名称	材料牌号	毛坯种类	毛坯外形尺寸	每毛坯可制件数	每台件数
	20	铣镗钻攻	ZLI02	铸 件	195×186×123		

设备名称	设备型号	设备编号	同时加工件数	夹具编号	夹具名称	切削液
卧式加工中心	EC－400PP			XTZG－QM2－01－20－00	铣镗钻攻夹具	

工步号	工 步 内 容	工 艺 装 备	主轴转速 r/min	切削速度 mm/min	进给量 mm/min	切削深度 mm	进给次数	工步工时 机动	工步工时 辅助
	P2 面 3－M6－7H 至 3－ϕ5mm 深 10								
	P4 面 4－M6－7H 至 3－ϕ5mm								
5	钻 ϕ15mm 孔	T05 内冷直槽钻 DN－EPA05C－D15	3200	150	1500				
	P2 面 2－ϕ15mm 分别深 42mm 深 73mm								
6	U 面 ϕ18$^{+0.033}_{0}$ mm 至 ϕ15mm								
7	钻 P1 面 4－M8－7H 底孔 ϕ6.7mm 深 20mm	T06 内冷直槽钻 DN－EPA05C－D6.7	7100	150	1900				

	设计（日期）	校对（日期）	审核（日期）	标准化（日期）	会签（日期）
标记 处数 更改文件号 签字 日期	标记 处数 更改文件号 签字 日期				

续表6

机械加工工序卡片

	产品型号		零件图号	QM2-01		共16页	第7页
	产品名称		零件名称	壳体			每台件数

车间	工序号	工序名称	材料牌号	毛坯种类	毛坯外形尺寸	每毛坯可制件数	每台件数
	20	铣镗钻攻	ZL102	铸件	$195 \times 186 \times 123$		

设备名称	设备型号	设备编号	同时加工件数	夹具编号	夹具名称	切削液
卧式加工中心	EC-400PP			XTZG-QM2-01-20-00	铣镗钻攻夹具	

工步号	工步内容	工艺装备	主轴转速 r/min	切削速度 mm/min	进给量 mm/min	切削深度 mm	进给次数	工步工时 机动	辅助
7	粗镗 P1 面 $\phi 44^{+0.025}_{0}$ mm＋$\phi 50.5$mm 至 $\phi 42$mm＋$\phi 50.5$mm 深 14mm	T07 两组合粗加工镗刀 HD-QM2-01-20-00-04	600	100	240				
8	粗镗 Z 面 $\phi 46^{+0.2}_{+0.1}$＋$\phi 42$H8($^{+0.039}_{0}$)＋$\phi 30$ 至 $\phi 45.5$＋$\phi 40$＋$\phi 30$mm 深 $176^{0}_{-0.1}$mm	T08 三组合粗加工镗刀 HD-QM2-01-20-00-01	700	100	260				
9	半精镗 Z 面 $\phi 46^{+0.2}_{+0.1}$＋$\phi 42$H8($^{+0.039}_{0}$)＋$\phi 18^{+0.033}_{0}$ 至 $\phi 46^{+0.1}_{0}$mm＋深 $5^{+0.1}_{0}$mm＋$\phi 41.5$＋$\phi 17.7$mm	T09 三组合半精加工镗刀 HD-QM2-01-20-00-02	700	100	250				

				设计（日期）	校对（日期）	审核（日期）	标准化（日期）	会签（日期）

标记	处数	更改文件号	签字	日期	标记	处数	更改文件号	签字	日期

续表7

机械加工工序卡片

车间	工序号	工序名称	材料牌号	毛坯种类	毛坯外形尺寸	产品型号	QM2-01	零件图号		第8页 共16页
	20	铣镗钻攻	ZL102	铸件	195×186×123	产品名称	壳体	零件名称	每毛坯可制件数	每合件数
设备名称	设备型号	设备编号	同时加工件数			夹具编号	XTZG-QM2-01-20-00	夹具名称	铣镗钻攻夹具	切削液
卧式加工中心	EC-400PP									

工步号	工步内容	工艺装备	主轴转速 r/min	切削速度 mm/min	进给量 mm/min	切削深度 mm	进给次数	工步工时 机动	工步工时 辅助
10	锪铰 Z 面 φ 42H8mm $\binom{+0.039}{0}$ + φ 18 $^{+0.033}_{0}$ mm成	T10 两组合精加工锪铰刀 HJD-QM2-01-20-00-02 内径表 18~35mm,35~50mm 千分尺 0~25mm,25~50mm	750	100	180				
11	半精镗 P1 面 φ 52 $^{+0.03}_{0}$ 至 φ 51.5mm 深 6.4mm	T11 模块式精镗刀 21CD40-ZMAC42-97 平底 镗头 M5HZ-42R	2500	400	200				
12	半精镗 P1 面 φ 44 $^{+0.025}_{0}$ 至 φ 43.5mm	T12 模块式精镗刀 21CD40-ZMAC42-97 刀片 CCGT04FN-2PH210T	3000	400	240				

设计(日期)	校对(日期)	审核(日期)	标准化(日期)	会签(日期)

标记	处数	更改文件号	签字	日期	标记	处数	更改文件号	签字	日期

续表8

机械加工工序卡片

项目	内容		产品型号	QM2-01	零件图号	QM2-01	共16页	第9页
			产品名称	壳体	零件名称	壳体	每台件数	

车间	工序号	工序名称	设备名称	设备型号	设备编号	同时加工件数
卧式加工中心	20	铣镗钻攻	卧式加工中心	EC-400PP		

毛坯种类	毛坯外形尺寸	每毛坯可制件数	每台件数
铸件	195×186×123		

材料牌号	夹具编号	夹具名称	切削液
ZL102	XTZG-QM2-01-20-00	铣镗钻攻夹具	

工步号	工步内容	工艺装备	主轴转速 r/min	切削速度 mm/min	进给量 mm/min	切削深度 mm	进给次数	工步工时 机动	工步工时 辅助
13	精镗 P1 面 $\phi 52^{+0.03}_{0}$ mm 深 6.5mm	T13 模块式精镗刀 21CD40-ZMAC42-97 平底；内径表 50~100mm；千分尺 50~75mm	3100	500	150				
14	精镗 P1 面 $\phi 44^{+0.025}_{0}$ mm 成	T14 模块式精镗刀 21CD40-ZMAC42-97	3600	500	180				
15	攻 P1 面 4-M8-7H 深 17mm	T15 整体直柄有螺旋槽丝锥 TN-RA15C-M8；螺纹塞规 M8-7H	2000	50	3000				

		设计(日期)	校对(日期)	审核(日期)	标准化(日期)	会签(日期)
标记	处数	更改文件号	签字	日期		
标记	处数	更改文件号	签字	日期		

续表9

<table>
<tr><td colspan="2" rowspan="2">机械加工工序卡片</td><td colspan="2">产品型号</td><td colspan="2">零件图号</td><td>QM2-01</td><td rowspan="2">共16页</td><td rowspan="2">第10页</td></tr>
<tr><td colspan="2">产品名称</td><td colspan="2">零件名称</td><td>壳 体</td></tr>
</table>

车间	工序号	工序名称	材料牌号	毛坯种类	毛坯外形尺寸	每毛坯可制件数	每台件数
	20	铣镗钻攻	ZL102	铸 件	195×186×123		

设备名称	设备型号	设备编号	同时加工件数	夹具编号	夹具名称	切削液
卧式加工中心	EC-400PP			XTZG-QM2-01-20-00	铣镗钻攻夹具	

工步号	工 步 内 容	工 艺 装 备	主轴转速 r/min	切削速度 mm/min	进给量 mm/min	切削深度 mm	进给次数	工步工时 机动	工步工时 辅助
16	铰 P2 面 Φ8.3H8($^{+0.022}_{0}$)深 4mm	T16 专用铰刀 JJ-QM2-01-20-00-05(Φ8.3H8) 塞规 Φ8.3H8	1000	25	332				
17	攻 M6-7H	T17 整体直柄有螺旋槽丝锥 TN-RA15C-M6 螺纹塞规 M6-7H	2600	50	2600				
18	P2 面 3-M6-7H P4 面 4-M6-7H 深 7mm 清理,转入下道工序								

	设计(日期)	校对(日期)	审核(日期)	标准化(日期)	会签(日期)
标记 处数 更改文件号 签字 日期					
标记 处数 更改文件号 签字 日期					

322

续表 10

机械加工工艺附图		产品型号		零件图号	QM2-01	工序号	20
		产品名称		零件名称	壳　体	共 16 页	第 11 页

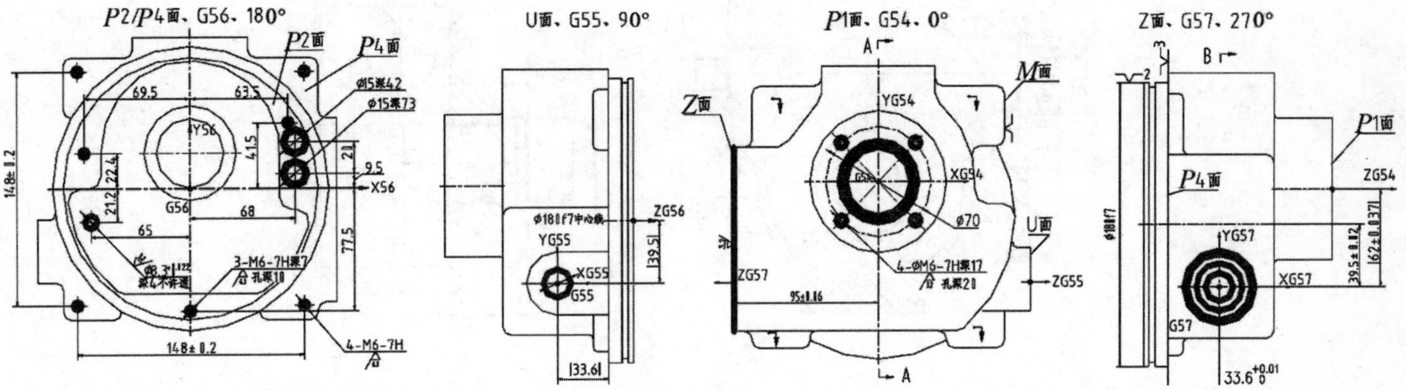

					设 计(日期)	校 对(日期)	审 核(日期)	标准化(日期)	会 签(日期)
标记	处数	更改文件号	签字	日期 标记 处数 更改文件号 签字 日期					

323

续表 11

产品型号		零件图号	QM2 - 01	工序号	20
产品名称		零件名称	壳 体	共 16 页	第 12 页

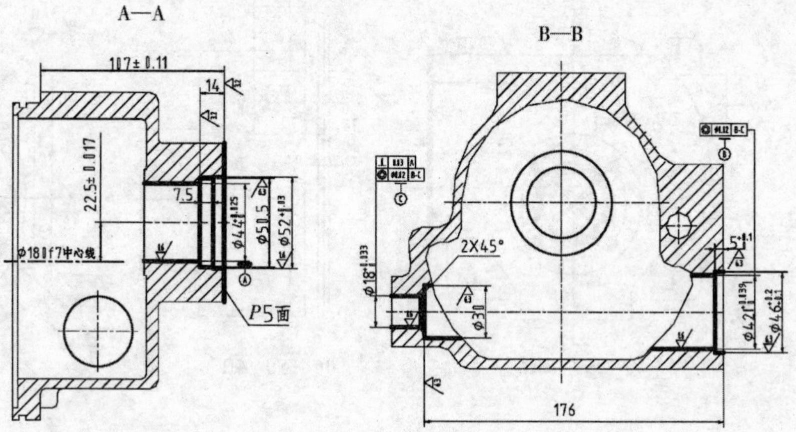

机械加工工艺附图

A—A

B—B

设 计（日期）	校 对（日期）	审 核（日期）	标准化（日期）	会 签（日期）

标记	处数	更改文件号	签字	日期	标记	处数	更改文件号	签字	日期

续表 12

机械加工工序卡片

	产品型号	QM2-01	零件图号		共16页 第13页
产品名称	壳体	零件名称	壳体	每台件数	

车间	工序号	工序名称	设备编号	设备名称	设备型号	材料牌号	毛坯种类	毛坯外形尺寸	每毛坯可制件数	同时加工件数	切削液
	30	钻攻		卧式加工中心	EC-400PP	ZL102	铸件	195×186×123			

夹具编号	夹具名称
ZG-QM2-01-30-00	钻攻夹具

工步号	工 步 内 容	工 艺 装 备	主轴转速 r/min	切削速度 mm/min	进给量 mm/min	切削深度 mm	进给次数	工步工时 机动	工步工时 辅助
	$P4$ 面、ϕ 18018 外圆、ϕ 18 孔侧定位，法兰边压紧	磁性表座、百分表							
1	钻中心孔	T02NC 中心钻	3200	100	800				
	Z 面 4 - M6 - 7H 深 4mm	DN - NCA90C - D12							
	Z 面 2 - Rc1/2 深 5mm	游标卡尺 0~200±0.02mm							
	U 面 2 - M10 - 7H 深 5mm								
2	钻 U 面 2 - M10 - 7H 底孔至 ϕ 8.5mm	T18 内冷直槽钻 DN - EPA05C - D8.5	5600	150	1900				

	设计（日期）	校对（日期）	审核（日期）	标准化（日期）	会签（日期）
标记 处数 更改文件号 签字 日期 标记 处数 更改文件号 签字 日期					

325

续表 13

机械加工工序卡片		产品型号		零件图号	QM2-01	第14页
		产品名称		零件名称	壳体	共16页

车间	工序号	工序名称	材料牌号	毛坯种类	毛坯外形尺寸	每毛坯可制件数	每台件数
	30	钻攻	ZL102	铸件	195×186×123		

设备名称	设备型号	设备编号	同时加工件数	夹具编号	夹具名称	切削液
卧式加工中心	EC-400PP			ZG-QM2-01-30-00	钻攻夹具	

工步号	工　步　内　容	工　艺　装　备	主轴转速 r/min	切削速度 mm/min	进给量 mm/min	切削深度 mm	进给次数	工步工时 机动	工步工时 辅助
3	攻U面2-M10-7H	T19整体直柄有螺旋槽丝锥 TN-RA15C-M10 螺纹塞规 M10-7H	1600	50	2400				
4	钻Z面2-Rc1/2至φ18.9mm深27mm	T20内冷直柄麻花钻 DN-ATA05C-D18.9	2500	150	1500				
5	钻Z面4-M6-7H深11mm	T04内冷直槽钻 DN-EPA05C-D5	7500	118	1500				

	设计(日期)	校对(日期)	审核(日期)	标准化(日期)	会签(日期)
标记 处数 更改文件号 签字 日期					
标记 处数 更改文件号 签字 日期					

326

续表14

机械加工工序卡片

		产品型号	QM2-01	零件图号			共16页	第15页
		产品名称	壳体	零件名称				每台件数

车间	工序号	工序名称	材料牌号	毛坯种类	毛坯外形尺寸	每毛坯可制件数		每台件数
	30	钻攻	ZL102	铸件	195×186×123			

设备名称	设备型号	设备编号	同时加工件数	夹具编号	夹具名称	切削液
卧式加工中心	EC-400PP			ZG-QM2-01-30-00	钻攻夹具	

工步号	工步内容	工艺装备	主轴转速 r/min	切削速度 mm/min	进给量 mm/min	切削深度 mm	进给次数	工步工时 机动	工步工时 辅助
6	攻乙面4-M6-7H 深8mm	T17 整体直柄有螺旋槽丝锥 TN-RA15C-M6 螺纹塞规 M6-7H	2600	50	2600				
7	攻乙面2-Rc1/2	T21 丝锥 Rc1/2 螺纹塞规 Rc1/2	200	13	362.8				
8	清理、入库								

	设计(日期)	校对(日期)	审核(日期)	标准化(日期)	会签(日期)
标记 处数 更改文件号 签字 日期	标记 处数 更改文件号 签字 日期				

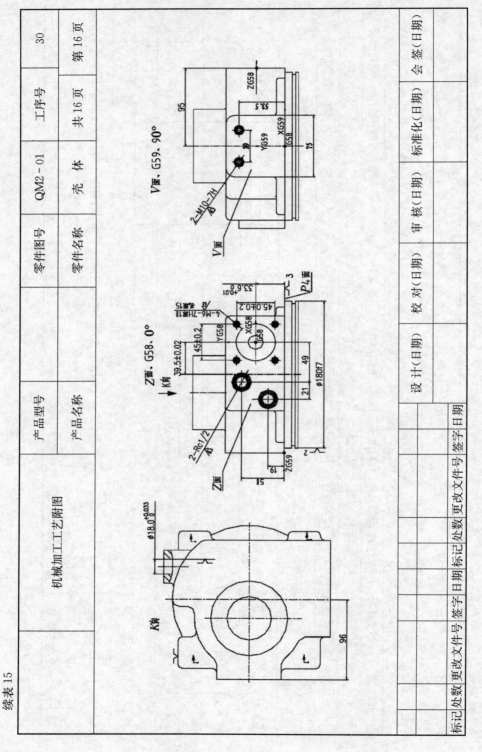

片包括从加工零件的第一道工序开始直到清理入库各个工序的全过程。零件毛坯制备、中途热处理等在工序内容中在工序顺序位置处说明要求，一般不予编写工序号，由热加工专门技术人员处置。

4. 编制工序卡片

机械加工工序卡片，是生产一线操作工、检验员等使用的控制性工艺文件。对于每一道工序应有一套工序卡片。工序卡片中，工步为基本单位，有详细的工步内容、工艺装备、工艺附图、切削用量等，见表 7-4。其中工艺附图中要表明三要素：一要素是加工部位图样，用粗实线绘制加工部位，无关部分用细实线简化，细实线简化部分能辨明装夹方位等即可，不要细画；二要素是标注工序尺寸：标注相关尺寸和精度以及必要的外形尺寸；三要素是标注定位夹紧符号：定位符号标注在基面上并注明所限制的自由度数，用规定的夹紧符号标志夹紧方式。这三要素让操作工等对自己加工的工序内容一目了然，从繁琐的图样中解放出来，集中精力控制产品质量等，提高生产效率。

工序卡片中的工步内容比过程卡片中的工序内容要详细得多，要说明做什么、怎么做、做成什么样子，有工序尺寸或加工余量、表面精度、形位公差要求、注意事项等，但传统工步顺序安排一般不予考虑同一把刀具的工步顺序，而程序编制常采用单刀多工步编程原则，编程时要重新调整工步顺序，造成传统工序卡片指导性不强的无用状态。这里的工序卡片，在安排工步顺序的同时，尽可能把同一把刀具的工步内容全部安排在一起，重复体现单刀多工步原则，使工步顺序基本反映程序顺序，两者平行发挥各自的作用，提高各种工艺文件的应用价值，特别是让工序卡片决定编程顺序。

三、程序编制

1. 编制工序 10 车削程序

工件坐标系建立在 ϕ180f7 端面回转中心，见工序 10 工艺附图。必须加冷却液，程序清单见表 7-5，编程方案如下。

（1）外轮廓。用 G71、G70 加工外轮廓，包括 ϕ180f7 端面。

（2）内轮廓。用 G71、G70 加工内轮廓，包括 $P3$ 端面。

（3）切槽。用 G75 车槽，槽宽 4mm，用 3mm 刀宽加工，刀宽小于槽宽为了便于控制槽宽。

2. 编制工序 20 铣镗钻攻程序

为便于用设计尺寸编程，工件坐标系建立在设计基准上，一个面建立一个工件坐标系，见工序 20 工艺附图。面铣刀用外冷，孔加工全部用内冷，高速加工，程序清单见表 7-6，编程方案如下。

（1）刀具长度补偿。用机外测量刀具长度补偿方法补偿刀具长度。

（2）子程序。换刀、交换工作台、自动测量、同规格孔位专门编制子程序以简化编程。

（3）采用单刀多工位原则。同一把刀具，分度加工完各个工位的相关内容后，再更换下一把刀加工。这考虑了两个原因，一是减少换刀次数，延长机械手寿命；二是工作台分度次数相比之下少得多，以提高加工效率。

（4）倒角。小孔倒角全部由 NC 中心钻定心顺便加工成。

（5）刚性攻丝。螺纹孔全部用刚性攻丝。

（6）精镗。用 G76 精镗，防划伤已加工孔面保证孔的位置精度。必要时编制专门孔加工固定循环子程序。

（7）钻孔。浅孔用 G81 钻削、深孔用 G73 钻削。

（8）铰孔。铰孔用 G85 编程。

3. 编制工序 30 钻攻程序

各个加工面，分别建立工件坐标系，见工序 30 工艺附图。编程方案已包括在工序 30 中，程序清单见表 7-7。

本道工序前，精度要求高的孔、面均已加工完毕。以蜗杆孔中心为工件坐标系 G58 的建立，可以采用自动测量程序设定零点偏置，G59 可以用 G58 通过坐标系旋转直接计算，不一定要实测，但要知道，测头两边对称测量精度高于单边测量精度。

表 7-5   **工序 10 车削程序**

	O7010;	
N20	T0101;	外圆粗车刀
N30	S1100M04F0.1;	
N40	G00X188Z2M08;	
N50	G71U1R0.5;	
N60	G71P70Q110U0.5W0.1;	粗车ϕ180f8 外圆、$P4$ 面
N70	G00X174;	
N80	G01X180Z-1;	

330

	O7010;	
N90	G01Z－16；	
N100	G01X186；	粗车φ180f8 外圆、P4 面
N110	G00X188；	
N120	G00X250Z200M09；	
N130	T0202；	
N140	S1300F0.1；	外圆精车刀
N150	G00G42X188Z2M08；	
N160	G70P70Q110；	精车φ180f8 外圆、P4 面
N170	G01G40X188；	
N180	G00X250Z200M09；	
N190	T0303；	内圆粗车刀
N200	G00X0Z2M08；	
N210	G71W1R0.5；	
N220	G71P230Q280U－0.5W0.1F0.2；	
N230	G00X166；	
N240	G01Z－3；	
N250	G01X110；	
N260	G00Z－76.6；	
N270	G01X0；	
N280	G00Z2；	
N290	G00X250Z200M09；	
N300	T0404；	内圆精车刀
N310	S1900F0.1；	
N320	G00G41X0Z2M08；	
N330	G70P250Q300；	精车内轮廓
N340	G00G40X250Z200M09；	
N350	T0505	切槽刀
N360	S700F0.08；	
N370	G00X182Z－6.5M08；	
N380	G75R0.2；	
N390	G75X174.5Z－7.5P500Q1000R0；	车 4×$\phi174.5_{-0.1}^{0}$槽
N400	G00X250Z200M09；	
N410	M30；	

表 7 - 6　　　　　　　　　　　工序 20 铣镗钻攻程序

	O9006；	换刀子程序
N10	G90G00G40G49G80G67M09；	初始化
N20	M05；	主轴停转
N30	M19；	主轴定向
N40	G91G28Z0；	在 Z 轴参考点换刀，离工件最远，防干涉
N50	G91G28Y0；	在 Y 轴参考点换刀，离工件最远，防干涉
N60	M06；	换刀
N70	M99；	子程序结束
	O906；	工作台分度宏程序
N10	G90G00G40G49G80G67M09；	初始化
N20	G91G28Z0；	在 Z 轴参考点工作台转位分度，防与刀具干涉
N30	G90B♯2；	工作台转位分度数用变量♯2表示，绝对值编程
N40	M99；	宏程序结束
	O7021；	P1 面、P4 面螺纹孔位子程序
N10	G91Y90K3；	极角增量 90°，连续 3 次
N20	M99；	
	O7022；	P2 面螺纹孔位子程序
N10	X - 69.5Y22.4；	
N20	X0Y - 77.5；	
N20	M99；	
	O7020；	工作台处于 270°位置，B＝270，Z 面为加工面
N10	T01；	刀库中准备好 T01＝φ80 面铣刀
N20	M98P9006；	换 T01＝φ80 面铣刀到主轴上
N30	T02；	刀库中 T02＝φ12 定心钻准备
N40	G00G90G57X0Y100M03S2000F400；	
N50	G43H01ZM08；	
N60	G01Y - 75；	铣 Z 面

	O9006;	换刀子程序
N70	G65P906B0;	工作台转到 0°，$P1$ 面为加工面
N80	G00G90G54X100Y10M03S1000F500;	铣 $P1$ 面
N90	G43H01Z0M08;	
N100	G01X－50;	
N110	Y－10;	
N120	X100;	
N130	M98P9006;	换 T02＝ϕ 12 定心钻到主轴上
N140	T03;	T03＝8 直槽钻准备
N150	G00G90G54G16X35Y45M03S3200F800;	$P1$ 面螺纹孔加工，极坐标编程
N160	G43H02Z5M08;	
N170	G81Z－5R5;	
N180	M98P7021;	
N190	G90G80G15;	
N200	G65P906B90;	工作台转 90°，U 面为加工面
N210	G00G90G55X0Y0M03S3200F800;	U 面工件坐标系原点中心孔加工
N220	G43H02Z5M08;	
N230	G81Z－5R5;	
N240	G80;	
N250	G65P906B180;	工作台转 180°，$P2$、$P4$ 面为加工面
N260	G00G90G56G16X104.636Y45M03S3200F800;	$P4$ 面 4-M6-7H 螺纹中心孔加工，极坐标编程
N270	G43H02Z5M08;	
N280	G81Z－21R－13;	
N290	M98P7021;	
N300	G15;	取消极坐标
N310	G90X63.5Y41.5Z－8R0;	$P2$ 面 3-M6-7H 螺纹中心孔加工
N320	M98P7022;	
N330	X68Y29.5;	$P2$ 面 2-ϕ 15 中心孔加工
N340	Y9.5;	
N350	X－65Y－21.2Z－81R－75;	$P2$ 面 ϕ 8.3H8 中心孔加工
N360	G80;	

续表 2

	O9006;	换刀子程序
N370	M98P9006;	换 T03＝ϕ8 直槽钻到主轴
N380	T04;	T04＝ϕ5 直槽钻准备
N390	G00G90G56X－65Y－21.2M03S6000F1900;	
N400	G43H03Z－75M08;	
N410	G81Z－84R－75;	钻 $P2$ 面 ϕ8.3H8 至 ϕ8，深 6
N420	G80;	
N430	M98P9006;	换 T04＝ϕ5 直槽钻到主轴
N440	T05;	T05＝ϕ15 直槽钻准备
N450	G00G90G56G16X104.636Y45M03S7500F1500;	$P4$ 面 4－M6－7H 螺纹底孔加工，极坐标编程
N460	G43H04Z5M08;	
N470	G81Z－29R－13;	
N480	M98P7021;	
N490	G15;	取消极坐标
N500	G90X63.5Y41.5Z－16R0;	$P2$ 面 3－M6－7H 螺纹底孔加工
N510	M98P7022;	
N520	G80;	
N530	M98P9006;	换 T05＝ϕ15 直槽钻到主轴
N540	T06;	T06＝ϕ6.7 直槽钻准备
N550	G00G90G56X68Y29.5M03S3200F1500;	
N560	G43H05Z5M08;	
N570	G83Z－45R5Q10;	$P2$ 面加工，钻 ϕ15 孔，深 42
N580	Y9.5Z－76Q10;	$P2$ 面加工，钻 ϕ15 孔，深 73
N590	G80;	
N600	G65P906B90;	工作台转到 90°，U 面为加工面
N610	G00G90G55X0Y0M03S3200F1500;	
N620	G43H05Z5M08;	
N630	G81Z－30R5;	U 面工件坐标系原点 ϕ15 孔钻通
N640	G80;	
N650	M98P9006;	换 T06＝ϕ6.7 直槽钻到主轴

续表 3

	O9006；	换刀子程序
N660	T07；	T07＝ϕ42＋ϕ50.5 组合刀准备
N670	G65P906B0；	工作台转到 0°，P1 面为加工面
N680	G00G90G54G16X35Y45M03S7100 F1900；	P1 面 4－M8－7H 螺纹底孔加工，极坐标编程
N690	G43H06Z5M08；	
N700	G81Z－25R5；	
N710	M98P7021；	
N720	G90G80G15；	取消极坐标、孔加工
N730	M98P9006；	换 07＝ϕ42＋ϕ50.5 组合刀到主轴
N740	T08；	T08＝ϕ45.5＋ϕ40＋ϕ30 组合刀准备
N750	G00G90G54X0Y0M03S600F240；	P1 面ϕ42＋ϕ50.5 孔加工
N760	G43H07Z5M08；	
N770	G81Z－47R5；	
N780	G80；	
N790	M00；	测量、控制ϕ50.5 孔深 14
N800	M98P9006；	换 T08＝ϕ45.5＋ϕ40＋ϕ30 组合刀到主轴
N810	T09；	T09＝ϕ46＋ϕ41.5＋ϕ17.7 组合刀准备
N820	G65P906B270；	工作台转到 270°，Z 面为加工面
N830	G00G90G57X0Y0M03S700F260；	
N840	G43H08Z5M08；	
N850	G81Z－176R－150；	Z 面ϕ45.5＋ϕ40＋ϕ30 组合孔
N860	G80；	
N870	M98P9006；	换 T09＝ϕ46＋ϕ41.5＋ϕ17.7 组合刀到主轴
N880	T10；	T10＝ϕ42H8＋ϕ18H7 组合刀准备
N890	G00G90G57X0Y0M03S700F250；	
N900	G43H09Z5M08；	
N910	G81Z－200R－170；	Z 面ϕ46＋ϕ41.5＋ϕ17.7 组合孔
N920	G80；	
N930	M00；	测量、控制ϕ46 孔深 $5^{+0.1}_{0}$

续表4

	O9006；	换刀子程序
N940	M98P9006；	换 T10＝ϕ 42H8＋ϕ 18H7 组合刀到主轴
N950	T11；	T11＝ϕ 51.5 半精镗刀准备
N960	G00G90G57X0Y0M03S750F180；	
N970	G43H10Z5M08；	
N980	G85Z－200R－170；	锪铰 Z 面ϕ 42H8＋ϕ 18H7 孔
N990	G80；	
N1000	M98P9006；	换 T11＝ϕ 51.5 半精镗刀到主轴
N1010	T12；	T12＝ϕ 43.5 半精镗刀准备
N1020	G65P906B0；	工作台转到 0°，P1 面为加工面
N1030	G00G90G54X0Y0M03S2500F200；	
N1040	G43H11Z5M08；	
N1050	G86Z－6.4R5；	P1 面加工，半精镗ϕ 51.5 孔，深 6.4
N1060	G80；	
N1070	M98P9006；	换 T12＝ϕ 43.5 半精镗刀到主轴
N1080	T13；	T13＝ϕ 52H7 精镗刀准备
N1090	G00G90G54X0Y0M03S3000F240；	
N1100	G43H12Z5M08；	
N1110	G86Z－48R－10；	P1 面加工，半精镗ϕ 43.5 孔，通
N1120	G80；	
N1130	M98P9006；	换 T13＝ϕ 52H7 精镗刀到主轴
N1140	T14；	T14＝ϕ 44H7 精镗刀准备
N1150	G00G90G54X0Y0M03S3100F150；	
N1160	G43H13Z5M08；	
N1170	G76Z－6.5R5P1000Q0.5；	P1 面加工，精镗$\phi 52^{+0.03}_{0}$孔，深 6.5
N1180	G80；	
N1190	M98P9006；	换 T14＝ϕ 44H7 精镗刀到主轴
N1200	T15；	T15＝M8-Ⅱ丝锥准备
N1210	G00G90G54X0Y0M03S3600F180；	
N1220	G43H14Z5M08；	
N1230	G76Z－50R－10P1000Q0.5；	P1 面加工，精镗$\phi 44^{+0.025}_{0}$孔，通

	O9006；	换刀子程序
N1240	G80；	
N1250	M98P9006；	换 T15＝M8－Ⅱ丝锥到主轴
N1260	T16；	T16＝ϕ8.3H8 铣铰刀准备
N1270	G00G90G54G16X35Y45M03S2000F3000；	攻 P1 面 4－M8－7H 螺纹，深 17，极坐标编程
N1280	G43H15Z5M08；	
N1290	G84Z－18R5；	
N1300	M98P7021	
N1310	G90G80G15；	取消极坐标、孔加工循环
N1320	M98P9006；	换 T16＝ϕ8.3H8 铣铰刀到主轴
N1330	T17；	T17＝M6－Ⅱ丝锥准备
N1340	G65P906B180；	工作台转到 180°，P2、P4 面为加工面
N1350	G00G90G56X－65Y－21.2M03S1000F332；	
N1360	G43H16Z5M08；	
N1370	G85Z－82R－75；	铰锪 P2 面ϕ8.3H8 孔深 4
N1380	G80；	
N1390	M98P9006；	换 T17＝M6－Ⅱ丝锥到主轴
N1400	T00；	刀库不动
N1410	G00G90G56G16X104.636Y45M03S2600F2600；	P4 面攻 4－M6－7H 螺纹，极坐标编程
N1420	G43H17Z5M08；	
N1430	G84Z－24R－13；	
N1440	M98P7021；	
N1450	G15；	取消极坐标
N1460	G90X63.5Y41.5Z－12R0；	P2 面攻 3－M6－7H 螺纹孔
N1470	M98P7022；	
N1480	G80；	
N1490	M98P9006；	将 T17＝M6－Ⅱ丝锥送回刀库
N1500	M30；	

表 7 - 7 工序 30 钻攻程序

	O7030	工作台 0°，Z 面加工面
N10	G91G28Z0；	
N20	T02；	T02＝ϕ12 中心钻准备
N30	M98P9006；	T02＝ϕ12 中心钻换到主轴
N40	T18；	T18＝ϕ8.5 直槽钻准备
N50	G00G90G58G16X51.815Y45M03S3200F800；	钻 Z 面 4 - M6 - 7H 螺纹中心孔，极坐标编程
N60	G43H02Z5M08；	
N70	G81Z - 5R5；	
N80	M98P7021；	
N90	G15G90X - 49Y16.4；	钻 Z 面 2 - Rc1/2 螺纹中心孔
N100	X - 70Y - 14.6；	
N110	G80；	
N120	G65P906B270；	工作台转到 270°，V 面加工面
N130	G00G90G59X - 37.5Y53.5M03S3200F800；	钻 V 面 2 - M10 - 7H 螺纹中心孔
N140	G43H02Z5M08；	
N150	G81Z - 5R5；	
N160	X37.5；	
N170	G80；	
N180	M98P9006；	T18＝ϕ8.5 直槽钻换到主轴
N190	T19；	T19＝M10 - Ⅱ丝锥准备
N200	G00G90G59X - 37.5Y53.5M03S3200F1900；	钻 V 面 2 - M10 - 7H 螺纹底孔
N210	G43H18Z5M08；	
N220	G81Z - 20R5；	
N230	X37.5；	
N240	G80；	
N250	M98P9006；	T19＝M10 - Ⅱ丝锥换到主轴
N260	T20；	T20＝ϕ18.9 麻花钻准备

338

续表1

	O7030	工作台 0°, Z 面加工面
N270	G00G90G59X－37.5Y53.5M03S1600F2400;	
N280	G43H19Z5M08;	攻 V 面 2－M10－7H 螺纹
N290	G84Z－20R5;	孔, 通
N300	X37.5;	
N310	G80;	
N320	M98P9006;	T20＝φ18.9 麻花钻换到主轴
N330	T04;	T18＝φ5 直槽钻准备
N340	G65P906B0;	工作台转到 0°, Z 面加工面
N350	G00G90G58X－49Y16.4M03S2500F1500;	
N360	G43H20Z5M08;	钻 Z 面 2－Rc1/2 螺纹底孔,
N370	G81Z－27R5;	通
N380	X－70Y－14.6;	
N390	G80;	
N400	M98P9006;	T18＝φ5 直槽钻换到主轴
N410	T17;	T17＝M6－Ⅱ 丝锥准备
N420	G00G90G58G16X51.815Y45M03S7500F1500;	
N430	G43H18Z5M08;	钻 Z 面 4－M6－7H 螺纹底
N440	G81Z－11R5;	孔, 极坐标编程
N450	M98P7021;	
N460	G90G15G80;	
N470	M98P9006;	T17＝M6－Ⅱ 丝锥换到主轴
N480	T21;	T21＝Rc1/2 丝锥准备
N490	G00G90G58G16X51.815Y45M03S7500F1500;	
N500	G43H17Z5M08;	攻 Z 面 4－M6－7H 螺纹,
N510	G84Z－8R5;	极坐标编程
N520	M98P7021;	
N530	G90G15G80;	
N540	M98P9006;	T21＝Rc1/2 丝锥换到主轴
N550	T00;	刀库不动

续表 2

	O7030	工作台 0°，Z 面加工面
N560	G00G90G58X－49Y16.4M03S200F362.8；	
N570	G43H21Z5M08；	攻 Z 面 2-Rc1/2 螺纹孔
N580	G84Z－25R5；	
N590	X－70Y－14.6；	
N610	G80；	
N620	M98P9006；	T21＝Rc1/2 丝锥送回刀库
N630	M30；	

四、操作加工

1. 夹具找正与对刀

（1）软爪四爪单动卡盘。

①安装卡盘。将如图 7-3 所示软爪四爪单动卡盘安装在机床主轴上固定。

②毛坯划线。在划线平台上对一只工整工件均分铸件壁厚，在 P2 面上划 φ188mm 同心圆。

③找正固死定位元件。安装工件，以划线为找正基准，固死 Y 面、Z 面软爪，与底面一起组成直角方箱定位，正常加工时，移动活动软爪在 V、W 面夹紧松开装卸工件。

④对刀设定刀具补偿数据。与常规方法相同，用试切法对刀设定刀具长度补偿值。

（2）铣镗钻攻夹具。

①安装夹具。将如图 7-4 所示铣镗钻铰攻夹具放置在机床工作台上，以直角弯板正面为找正基准，拉表找平行后固定夹具。

②对刀。以 φ180H8 孔、直角弯板正面为对刀测量基准，测量、计算、设定每个工件坐标系的零点偏置值。刀具长度补偿数据由对刀仪测量后，直接从机床面板输入。

（3）钻攻夹具。

①安装夹具。将如图 7-5 所示钻攻夹具放置在机床工作台上，以 J 面为找正基准，拉表找平行后固定夹具。

②对刀。以φ180H8孔、夹具顶面为对刀测量基准，测量、计算、设定每个工件坐标系的零点偏置值。刀具长度补偿数据同上处理。

2. 找工作台回转中心

掉头镗削同轴孔时，有时需测量出分度工作台的回转中心与主轴回转中心对准时的 X 坐标，记为 Xc，我们称之为找工作台回转中心，如图 7-9 所示。

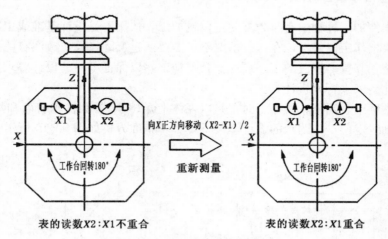

图 7-9　找分度工作台回转中心

具体检测方法是：

①主轴锥孔内插入检棒；

②移动机床 X 轴使检棒轴心线大致与分度工作台中心孔的中心线处于同一平面；

③磁性表座吸在分度工作台面上，并往检棒上压表；

④上下移动（Y 轴）检棒，找出其最高点，并记录表的读数为 X1；

⑤抬高检棒，工作台回转 180°，注意防止检棒与表干涉；

⑥降低检棒，找出其最高点，并记录表的读数为 X2；

⑦移动机床 X 轴一个（X2 - X1）/2 距离；

⑧重复动作④、⑤、⑥、⑦，直至 X2 - X1 达到要求的误差精度为止。这时机床坐标系中显示的 X 值就是分度工作台回转中心与主轴回转中心线对准时的 Xc 坐标值。记录此数据，为掉头镗坐标计算提供数据。

五、相关知识

1. 基准不重合时工序尺寸计算

在零件加工过程中有时为方便定位或加工，选用不是设计基准或工序基准的几何要素作定位基准，在这种情况下，需要通过尺寸换算，改注有关工序尺寸及公差，并按换算后的工序尺寸及公差加工，以保证零件的设计要求，需用工艺尺寸链来进行分析计算。

本案例中，蜗杆轴线加工时，是以壳体上 ϕ180f8 外圆柱轴肩面和 ϕ180f8 外圆柱轴线定位，与图纸的设计基准不重合，基准分析如图 7-10 所示。

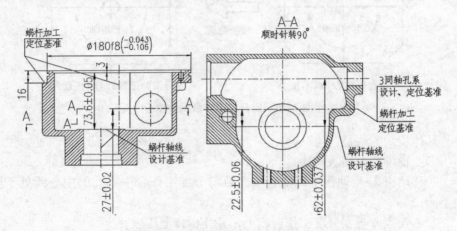

图 7-10　蜗杆加工基准分析

(1) 76.6mm 和 16mm 尺寸解算。车工序形成 ϕ180f8 外圆柱轴肩至蜗杆轴线距离 A1。间接形成 $27^{+0.02}_{-0.02}$ 设计尺寸，这是封闭环，76.6 为增环，16、A1 为减环，尺寸链见图 7-11。

$$A1 = 76.6 - 16 - 27 = 33.6$$

封闭环 $27^{+0.02}_{-0.02}$ 的公差为：

$$0.04 = TA_{76.6} + TA_{16} + TA_{33.6}$$

依据工艺等价原则，划分各工序尺寸的公差为 76.6 ± 0.01、$16^{0}_{-0.01}$、$33.6^{+0.01}_{0}$。

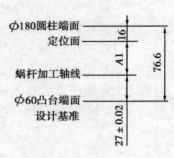

图 7-11　尺寸链

(2) 22.5mm 和 39.5 尺寸解算。三同轴孔系的设计、定位基准皆是

ϕ180f8外圆柱轴线，基准不重合误差为0。

ϕ180f8外圆柱轴线至三同轴孔系轴线为 22.5$\pm$0.06。ϕ180f8 外圆柱轴线至蜗杆轴线距离为 A2，间接形成蜗杆轴线至 3 同轴孔系轴线设计尺寸 62$\pm$0.037，该尺寸是封闭环。由图 7-12 可知，22.5、A2 都是增环，所以 A2＝62－22.5＝39.5。

封闭环 62$\pm$0.037 的公差为：

$0.074 = TA_{22.5} + TA_{39.5} = 0.12 + TA_{39.5}$ 得 $TA_{39.5} < 0$，这种情况是不可能加工的。

所以将各工序尺寸调整为 22.5$\pm$0.017、39.5$\pm$0.02。

2. 刀具长度范围估算

刀具尺寸包括直径尺寸和长度尺寸。

根据被加工孔直径的大小确定孔加工刀具的直径尺寸，特别是定尺寸刀具的直径（如钻头，铰刀），完全取决于被加工孔直径。

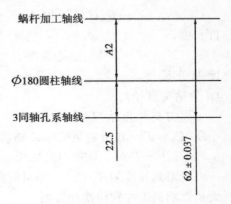

图 7-12　尺寸链图 2

在加工中心上，刀具长度一般是指主轴端面至刀位点的距离，包括刀柄和刃具两部分，如图 7-13 所示。刀具长度的确定原则是：在满足各个部位加工要求的前提下，尽量减小刀具长度，以提高工艺系统刚性。

制定工艺和编程时，一般不必准确确定刀具长度，只需初步估算出刀具长度范围，以方便刀具准备。根据工件尺寸、工件在机床工作台上的装夹位置以及机床主

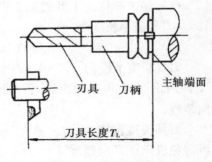

图 7-13　刀具长度

轴端面距工作台面或中心的最大、最小距离等条件来确定刀具长度范围。

在卧式加工中心上，针对工件在工作台上的装夹位置不同，刀具长度范围有下列两种估算方法：

（1）加工部位位于卧式加工中心工作台中心和机床主轴之间。见图 7-14 所示，刀具最小长度为：

$$T_L = A - N + L + Z_0 + T_t - B \qquad (7-1)$$

式中：T_L——刀具长度，见图 7-13；

A——主轴端面至工作台中心最大距离；

343

B——主轴在 Z 向的最大行程；

N——加工表面距工作台中心距离；

L——工件的加工深度尺寸；

Z_0——刀具切出工件长度；

T_t——钻头尖端锥度部分长度，一般 $T_t=0.3d$（d 为钻头直径）。

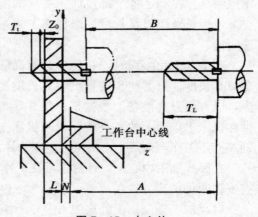

图 7-14　中心内

当刀具长度为 $T_L>A-N+L+Z_0+T_t-B$ 可避免机床 Z 轴负向超程；也就是当刀具长度 $T_L<A-N+L+Z_0+T_t-B$ 时，这把刀具加工不到工件上应有的深度。

当刀具长度为 $T_L<A-N$ 可避免机床正 Z 向超程；即 $T_L>A-N$ 时刀具太长影响到工件转位换加工面。

所以，当工件加工部位位于卧式加工中心工作台中心和机床主轴之间时，刀具的合理长度范围为：$A-N+L+Z_0+T_t-B<T_L<A-N$。

（2）加工部位位于卧式加工中心工作台中心和机床主轴两者之外（图7-15），刀具最小长度为：

$$T_L=A+N+L+Z_0+T_t-B \qquad (7-2)$$

刀具长度范围为 $T_L>A-B+N+L+Z_0+T_t$ 可避免机床 Z 轴负向超程。

刀具长度范围为 $T_L<A+N$，可避免机床正 Z 向超程。

所以，当工件加工部位位于卧式加工中心工作台中心和机床主轴两者之外时，刀具的合理长度范围为：$A-B+N+L+Z_0+T_t<T_L<A+N$。

在确定刀具长度时，还应考虑工件其他凸出部分及夹具、螺钉对刀具运动轨迹的干涉，让刀杆尽量短以保证刀杆刚度，也应兼顾刀杆的数量不要太多。

主轴端面至工作台中心的最大、最小距离查阅机床说明书。

344

3. 掉头镗孔坐标计算

孔太深，从一头镗不穿或无法从一头镗削同轴孔，如图 7-16 所示，从小孔无法直接镗削对边箱壁上的同轴大孔，从大孔也无法直接镗削对边箱壁上的同轴小孔，要完成镗孔目的，就需要工作台回转 180°即工件回转 180°，分别从孔口两端加工同轴孔，这就是所谓的掉头镗。

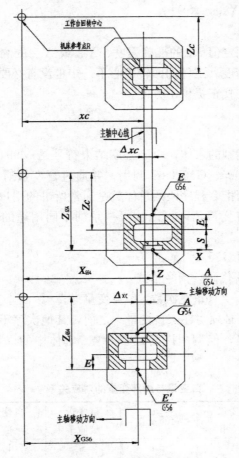

图 7-16 掉头镗零点偏置计算

为了提高掉头镗孔的同轴精度，一般直接测得方便测量的一头工件零点偏置值，工作台回转 180°掉头镗的工件零点偏置值不再测量，而是通过计算求解。

计算步骤如下：

（1）直接测量。要在两个孔口选择较易测量一头直接测得工件零点偏置值，若工作台 0°时工件坐标系 G54 的零点设在工件孔口端面中心上 A 点，直

接测量得工件零点 X 坐标偏置是 X_{G54}。

（2）查阅机床使用说明书，找寻工作台回转中心与主轴回转中心重合时的 X 坐标 X_C，必要时要准确测量出来。

（3）计算另一孔口工件零点偏置值。工作台回转 $180°$ 掉头，E 点转到 E' 点，设 E' 点的 X 坐标偏置为 X_{G56}，由计算确定：

$$\left.\begin{array}{l} \because X_{G54}=Xc+\Delta Xc \\ \therefore X_{G54}=Xc-(X_{G54}-Xc) \end{array}\right\}$$

$$=2Xc-X_{G54} \tag{7-3}$$

由上式可见，固定值 Xc 的准确程度、X_{G56} 或 X_{G54} 的测量精度直接影响掉头镗同轴孔的同轴精度。工件的回转中心不一定也没有必要与工作台回转中心重合，这给工件装夹找正提供了方便。

4. 用户宏程序

以子程序形式编制的宏体，由于程序结束符号是 M99，故不能单独运行，需要专门的宏指令 G65、G66/G67 调用，并通过自变量对宏体中的局部变量赋值，宏体和宏调用指令程序段的总体就是通常所讲的用户宏程序。对于同一宏体，赋予不同的自变量值，可以获得一系列不同用途的程序，应用灵活而广泛。

（1）非模态调用 G65。

G65 是非模态 G 代码，指令格式：

G65 P（宏体号）L（重复次数）<自变量>；

在书写时，G65 必须写在<自变量>之前，其他次序不做规定。L 最多可 9999 次，1 次可省略，但调用嵌套最多为 4。宏体中的局部变量，由<自变量>赋值，见表 7-8。

表 7-8　　　　　　　　　　自变量与局部变量的对应关系

自变量赋值 I	自变量赋值 II	局部变量	自变量赋值 I	自变量赋值 II	局部变量
A	A	♯1	S	I_6	♯19
B	B	♯2	T	J_6	♯20
C	C	♯3	U	K_6	♯21
I	I_1	♯4	V	I_7	♯22
J	J_1	♯5	W	J_7	♯23
K	K_1	♯6	X	K_7	♯24
D	I_2	♯7	Y	I_8	♯25
E	J_2	♯8	Z	J_8	♯26
F	K_2	♯9		K_8	♯27

续表

自变量赋值Ⅰ	自变量赋值Ⅱ	局部变量	自变量赋值Ⅰ	自变量赋值Ⅱ	局部变量
—	I_3	#10		I_9	#28
H	J_3	#11		J_9	#29
—	K_3	#12		K_9	#30
M	I_4	#13		I_{10}	#31
—	J_4	#14		J_{10}	#32
—	K_4	#15		K_{10}	#33
—	I_5	#16	G、L、O、N、P 不能作为自变量		
Q	J_5	#17			
R	K_5	#18			

①自变量赋值Ⅰ。自变量赋值Ⅰ不必按字母顺序排列，但使用 I、J、K 时，必须按顺序指定。

②自变量赋值Ⅱ。自变量赋值Ⅱ除了用 A、B、C 之外，还用 10 组 I、J、K 对变量赋值，同组的 I、J、K 必须按顺序排列。表中 I、J、K 的下标，只在表中表示组号，实际指令时不注下标，由数控系统自动识别。

自变量赋值Ⅰ、Ⅱ这两种方法可以单独使用，也可以混用，但要注意两点：

一是自变量赋值Ⅰ和Ⅱ混用给相同变量赋值时，后者有效。

如：G65 P1000 A1 B2 I—3 I4 D5 ；
　　　　　　　　 ｜　 ｜　 ｜　 ｜　 ｜
　　　　　　　 #1　#2　#4　#7　#7

可以看出，I4 和 D5 都对 #7 赋值，此时，后面的 D5 有效，所以 #7＝5。I3 和 I4 分别表示第一组、第二组的 I，并非同组 I，同组自变量只能出现一次。

二是 I、J、K 的顺序不得颠倒，且总是从第一组开始顺序往后排。

如：　 G65 P1000 J5　 I4　；
　　　　　　　　　 ｜　 ｜
　　　　　　　　 #5　#7

J5 表示第一组的 J、I4 表示第二组的 I。

若用 G65 调用 2 次 09010 宏体，用户宏程序 01 这样编写：

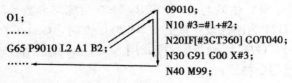

```
O1;
……
G65 P9010 L2 A1 B2;
……

09010;
N10 #3=#1+#2;
N20IF[#3GT360] GOT040;
N30 G91 G00 X#3;
N40 M99;
```

（2）模态调用 G66/G67。

G66 是模态 G 代码，用 G67 取消，指令格式：

G66 P（宏体号）L（重复次数）＜自变量＞；

G67；

在模态调用 G66 方式下，每执行一次移动指令，就调用一次所指定的宏体，不需要时，用 G67 取消，这与非模态调用 G65 不同，其他情况同 G65。

【例 7-1】编一条与 G81 类似的固定循环用户宏程序 O9081，并具有刀具长度补偿功能。

【解】孔加工固定循环常与所用的孔加工刀具密切相关，不同类型、规格的孔需要相应的刀具来加工。在固定循环内能有刀具长度补偿功能，可以简化编程，用户宏程序能实现这一设想，见表 7-9。

表 7-9　　　　　　　　　　　　　钻削固定循环宏程序

段号	O9081；	宏　体
N10	＃3003＝0	等待 M、S 完成后，单程序段方式有效
N20	＃3004＝0	进给倍率开关、进给保存、精确停止有效
N30	G90G00G43H＃11Z＃4；	刀具长度补偿到与＃4 对应的初始平面 I，＃11 与刀具号补偿号 H 对应
N40	Z＃18；	到安全平面 R，＃18 与 R 对应
N50	N30G01Z＃26；	工进到孔底平面 Z，＃26 与 Z 对应
N60	G00Z＃8；	快退至初始平面 I 或 R 平面，＃8 与 E 对应。退到 I 平面 E＝I，退到 R 平面，E＝R
N70	M99；	

G65/G66 P9081L_ H_ I_ R_ Z_ E_；宏调用指令，用法与 G81 相类似，还具有刀具长度补偿功能

假定：G66 调用 1 次 09081，刀具号 T28 与 H 代码相同，I＝10、R＝5、Z＝−20、E＝5，有 G66 P9081 H28 I10 R5 Z-20 E5；刀具钻完孔后，返回到安全平面 R

5. 刚性攻丝

刚性攻丝实际上是同步进给攻丝。刚性攻丝循环将主轴转速与 Z 轴进给转速同步，自动符合进给速度 F＝螺距 t×主轴转速数据 S 的数据关系。

（1）指令格式。刚性攻丝模式生效与否，FANUC-0 系统与参数＃5200 有关。＃5200＝1 时，G84/G74 为刚性攻丝模式；＃5200＝0 时，G84/G74 为浮动攻丝模式，这时要想 G84/G74 为刚性攻丝模式用 M29，M29 是刚性攻丝固定循环 M 代码。刚性攻丝指令格式：

①＃5200＝1 时刚性攻丝：

G84/G74X＿Y＿R＿Z＿P＿F＿；$F=t×S$，孔底暂停时间 $P=0$ 时与浮动攻丝完全相同，如：

G90G00G54G94X100Y110S1000M03F1000；

G43H30Z30；

G84R5Z－20P300；刚性攻螺距 $t=1$mm 的右螺纹

……

G90G00G54G94X100Y110S1000M04F1500；

G43H30Z30；

G74R5Z－20P300；刚性攻螺距 $t=1.5$mm 的左螺纹

……

②♯5200＝0 时刚性攻丝：

M29；刚性攻丝模式

G84/G74X＿Y＿R＿Z＿P＿F＿；如：

M29；

G90G00G54G94X100Y110S1000M03F1000；

G43H30Z30；

G84R5Z－20P300；刚性攻螺距 $t=1$mm 的右螺纹

……

M29；

G90G00G54G94X100Y110S1000M04F1500；

G43H30Z30；

G74R5Z－20P300；刚性攻螺距 $t=1.5$mm 的左螺纹

……

用 G95 时，F 是转进给 mm/r。

（2）优缺点：

①精度高。攻丝深度精确、螺纹质量高，在铜材、铝材等材料上能攻制 H6 以上高精度螺纹。

②效率高。只要丝锥夹头、丝锥刚度足够，主轴转速可以达到 4000rpm，比浮动攻丝的 600rpm 提高 5 倍多。

（3）工艺装备要求：

①机床。主轴上要装有 1∶1 传动的位置编码器或直连伺服电机主轴。

②刀具。主轴转速小于 600rpm 时，可用普通浮动攻丝夹头、普通丝锥；切削速度大于 10m/min 时，特别是高转速时，选用带张力压缩浮动丝锥夹、中心冷却、螺旋丝锥。

6. 自动测量程序设计

数控加工时，有大量的检测需要完成，包括夹具和零件的装卡、找正、零件编程原点的测定、首件检测、工序间检测及加工完毕检测等。这些工作能在线检测可以提高工作效率、自动化程度等。闭环控制的高精度数控机床，配以 RENISHAW 自动测量系统和测头（图 7－17），在线检测效果明显。和数控加工程序一样，不管哪种测量，都得编制自动测量程序，测量头一般当做不需要旋转的刀具使用，与三坐标测量机用的测头原理相同，即接触式测量。

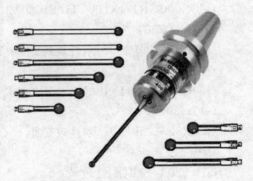

图 7－17　雷尼绍测量头

（1）跳跃功能 G31。G31 是 ISO 指令，是非模态 G 代码，必须有宏程序功能才能使用，也是自动测量程序中必不可少的 G 代码。

在 G31 之后指令坐标轴移动，执行直线插补，与 G01 类似。在执行该指令时，若输入外部跳跃信号，则中断执行该指令，并记录下中断时的位置信息后，转而执行下一条程序段。如：

G31 G90 X200 Y50F100；

X300 Y150；

运动如图 7－18 所示。运动在跳跃信号输入点转入执行下条程序段的运动，两个坐标轴从中断点都运动到下一个程序段终点。

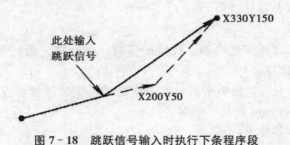

图 7－18　跳跃信号输入时执行下条程序段

当跳跃信号接通时，中断处的坐标位置自动存储在系统变量＃5061～＃5064中，其中：

＃5061 存储 X 坐标值；

＃5062 存储 Y 坐标值；

＃5063 存储 Z 坐标值；

350

♯5064 存储第四轴坐标值。

在执行 G31 之前，需取消刀具长度补偿，否则会报警。进给速度倍率、空运行、自动加/减速，可以通过参数设定为无效。

（2）跳跃信号输入。在执行 G31 期间，RENISHAW 测量头与被测工件表面可靠接触的同时，输入跳跃信号，拾取测量数据并保存。现在的 RENISHAW 测量头，侧面可以 360°测量，因轴向有伸缩量，也可以用于轴向测量，侧面对称测量精度更高。

（3）数据转存。为避免下次测量时覆盖掉拾取的数据，必须要将其转存。

（4）数据的处理。视具体情况，进行数据处理，编制自动测量程序。

【例 7 - 2】测量图 7 - 19 所示槽的 X 方向中点坐标，并自动设置成 G54 的 X 轴零点偏置值。

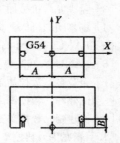

图 7 - 19 槽中心测量

【解】查阅 FANUC - 0i 编程操作手册，得知第 X~4TH 轴的工件零点偏置值与系统变量的关系为：

♯5221～♯5224：G54

♯5241～♯5244：G55

♯5261～♯5264：G56

♯5281～♯5284：G57

♯5301～♯5304：G58

♯5321～♯5324：G59

O9001；测量程序

N10 G90G00G54X0Y0；工件坐标系 G54 大概位置

N20 G43H200Z - B；刀具长度补偿到 B 处

N30 X -（A-10）；测头直径 ϕ 10mm，快速接近左壁附近，未接触

N40 G31G91X - 20 F100；测头充分接触左壁，并储存数据于♯5061

N50 G91X10；测头退出左壁

N60 ♯10＝♯5061；将♯5061 的数据转存于♯10，记为 X1

N70 G90G00X（A-10）；测头快速接近右壁附近

N80 G31G91X20 F100；测头接触右壁，并储存此时的 X 坐标值于♯5061

N90 G91X - 10；测头退出右壁

N100 G90G00G54X0Y0；退到中心

N110 G49Z200；退刀

N120 ♯20＝♯5061；将♯5061 的数据转存于♯20，记为 X2

N130 ♯5221＝［♯10＋♯20］/2；(X1＋X2)/2 存入♯5221，作为 G54 准确的 X 零点偏置值，刷新了原来值。

N140 M30；

参考文献

[1] HEIDENHAIN iTNC530 编程操作说明书.

[2] 成都英格数控机床刀具样本.

[3] 孟少龙. 机械加工工艺手册. 北京：机械工业出版社

[4] 杨黎明. 机床夹具设计手册. 北京：国防工业出版社

[5] FANUC—0iM 编程操作说明书.

[6] FANUC—0iT 编程操作说明书.

[7] 余英良. 数控加工编程及操作. 北京：高等教育出版社，2005.

[8] 沈建峰. 数控铣床、加工中心操作工（高级）. 机械工业出版社，2005.

[9] 沈建峰. 数控车工（高级）. 机械工业出版社，2005.

[10] 崔兆华. 数控车工（中级）. 机械工业出版社，2005.

[11] 张恩弟. 数控编程加工技术. 化学工业出版社，2011.

[12] 王荣兴. 数控铣削加工实训. 上海：华东师范大学出版社，2009.

[13] 董献坤. 数控机床结构与编程. 北京：机械工业出版社，1997.

[14] 杨伟群等. 数控工艺培训教程. 北京：清华大学出版社，2002.

[15] 华贸发. 数控机床加工工艺. 北京：机械工业出版社，2000.

[16] 金涛. 数控车加工. 北京：机械工业出版社，2004.

[17] 张超英. 谢富春. 数控编程技术. 北京：化学工、业出版社，2004.

[18] 全国数控培训网络天津分中心. 数控编程. 北京：机械工业出版社，1997.

[19] 明兴祖. 数控加工技术. 北京：化学工业出版社，2003.

[20] 许祥泰. 数控加工编程实用技术. 北京：机械工业出版社，2001.

[21] 张超英，罗学科. 数控加工综合实训. 北京：化学工业出版社，2003.

[22] 陈志雄. 数控机床与数控编程技术. 北京：化学工业出版社，2003.

[23] 范钦武. 模具数控加工技术及应用. 北京：化学工业出版社，2004.

[24] 李佳. 数控机床及应用. 北京：清华大学出版社，2001.

[25] 董献坤. 数控机床结构与编程. 北京：机械工业出版社，1999.

[26] 逯晓勤. 数控机床编程技术. 北京：机械上业山版社，2002.

[27] 王春海. 数字化加工技术. 北京：化学工业出版社，2003.

[28] 刘书华. 数控机床与编程. 北京：机械工业出版社，2001.

[29] 徐衡. 数控铣工实用技术. 北京：机械工业出版社，2000.

[30] 唐健. 数控加工及程序编制基础. 北京：机械工业出版社，2000.

[31] 吕士峰. 王士柱. 数控加工工艺. 北京：国防工业出版计，2005.

[32] 罗春华. 刘海明. 数控加工工艺简明教程. 北京：北京理工大学出版社，2007.

［33］李正峰. 数控加工工艺. 上海：上海交通大学出版社，2004.

［34］罗辑. 数控加工工艺及刀具. 重庆：重庆大学出版社，2007.

［35］徐宏海. 数控加工工艺. 北京：化学工业出版社，2008.

［36］段晓旭. 数控加工工艺方案设计与实施. 沈阳：辽宁科技出版社，2008.

［37］周保牛. 数控铣削与加工中心技术. 北京：高等教育出版社，2007.

［38］周保牛. 数控车削技术. 北京：高等教育出版社，2007.

［39］高长银. 数控五轴加工. 北京：化学工业出版社，2009.

［40］展迪优. 数控加工教程. 北京：机械工业出版社，2012.

［41］温正. 数控加工. 北京：科学出版社，2011.

［42］周保牛. 数控编程与加工技术. 北京：机械工业出版社，2009.

［43］上海宇龙数控仿真加工手册.

图书在版编目（ＣＩＰ）数据

现代装备制造业技能大师技术技能精粹 数控加工 / 曹根基，周保牛，
周岳编著. -- 长沙 ：湖南科学技术出版社，2013.12
ISBN 978-7-5357-7988-5

Ⅰ. ①现… Ⅱ. ①曹… ②周… ③周… Ⅲ. ①数控机床－加工－技术
培训－教材 Ⅳ. ①TG659

中国版本图书馆 CIP 数据核字(2013)第 296889 号

现代装备制造业技能大师技术技能精粹　数控加工

编　著：曹根基　周保牛　周　岳

责任编辑：徐　为　杨　林　龚绍石

出版发行：湖南科学技术出版社

社　　址：长沙市湘雅路 276 号

　　　　　http://www.hnstp.com

印　　刷：国防科大印刷厂

　　　　　（印装质量问题请直接与本厂联系）

厂　　址：长沙市德雅路 109 号

邮　　编：410073

出版日期：2013 年 12 月第 1 版第 1 次

开　　本：710mm×1000mm　1/16

印　　张：23

字　　数：450000

书　　号：ISBN 978-7-5357-7988-5

定　　价：48.00 元